现代食品安全检测技术

陈士恩　田晓静　主编

U0201066

化学工业出版社
·北京·

本书从食品安全分析中样品采集与预处理方法着手，重点介绍现代食品安全检测新技术的基本原理、结构及其在食品品质分析、农药和兽药残留检测、食品中毒素分析、食品添加剂检测、食品中有害元素及其他污染物检测、食品的腐败物质与引起食源性疾病物质检测中的应用。

本书适合高等院校食品科学与工程、食品质量与安全及相关专业本科生和研究生使用，也可供食品行业的技术人员参考。

图书在版编目（CIP）数据

现代食品安全检测技术/陈士恩，田晓静主编. —北京：
化学工业出版社，2018.7
ISBN 978-7-122-32108-4

Ⅰ.①现…　Ⅱ.①陈…②田…　Ⅲ.①食品安全-食
品检验　Ⅳ.①TS207.3

中国版本图书馆 CIP 数据核字（2018）第 079441 号

责任编辑：魏　巍　赵玉清　　　　　　　文字编辑：谢蓉蓉
责任校对：宋　夏　　　　　　　　　　　装帧设计：关　飞

出版发行：化学工业出版社（北京市东城区青年湖南街 13 号　邮政编码 100011）
印　　装：北京科印技术咨询服务有限公司数码印刷分部
787mm×1092mm　1/16　印张 13　字数 386 千字　　2019 年 1 月北京第 1 版第 1 次印刷

购书咨询：010-64518888　　售后服务：010-64518899
网　　址：http://www.cip.com.cn
凡购买本书，如有缺损质量问题，本社销售中心负责调换。

定　　价：49.00 元　　　　　　　　　　　　　　　版权所有　违者必究

本书编写人员名单

主　编　陈士恩　田晓静

副主编　李明生　郭志廷　高丹丹

编　者　陈士恩　西北民族大学

　　　　田晓静　西北民族大学

　　　　李明生　西北民族大学

　　　　高丹丹　西北民族大学

　　　　马忠仁　西北民族大学

　　　　郭志廷　中国农业科学院兰州畜牧与兽药研究所

　　　　李雪虎　中国科学院兰州近代物理研究所

　　　　辛志君　中国科学院兰州近代物理研究所

　　　　李　冰　中国农业科学院兰州畜牧与兽药研究所

　　　　熊　玲　中国农业科学院兰州畜牧与兽药研究所

　　　　仝伟建　甘肃省食品质量监督检验研究中心

前 言

"民以食为天，食以安为先"，食品安全是关系到国计民生的大事，是一个多学科的问题，而且随着新原料的开发和新技术的应用，新的食品安全问题也不断涌现，食品安全问题已成为广泛关注的焦点和热点。食品安全涉及原料供给、生产环境、加工、包装、贮藏运输及销售等环节。本书主要从食品安全分析中样品采集与预处理方法着手，重点介绍现代食品安全检测新技术的基本原理、结构及其在食品品质分析、农药和兽药残留检测、食品中毒素分析、食品添加剂检测、食品中有害元素及其他污染物检测、食品的腐败物质与引起食源性疾病物质检测中的应用。其中，食品安全检测新技术包括色谱学、光谱学、核磁共振技术、免疫学、核酸探针和 PCR 技术、电子鼻、电子舌等方面的高新技术。

在本书的编写过程中，西北民族大学陈士恩、马忠仁、杨具田、李明生、高丹丹、曹竑、刘根娣和范怀德老师，中国农业科学院兰州畜牧与兽药研究所郭志廷、李冰、熊玲，中国科学院兰州近代物理研究所李雪虎、辛志君，甘肃省食品质量监督检验研究中心仝伟建给予了莫大的支持和帮助，他们为此书提供了大量的前沿资料，并提出了很多有价值的建议。刘元林、龙鸣、马石霞、吴启康、向蕊、宋志峰、王三、曹丽和蒋青玲等同学在资料收集、图表整理中做了大量工作，向他们致以诚挚的感谢。另外，此书还得到国家自然科学基金"基于 GC-MS 挥发物鉴定和电子鼻信息的宁夏枸杞子品质无损检测机理研究"（NO.31560477）、国家科技支撑计划项目子课题（NO.2015BAD29B05）、科技部援助项目（NO.KY201501005）、国家民委教改专项（10019141）、甘肃省科技计划（NO.17YF1WA166、NO.1504WKCA094）、西北民族大学引进人才项目（NO.xbmuyjrc201408）、西北民族大学武陵山片区精准扶贫科研项目（NO.31920180001）、长江学者和创新团队发展计划项目（IRT_17R88）的资助。

由于本书内容涉及面广，且具有多学科交叉的特点，不足之处一定很多，望广大读者批评指正。

编者

西北民族大学生命科学与工程学院

2018 年 1 月

目 录 »»»

第七章　PCR 技术 / 113

第八章　免疫学检测技术 / 124

第九章　电子舌和电子鼻检测技术 / 152

第十章　核酸探针检测技术 / 176

第十一章　食品中常见食源性致病菌的快速检测技术 / 183

第一章 >>>
食品采样与预处理

第一节 食品采样

一、采样的目的和用途

食品采样是从整体食品中取出能代表其整体食品样品的过程，它是一种监督手段，以此进行食品卫生监督管理，所以食品采样是食品卫生检验人员必须掌握的一项基本技术。

食品采样的目的是通过对采集的样品进行感官检查和实验室检验判定食品是否存在有害有毒物质和它的种类、性质、含量、来源、作用和危害，以及食品营养成分的种类、含量和变化情况，从而了解食品的卫生质量，做出正确的卫生评价，或者查出某些环节存在的卫生问题，以便进行食品卫生与营养的指导、监督和管理。

食品采样常用于：

（1）食品生产、卫生管理等部门日常、定期或不定期的检测，一次性检查国产内销或进出口食品及其原料、食品包装材料、食品添加剂、食品消毒等是否符合国家卫生标准。

（2）新食品投产、新食品资源开发利用，新用于食品的化工产品、新工艺投产卫生鉴定。

（3）食品卫生标准制订、修订、增订。

（4）检查鉴定食品卫生、贮存、运输、销售过程中食品卫生质量变化情况，尤其是为查明某一污染食品的原因、途径和环节时，对食品从原料到成品生产全过程或流通各环节进行一次或数次追踪采样检验。

二、采样工具和容器

1. 采样工具

食品采样用的工具很多，从一般常用工具到特殊工具，要求所有的工具在采样前均应清洗干净，并保持干燥，做微生物检验所用的采样工具应灭菌后使用。

（1）一般常用工具

食品采样常用的工具有钳子、螺丝刀、小刀、剪子、罐头及瓶盖开启器、手电筒、蜡笔、圆珠笔、胶布、记录本、照相机等。钳子、螺丝刀、小刀可用于开启较小的包装容器；对大的外包装还要有专门的开箱器；蜡笔、圆珠笔、胶布、记录本做采样编号及记录用。

（2）专用工具

① 长柄勺：用于散装液体样品采样，长柄勺柄的长度要求能采到样品深处，表面要求光滑，便于清洗消毒，并能抗酸、抗碱、耐腐蚀，一般选用不锈钢制品较好。

② 玻璃或金属采样管：适用于深型桶装的液体食品采样，可用内径 1.5～2.0cm、长 100～120cm 的硬质玻璃或不锈钢管。管的两头口端光滑无缺口，一头束口，直径 1cm，采样时先用拇指封闭管上端束口，将管子放入桶内一定位置，松开封口拇指，待样品充满管后，用拇指或胶塞压紧上端束口，使液体不致流下，取出管子放开拇指或胶塞，将样品放入采样容器。

③ 金属探管和金属探子：适用于采集袋装的颗粒或粉末状食品。

金属探管：适用于布袋粉末状食品采样。为一根金属管子，长 50～100cm，直径 1.5～2.5cm，一端尖头，另一端为柄，管上有一道开口槽，从尖端直到柄。采样时，管子槽口向下，插入布袋后将管子槽口向上，使粉末状样品从槽口进入管内，拔出管子将样品装入采样容器内。

有些样品（如乳粉、蛋粉等），为了避免在采样时受到污染，或为了采集到容器内各平面的代表性样品，可使用双层套管，双层套管采样器由内外套筒的两根管子组成。每隔一定距离，两管上有互相吻合的槽口，外管有尖端，以便全管插入样品袋子。插入时将孔关闭，插入后旋转内管将槽口打开，以便样品进入采样管槽内，再旋转内管关闭槽口，将采样管拔出，用小匙自管的上、中、下部收取样品装入采样容器内。

金属探子：适用于布袋颗粒性食品采样，如粮食、白砂糖等。为一锥形管子，一头尖，便于插入袋内。采样时，将尖端插入袋内，颗粒性样品从中间空心地方进入，经管子宽口的一端流出。

④ 采样铲：适用于散装食品、豆类或袋装的较大颗粒食品（如薯片、花生、蚕豆等）。可将口袋剪开，用采样铲采样。

⑤ 其他：长柄匙、半圆形金属管用于半固体食品采样；电钻（或手摇钻）及钻头、小斧、凿子等适用于冻结的冰蛋、肉与肉制品等；当采取桶装液体样品时，如用玻璃棒不易拌匀，可选用一些特制搅拌器，如乳搅拌器、油类食品搅拌器等。

2. 采样容器

采样容器应当按照以下几条原则选择：

（1）盛装样品的容器应密封，内壁光滑、清洁、干燥，不应含有待检物质及干扰物质，容器和盖、塞必须不影响样品的气味、风味、pH 值及食物成分。

（2）盛装液体或半液体的样品容器，应用防水防油材料构成，常用带塞玻璃瓶、带塞广口瓶、塑料瓶等。

（3）盛装固体或半固体样品的容器可用广口玻璃瓶，不锈钢、铝、搪瓷等制品和塑料袋等。

（4）在采集粮食等大宗食品时，应准备四方搪瓷盘供现场分样品用，分出的粮食样品装入小布袋或塑料袋中。在现场检查面粉，可用金属筛选，检查有无昆虫或其他机械杂质等。

（5）酒类、油类样品不应用橡胶瓶塞，也不宜用塑料容器盛装，酸性食品不宜用金属容器盛装，测农药用的样品不宜用塑料袋或塑料容器盛装。黄油不能与任何吸水、吸油的表面接触。以上食品样品适宜用带玻璃塞的玻璃瓶装。欲测微量金属离子的样品，由于玻璃容器的吸附性较强，宜用塑料容器。

三、样品分类

在采集食品样本时，可根据不同的采样目的，将样品分为三大类。

1. 客观样品

客观样品是在日常监督检验过程中，定期或不定期随机抽查生产单位或销售单位的食品卫生状况，所采集的样品能客观地反映该单位食品卫生质量水平。通过日常检验，可发现生产企业或销售部门存在的问题和不合格食品。

2. 选择性样品

在食品中发现某些不合格的食品，对针对的问题，有选择地采集一些样品。属于这类样品的有以下几种情况：

① 可疑不合格食品及食品原料；

② 可疑的污染源，包括盛装食品的容器、设备、餐具、包装材料、运输工具、工作人员的手等；

③ 发生食物中毒的剩余食品以及病人的呕吐物、排泄物、血液等；

④ 已受污染的食品或食品原料；

⑤ 群众揭发不符合卫生要求或掺杂使假的食品。

3. 制订食品卫生标准的样品

为制订某种食品卫生标准，选择在较为先进的具有代表性的生产工艺条件下进行采样。

四、采样方法

不论用何种方法采样，所采样品都要有充分的代表性，样品要能够代表该批食品的实际情况，采集的样品要保持它的洁净和完整。

1. 一般采样

（1）现场调查

① 采样前必须了解该批食品的原料来源、加工方法、运输保藏条件、销售等各环节的卫生

状况、生产日期、批号、规格等。

② 外地运入的食品要审查有关该批食品的所有证件，包括商标、运货单、质量检查证明书、兽医卫生检疫证明书、商品检验机构或卫生防疫机构的检验报告单。

（2）感官检查

观察整批食品的外观情况，有包装的食品要检查包装物有无破损、变形、受污染，未经包装的食品要检查食品的外观有无发霉、变质、虫害、污染等。

（3）选择性采样

发现包装不良或已受污染的样品应将包装物打开，打开包装后如果发现食品不同样或有可疑的食品时，应将这些食品按感官性质的不同及污染程度的轻重分别采样。

（4）样品的代表性

采样时，要注意所取样品的代表性，并设法保持样品原有的真实性，在送检前不发生任何质量的变化。

（5）采样记录

进行选择性采样时，要注意做好采样记录，记录内容包括食品名称、生产厂名、生产日期、产品批号、产品数量、包装类型及规格、运输贮存情况、该批食品的现状、包装有无破损或受污染、现场开包做感官检查等情况的详细记录。

（6）采样收据

采样完毕，先将采样货物整理好，然后填写采样收据，一式两份，一份交被采样单位（货主），一份采样单位保存（卫检部门）。

2. 无菌采样

做微生物学检验时要求无菌采样，无菌采样前，采样工具和容器要严格消毒，采样时要防止外部环境对食品及样品的污染。

（1）采样用具、容器的灭菌

① 玻璃吸管、长柄匙、长柄勺等要单个用纸包好或用布袋装好，盛装样品的容器要预先贴好标签编号后单个用纸包好，采样用棉拭子、规格板、生理盐水、滤纸等均应按采样要求分别用纸包好。

② 将包好的用具、容具进行灭菌，根据用具性质不同采用不同的灭菌方式。高压蒸汽灭菌要求压力在 103.4kPa，温度 121.5℃，保持 15～30min，适用于各种耐热物品及器械的灭菌。干热灭菌是利用烤箱温度为 160～170℃持续 2h，适用于各种玻璃器皿。剪子、镊子和小刀可用煮沸灭菌或使用酒精灯火焰燃烧灭菌。

③ 消毒好的用具要妥善保存，防止污染。

（2）无菌采样步骤

① 采样前，操作人员先用 75％酒精棉球消毒手，再将采样用容器开口处周围用火焰燃烧灭菌。

② 固体、半固体、粉末状食品可用灭菌的小匙或勺采样，液体食品用灭菌玻璃吸管采样，样品取出后，装入灭菌采样容器内，在酒精灯火焰下燃烧瓶口加盖封口。

③ 散装液体食品采样前应先用灭菌玻璃棒搅拌均匀或摇匀，有活塞的应先用 75％酒精棉球将活塞及出口处表面擦拭消毒，然后打开活塞，等样品通过出口流出一些，再用灭菌采样容器取样品，然后在酒精灯火焰下封口。

④ 为检查生产用具、设备、食具而进行的采样，生产用具、设备可用在酒精灯火焰下燃烧灭菌的小刀（放凉），把其表面沾有的污物刮下装入干燥的灭菌容器中送检，将棉拭子抹擦的一端对准灭菌采样容器瓶口剪断并放入容器内，或将预先消毒的滤纸用灭菌生理盐水沾湿，贴附于食具或用具表面，1min 后再用灭菌镊子取出滤纸放入灭菌容器内送检。

（3）无菌采样注意事项

① 尽量从未开封的包装内取样，大包装的要从各个部位取有代表性的样品。

② 已消毒的采样工具和容器必须在采样时方可打开消毒袋。

③ 采样时最好两人参加，一人负责采样，另一人协助打开采样瓶和封口。

④ 为了说明某一工序的卫生状况，可在工序处理前和处理后各取一份样品作对照，例如饮料在灭菌前后取样做细菌培养，证明杀菌效果，再如手工包装前后取样做细菌培养，以证明污染程度。

⑤ 检验微生物样品要在采样后 3h 以内送实验室检验，在气温较高的季节送检样品应保存在有隔热材料的采样箱内，箱中放冰块或干冰保存，但应注意勿使冰融化的水污染样品，样品到实验室要立即检查，暂不能检验的要放在冰箱 4℃ 保存，对于瓶装、罐装或小包装袋食品采样时应不开封，直接整瓶、整罐、整袋采样，到实验室后再用酒精棉球消毒瓶口、罐口或袋口，再无菌采样做细菌学检查。

3. 不同样品的采样方法

(1) 散装食品

① 液体、半液体食品采样：以一池或一缸为一采样单位，每单位采一份样品，采样前，应先检查样品的感官性状，然后将池或缸搅拌均匀后采样，如果池或缸太大搅拌均匀有困难，可按缸或池的高度等距离分为上、中、下三层，在四角或中央的不同部位每层各取同样量的样品，混合均匀后再取检验样品。流动液体采样，可采用定时定量从输出的管口中装取样品，将数次取样混合后再取检验样品。

② 固体食品采样：大量的散装固体食品如粮食和油料，可按堆形和面积大小分区设点或按粮堆高度分层采样。

分区设点：每区面积不超过 50m² 各设中心、四角 5 个点，面积在 50～100m² 可设两个区，超过 100m² 设三个区，以此类推。两区界限上的两个点为共有点，如有两个区设 8 个点，三个区设 11 个点等，粮堆边缘的点设在距边缘 50cm 处。采样点定好后，先上后下用金属采样器逐层取样，各点采样数量一致。从各点及各层中采取的样品要做感官检查，感官性状基本上一致的可以混合为一个样品；若感官性状不同，则不要混合，分别盛装。大颗粒的粮食或油料按上述方法设点用采样铲采样。

(2) 大包装食品

① 液体、半液体食品采样：大包装的液体、半液体食品，一般用铁桶或塑料桶包装，容器不透明，很难看清容器内物质的实际情况，采样前，应先将容器盖打开，用采样管直通容器底部，将液体吸出放入透明的玻璃容器内做现场感官检查，检查液体是否均匀，有无杂质和异味，将检查情况做好记录，然后将这些液体充分搅拌均匀用长柄勺或采样管采样，装入样品容器内混合。

② 颗粒状或粉末状的固体样品采样：大批量的粮食、油料、白砂糖等食品，堆积较高，数量较大，应将其分为上、中、下三层，从各层分别用金属探管采样，一般粉末状食品用金属探管采样，颗粒状食品用锥形金属探子采样，大颗粒袋装食品如蚕豆、花生、薯干等将袋口打开，用采样铲采样，每层采样数量一致，从不同方位选取等量的袋数，每袋插入次数一致，感官性状相同的混合成一份样品，感官性状不同的要分别盛装。

分样：无论用哪种方法采取的样品，当数量较多时，都应充分混合均匀后，用四分法分取平均样品，四分法即将样品倒在平整干净的平面瓷盘或塑料薄膜上，堆成正方形，然后从样品左右两边铲起从上方倒入，再换另一个方向同样操作，反复混合五次，将样品堆成原来的正方形，用分样板在样品上划两条对角线，分成四个三角形，取出其中两个对顶三角形的样品，剩下的样品再按上述方法分取，直至最后剩下的两个三角形的样品接近所需样品重量为止。

(3) 小包装食品

各种小包装食品（指每包在 500g 以下），均可按照每一生产班次或同一批号的产品随机抽取原包装食品 3～5 包。

各类食品的具体采样方法，以后讲到各种食品卫生检验时再详述。

五、采样数量

采样数量包括两个方面，一方面是一批货物应采多少份样品，另一方面是一份样品采多少数量。采样数量应根据检验目的和检验项目而定，可根据以下原则。

1. 计划样品的采样数量

做食品卫生质量的专题调查或制订食品卫生标准以及各地区有规定的定期监测项目的采样量，应按照计划规定的采样数量进行采样。

2. 大批货物的采样数量

一般应取该批货物包装数目的平方根数加1，但货物量很大时可根据具体情况决定，通常100包（箱）以下的可按10%抽样，100包（箱）以上的采样包装数不少于12个，但不多于36个，即以12～36个包装内抽取混合样品。

3. 伪劣食品采样数量

已受污染或有明显的违法缺陷的食品采样数量，应先从感官检查上分为严重、中度、轻度三类，分别采取足够数量进行检验，证明污染和违法缺陷食品所占的比例数或包装数有多少，同时采取少量正常食品作对照样品，原则上伪劣食品的采样数量应当加倍。

4. 每份样品采样数量

每份样品所取数量，要根据检验项目而定，最低要求是，每份样品一般不得少于检验需要量的三倍，供检验、复检以及留样复查用。一般情况下，每份样品量不少于500g。液体、半液体每份样品量为500～1000g；小包装食品根据生产日期或批号，随机抽样，同一批号250～500g的包装取样件数不少于3个，250g以下的包装取样件数不少于6个，此外，还可以根据检验项目的需要和样品的具体情况适当增加或减少。

六、样品的保存和运送

无论什么时候采集到的样品，都要保持它的真实性和完整性，保证样品送到实验室分析或判断时还能代表该批制品在采样时的真实情况。因此，采样人员从采样直至样品送到实验室这个过程都负有责任，保证样品不发生任何变化，不受外来污染，这就需要做好样品的保存和运送，对一些确实不能保证在保存和运送中不发生变化的检验项目，争取在采样现场测定，例如矿泉水温度、二氧化碳含量等。

1. 样品的保存

（1）要使样品保持原来状态

采样时尽量采取原包装，不要从已开启过的包装内取样，从散装或大包装内采取的样品，如果是干燥的样品一定要保存在干燥洁净的容器内，并加盖封口（可用石蜡封口），不要和有散发异味的样品一起保存。

（2）易变质的样品要冷藏

容易腐败变质的样品，在气温较高的情况下，一定要冷藏保存，防止样品在送到实验室前发生变质，可用有隔热层的保温箱或冰壶加冰块保存，但应注意样品一定要装入容器内，不能直接放在冰块上，以防冰块融化的水污染样品。

（3）特殊样品在现场做相应的处理

① 在从天花板、墙壁、设备上采集或从食品中采集的准备做霉菌分析的可疑样品，要放入无菌容器内，低温保存或放入加有1%甲醛溶液的容器中保存，也可以贮存在5%乙醇溶液或稀乙酸溶液里，供霉菌形态学鉴定。

② 有活昆虫的食品样品必须在每个样品容器内放入浸透乙醚或氯仿的棉球熏蒸，将昆虫杀死后送检验室，以防昆虫逃脱或繁殖，在采样记录中，应说明使用哪一种熏蒸剂杀虫。

③ 对怀疑有挥发性毒物的样品应采取措施防止挥发逸散，例如对氰化物、磷化物可加碱固定后保存运送。

2. 样品的运送

现场采集样品后，应迅速送到实验室检验，若离检验室距离较远或需送食品卫生监督机构鉴定，必须注意以下几点：

（1）包装

盛装样品的容器或包装要牢固，用易破碎的玻璃容器盛样品或用不正常的金属容器（如严重膨胀的铁皮罐头）盛装样品时要注意防震，用纸或其他缓冲材料把样品隔开固定，防止盛装样品的容器破碎或爆炸。

（2）做好标记

需要送食品卫生监督检验机构做仲裁用的样品在运送前应加密封，贴上封条纸，写明日期和盖印，或加石蜡封口，以防运送中更换样品。

（3）样品保藏

易腐或必须冷藏的食品在运送过程中保持冷藏状态，以防样品变质。

（4）送样

一般应由采样人员亲自运送样品到有关机构检验，如果采样人员确实不能亲自运送，也要向送样人员交代清楚送检样品要注意的事项，并附上委托送检证明、样品情况、采样的详细记录及要求检验的目的等正式的加盖公章的书面材料。如果是易变质的样品或危险样品还要先打电话或电报通知接受样品的单位以做好准备。

七、检验报告

1. 核对样品

当样品送到实验室后，检验人员应该对样品与送检单核对无误后方可检验。检验过程要做好记录，检验完毕将结果填写在送检单上，检验人员签名，由实验室负责人审核签名后，方可填写检验报告书，根据检验结果，结合现场调查及有关法规，做出卫生评价以及处理意见。检验人员一定要坚持原则，公正、客观地检测样品，绝不能营私舞弊、弄虚作假，养成良好的职业道德。

2. 填写检验报告单

字体要端正，词句要简练、明确。检验报告单内容包括编号、抽（送）检日期、样品名称、生产厂名、检验项目、抽（送）检单位、检验结果、卫生评价及处理意见、报告日期和监督机构盖章等。报告单一式两份，一份发抽（送）检单位，一份存档。

3. 保留样品

在检验前将所取样品的1/3作为留样。保留样品要包装完整，密封，并贴上标签。标签上应写明样品名称、生产厂名、采样日期、检验项目和检验人员签名、样品保留时间。从发报告之日算起，一般符合卫生标准的样品保留一个月，不符合卫生标准的样品保留三个月或至该批食品案件处理完毕，易腐败变质的食品和开罐、开包装的食品不留样。

4. 复检

当检验结果有争议时，只有在上一级监督机构或按有关法规规定进行仲裁时，才可对保留样品进行复查。微生物检验结果一般不做复检，检出致病菌时检验单位保留菌种一个月，复检没有检出致病菌也不能否认前次检验结果。

第二节　样品预处理传统方法

食品的成分很复杂，既含有大分子有机化合物，如蛋白质、糖、脂肪、维生素及因污染引入的有机农药等，又含有各种无机元素，如钾、钠、钙、铁等。这些组分往往以复杂的结合态或络合态形式存在。当应用某种化学方法或物理方法对其中某种组分的含量进行测定时，其他组分的存在常给测定带来干扰。为保证检测工作的顺利进行，得到准确的结果，必须在测定前排除干扰；此外，有些被测组分在食品中的含量极低，如污染物、农药、黄曲霉素等，要准确地测出它们的含量，必须在测定前对样品进行浓缩。以上这些操作统称为样品预处理，又称样品前处理，是食品检验过程中的一个重要环节，直接关系着检验结果的客观和准确。进行样品的预处理，要根据检测对象、检测项目选择合适的方法。总的原则是：排除干扰，完整保留被测组分并使之浓缩，以获得满意的分析结果。

样品预处理传统方法主要有以下几种。

一、有机物破坏法

主要用于食品中无机元素的测定。食品中的无机盐为金属离子，常与蛋白质等有机物质结合，成为难溶、难离解的有机金属化合物，欲测定其中金属离子或无机盐的含量，需在测定前破坏有机结合体，释放出被测组分。通常可采用高温及强氧化条件使有机物质分解，使其呈气态逸散，而被测组分残留下来，根据具体操作条件不同，又可分为干法和湿法两大类。

1. 干法灰化

这是一种用高温灼烧的方式破坏样品中有机物的方法，因而又称为灼烧法。除汞外大多数金属元素和部分非金属元素的测定都可用此法处理样品。将一定量的样品置于坩埚加热，使其中的有机物脱水、炭化、分解、氧化，再置高温电炉中（一般为 500~550℃）灼烧灰化，直至残灰为白色或浅灰色为止，所得的残渣即为无机成分，可供测定用。

2. 湿法消化

向样品中加入强氧化剂，加热消解，使样品中的有机物质完全分解、氧化，呈气态逸出，而待测成分转化为无机物状态存在于消化液中供测试用，简称消化，是常用的样品无机化方法，如蛋白质的测定。常用的强氧化剂有浓硝酸、浓硫酸、高氯酸、高锰酸钾、双氧水等。

二、蒸馏法

蒸馏法是利用被测物质中各组分挥发性的差异来进行分离的方法。可以用于除去干扰组分，也可以用于被测组分的蒸馏逸出，收集馏出液进行分析。

加热方式根据蒸馏物的沸点和特性不同有水浴、油浴和直接加热。

某些被蒸馏物的热稳定性不好，或沸点太高，可采用减压蒸馏，减压装置可用水泵或真空泵。某些物质的沸点较高，直接加热蒸馏时，可因受热不均引起局部炭化，还有些被测成分，当加热到沸点时可能发生分解，对于这些具有一定蒸气压的成分，常用水蒸气蒸馏法进行分离，即用水蒸气来加热混合液体，如挥发酸的测定。

三、溶剂提取法

同一溶剂中，不同物质具有不同的溶解度。利用混合物中各物质溶解度的不同将混合物组分完全或部分地分离的过程称为萃取，也称提取。常用方法有以下几种。

1. 浸提法

又称浸泡法。用于从固体混合物或有机体中提取某种物质，所采用的提取剂，应既能大量溶解被提取的物质，又不破坏被提取物质的性质。为了提高物质在溶剂中的溶解度，往往在浸提时加热。如用索氏抽提法提取脂肪。提取剂是此类方法中的重要因素，可以用单一溶剂也可以用混合溶剂。

2. 溶剂萃取法

溶剂萃取法用于从溶液中提取某一组分，利用该组分在两种互不相溶的试剂中分配系数的不同，使其从一种溶剂中转移至另一种溶剂中，从而与其他成分分离，达到分离和富集的目的。通常可用分液漏斗多次提取达到目的。若被转移的成分是有色化合物，可用有机相直接进行比色测定，即萃取比色法。萃取比色法具有较高的灵敏度和选择性。如用双硫腙法测定食品中铅含量。此法设备简单、操作迅速、分离效果好，但是成批试样分析时工作量大。同时，萃取溶剂常是易挥发、易燃且有毒性的物质，操作时应加以注意。

四、盐析法

向溶液中加入某种无机盐，使溶质在原溶剂中的溶解度大大降低而从溶液中沉淀析出。这种方法叫作盐析。如在蛋白质溶液中，加入大量的盐类，特别是加入重金属盐，使蛋白质从溶液中沉淀出来。

在进行盐析工作时，应注意溶液中所要加入的物质的选择，它不会破坏溶液中所要析出的物质，否则达不到盐析提取的目的。

五、化学分离法

1. 磺化法和皂化法

磺化法和皂化法是处理油脂或含脂肪样品时经常使用的方法。例如，残留农药分析和脂溶性维生素测定中，油脂被浓硫酸磺化，或被碱皂化，由憎水性变成亲水性，使油脂中需检测的非极性物质能较容易地被非极性或弱极性溶剂提取出来。

2. 沉淀分离法

沉淀分离法是利用沉淀反应进行分离的方法。在试样中加入适当的沉淀剂，使被测组分沉淀下来，或将干扰组分沉淀除去，从而达到分离的目的。

3. 掩蔽法

利用掩蔽剂与样液中干扰成分作用，使干扰成分转变为不干扰测定的状态，即被掩蔽起来。运用这种方法，可以不经过分离干扰成分的操作而消除其干扰作用，简化分析步骤，因而在食品分析中应用得十分广泛，常用于金属元素的测定。

六、色谱分离法

色谱分离法又称色层分离法，是一种在载体上进行物质分离的方法的总称。根据分离原理的不同，可分为吸附色谱分离、分配色谱分离和离子交换色谱分离等。此类方法的分离效果好，近年来在食品分析中的应用越来越广泛。

七、浓缩法

食品样品经提取、净化后，有时净化液的体积较大，在测定前需进行浓缩，以提高被测成分的浓度。常用的浓缩方法有常压浓缩法和减压浓缩法两种。

第三节　样品预处理新方法

一、固相萃取法

固相萃取（solid phase extraction，SPE）是利用固体吸附剂将液体样品中的目标化合物吸附，与样品的基体和干扰化合物分离，然后再用洗脱液洗脱或加热解吸附，达到分离和富集目标化合物的目的。

固相萃取作为样品预处理技术，在实验室中得到了越来越广泛的应用。它利用分析物在不同介质中被吸附的能力差将目标物提纯，有效地将目标物与干扰组分分离，大大增强了对分析物特别是痕量分析物的检出能力，提高了被测样品的回收率。SPE 技术自 20 世纪 70 年代后期问世以来，发展迅速，广泛应用于环境、制药、临床医学、食品等领域。目前最多见其作为样品预处理的手段之一在药品及保健食品非法添加检测中的应用。

1. 基本工艺与原理

固相萃取是一个包括液相和固相的物理萃取过程。在固相萃取中，固相对分离物的吸附力比溶解分离物的溶剂更大。当样品溶液通过吸附剂床时，分离物浓缩在其表面，其他样品成分通过吸附剂床；通过只吸附分离物而不吸附其他样品成分的吸附剂，可以得到高纯度和浓缩的分离物。

（1）保留与洗脱

在固相萃取中最常用的方法是将固体吸附剂装在一个针筒状柱子里，使样品溶液通过吸附剂床，样品中的化合物或通过吸附剂或保留在吸附剂上（依靠吸附剂对溶剂的相对吸附）。"保留"是一种存在于吸附剂和分离物分子间吸引的现象，造成当样品溶液通过吸附剂床时，分离物在吸附剂上不移动。保留是三个因素的作用：分离物、溶剂和吸附剂。所以，一个给定的分离物的保留行为在不同溶剂和吸附剂存在下是变化的。"洗脱"是一种保留在吸附剂上的分离物从吸附剂上去除的过程，这通过加入一种对分离物的吸引比吸附剂更强的溶剂来完成。

（2）容量和选择性

吸附剂的容量是在最优条件下，单位吸附剂的量能够保留一个强保留分离物的总量。不同键合硅胶吸附剂的容量变化范围很大。选择性是吸附剂区别分离物和其他样品基质化合物的能力，也就是说，保留分离物，去除其他样品化合物。一个高选择性吸附剂是从样品基质中仅保留分离物的吸附剂。吸附剂的选择性是三个参数的作用：分离物的化学结构、吸附剂的性质和样品基质的组成。

（3）分类

① 正相固相萃取所用的吸附剂都是极性的，用来萃取（保留）极性物质。在正相萃取时目标化合物如何保留在吸附剂上，取决于目标化合物的极性官能团与吸附剂表面的极性官能团之间的相互作用，其中包括了氢键、π-π 键相互作用、偶极-偶极相互作用和偶极-诱导偶极相互作用以及其他的极性-极性作用。

② 反相固相萃取所用的吸附剂和目标化合物通常是非极性的或极性较弱的，主要是靠非极性-非极性相互作用，是范德华力或色散力。

③ 离子交换固相萃取是靠目标化合物与吸附剂之间的相互作用，是静电吸引力。

2. 简要过程（图 1-1）

（1）一个样品包括分离物和干扰物通过吸附剂；

（2）吸附剂选择性地保留分离物和一些干扰物，其他干扰物通过吸附剂；

（3）用适当的溶剂淋洗吸附剂，使先前保留的干扰物选择性地淋洗掉，分离物保留在吸附剂床上；

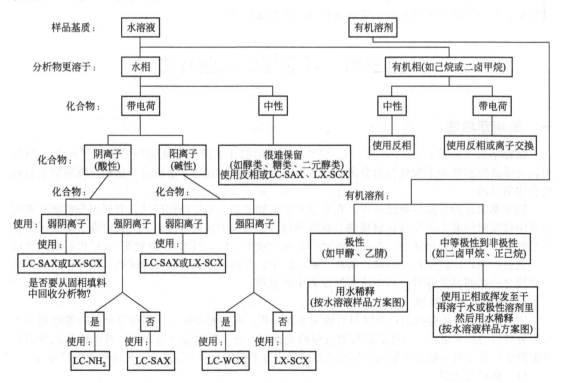

图 1-1　固相萃取的简要过程

（4）纯化、浓缩的分离物从吸附剂上淋洗下来。

3. 固相萃取技术的方法建立

（1）选择 SPE 小柱或滤膜

首先应根据待测物的理化性质和样品基质，选择对待测物有较强保留能力的固定相。若待测物带负电荷，可用阴离子交换填料，反之则用阳离子交换填料。若为中性待测物，可用反相填料萃取。SPE 小柱或滤膜的大小与规格应视样品中待测物的浓度大小而定。对于浓度较低的体内样品，一般应选用尽量少的固定相填料萃取较大体积的样品。

（2）活化

萃取前先用充满小柱的溶剂冲洗小柱或用 5～10mL 溶剂冲洗滤膜。一般可先用甲醇等水溶性有机溶剂冲洗填料，因为甲醇能润湿吸附剂表面，并渗透至非极性的硅胶键合相中，使硅胶更容易被水润湿，之后再加入水或缓冲液冲洗。加样前，应使 SPE 填料保持湿润，如果填料干燥会降低样品保留值；而各小柱的干燥程度不一，则会影响回收率的重现性。

（3）加样

① 用 0.1mol/L 酸或碱调节，使 pH<3 或 pH>9，离心取上层液萃取；

② 用甲醇、乙腈等沉淀蛋白质后取上清液，以水或缓冲液稀释后萃取；

③ 用酸或无机盐沉淀蛋白质后取上清液，调节 pH 值后萃取；

④ 超声 15min 后加入水、缓冲液，取上清液萃取。尿液样品中的药物浓度较高，加样前先用水或缓冲液稀释，必要时可用酸、碱水解反应破坏药物与蛋白质的结合，然后萃取。流速应控制为 2～4mL/min，流速快不利于待测物与固定相结合。

（4）清洗填料

反相 SPE 的清洗溶剂多为水或缓冲液，可在清洗液中加入少量有机溶剂、无机盐或调节 pH值。加入小柱的清洗液应不超过一个小柱的容积，而 SPE 滤膜为 5～10mL。

（5）洗脱待测物

应选用 5～10mL 离子强度较弱但能洗下待测物的洗脱溶剂。若需较高灵敏度，则可先将洗脱液挥干后，再用流动相重组残留物后进样。体内样品洗脱后多含有水，可选用冷冻干燥法。保留能力较弱的 SPE 填料可用小体积、较弱的洗脱液洗下待测物，再用极性较强的 HPLC 分析柱如 C_{18} 柱分析洗脱物。若待测物可电离，可调节 pH 值，抑制样品离子化，以增强待测物在反相SPE 填料中的保留，洗脱时调节 pH 值使其离子化并用较弱的溶剂洗脱，收集洗脱液后再调节pH 值使其在 HPLC 分析中达到最佳分离效果。在洗脱过程中应减慢流速，用两次小体积洗脱代替一次大体积洗脱，回收率更高。

二、固相微萃取法

固相微萃取（solid phase microextraction，SPME）是基于采用涂有固定相的熔融石英纤维来吸附、富集样品中的待测物质。其中吸附剂萃取技术始于 1983 年，其最大的特点是能在萃取的同时对分析物进行浓缩，目前最常用的固相萃取技术（SPE）就是将吸附剂填充在短管中，当样品溶液或气体通过时，分析物则被吸附萃取，然后再用不同溶剂将各种分析物选择性地洗脱下来。均匀涂渍在硅纤维上的圆柱状吸附剂涂层，在萃取时既继承了 SPE 的优点，又有效克服了采用固相萃取技术时出现的操作烦琐、空白值高、易堵塞吸附柱等缺点。固相微萃取技术一经问世即受到广大食品研究工作者及其他分析从业人员的普遍关注并开始推广应用。

SPME 最早应用于环境样品的检测，主要针对样品中各种有机污染物，如水样和土壤中的有机汞、脂肪酸、杂酚油等，以及有机磷农药、有机氯农药、多环芳烃等这些作为水和废水检测的重要指标化合物。

SPME 在医学上的应用多见于分析人体血液中的氰化物、苯和甲苯，以及体液中的乙醇、有机磷酸酯等方面。

自从 SPME 问世不久，就有人把它应用于分析食品中的微量成分，近 10 年来，SPME 已经广泛应用于食品风味、食品中农药残留和食品中有机物的分析。

1. 装置及操作步骤

SPME由手柄（holder）和萃取头（fiber）两部分构成，状似一支色谱注射器，萃取头是一根涂有不同色谱固定相或吸附剂的熔融石英纤维，接不锈钢丝，外套细的不锈钢针管（保护石英纤维不被折断及进样），纤维头可在针管内伸缩，手柄用于安装萃取头，可永久使用。

在样品萃取过程中首先将SPME针管穿透样品瓶隔垫，插入瓶中，推手柄杆使纤维头伸出针管，纤维头可以浸入水溶液中（浸入方式）或置于样品上部空间（顶空方式），萃取时间大约为2～30min。然后缩回纤维头，再将针管退出样品瓶，迅速将SPME针管插入GC仪进样口或HPLC的接口解吸池。推手柄杆，伸出纤维头，热脱附样品进色谱柱或用溶液洗脱目标分析物，缩回纤维头，移去针管。

2. 工作原理

在固相微萃取操作过程中，样品中待测物的浓度或顶空中待测物的浓度与涂布在熔融硅纤维上的聚合物中吸附的待测物的浓度间建立了平衡，在进行萃取时，萃取平衡状态下和萃取前待分析物的量应保持不变。

SPME中使用的涂层物质对于大多数有机化合物都具有较强的亲和力，待测物质在涂层和样品基质中的分配系数值对目标分析物来说越大，意味着SPME具有的浓缩作用越高，对待测物质检测的灵敏度越高。

3. 工作条件的选择及优化

（1）萃取头的选择

由不同固定相所构成的萃取头对物质的萃取吸附能力是不同的，故萃取头是整个SPME装置的核心，这包括2个方面：固定相和其厚度的选择。萃取头的选择由欲萃取组分的分配系数、极性、沸点等参数共同确定。一般而言，纤维头上一层厚膜比薄膜要萃取更多的分析物，厚膜可有效地从基质中吸附高沸点组分。但是解吸时间相应要延长，并且被吸附物可能被带入下一个样品的萃取分析中，薄膜纤维被用来确保分析物在热解吸时较高沸点化合物的快速扩散与释放。膜的厚度通常在10～100μm之间。按照聚合物的极性固定相涂层可分为3大类：第一类为极性涂层，第二类为非极性涂层，第三类为中等极性混合型涂层。

（2）萃取时间的确定

萃取时间主要指达到或接近平衡所需要的时间。影响萃取时间的因素主要有萃取头的选择、分配系数、样品的扩散系数、顶空体积、样品萃取的温度等。萃取开始时萃取头固定相中物质浓度增加得很快，接近平衡时速度极其缓慢，因此，萃取过程中不必达到完全平衡，因为平衡之前萃取头涂层中吸附的物质量与其最终浓度就已存在一个比例关系，所以在接近平衡时即可完成萃取过程，视样品的情况不同，萃取时间一般为2～60min。延长萃取时间也无坏处，但要保证样品的稳定性。

（3）萃取温度的确定

萃取温度对吸附采样的影响具有双面性。一方面，温度升高会加快样品分子运动，导致液体蒸气压增大，有利于吸附，尤其是对于顶空固相微萃取（HS-SPME）；另一方面，温度升高也会降低萃取头吸附分析组分的能力，使得吸附量下降。实验过程中萃取温度还要根据样品的性质而定，一般为40～90℃。

（4）样品的搅拌程度

样品经搅拌后可以促进萃取并相应地减少萃取时间，特别是对于高分子量和高扩散系数的组分。一般搅拌形式有磁力搅拌、高速匀浆、超声波搅拌等。采取搅拌方式时一定要注意搅拌的均匀性，不均匀的搅拌比没有搅拌的测定精确度更差。

（5）萃取方式、盐浓度和pH效应

SPME的操作方式有两种，一种为顶空萃取方式，另一种为浸入萃取方式，实验中采取何种萃取方式主要取决于样品组分是否存在蒸气压，对于没有蒸气压的组分只能采用浸入方式来萃取。在萃取前于样品中添加无机盐可以降低极性有机化合物的溶解度，产生盐析，提高分配系数，从而达到增加萃取头固定相对分析组分的吸附。一般添加无机盐用于顶空方式，对于浸入方式，盐分容易损坏萃取头。此外，调节样品的 pH 值可以降低组分的亲脂性，从而大大提高萃取效率，注意 pH 值不宜过高或过低，否则会影响固定相涂层。

（6）其他优化措施

在萃取过程中还可以采用减压萃取及微波萃取，都可以提高萃取效率，在采用顶空萃取的过程中顶空体积的大小、样品的大小对检测的灵敏度、方法的精密度及萃取效率都有重要影响。

三、液相微萃取法（液滴微萃取和液膜微萃取）

液相微萃取（liquid-phase microextraction，LPME）或溶剂微萃取（solvent microextraction，SME）是 1996 年发展起来的一种新型的样品预处理技术。与液-液萃取（liquid-liquid extraction，LLE）相比，LPME 可以提供与之相媲美的灵敏度，甚至集更佳的富萃取和浓缩于一体，灵敏度高，操作简单，而且还具有快捷、廉价等特点。另外，它所需要的有机溶剂也是非常少的（几微升至几十微升），是一项环境友好的样品预处理新技术，特别适合超痕量污染物的测定。

LPME 主要应用于环境监测、饮料分析及生物分析等几大方面。

目前使用 LPME 方法处理的有机污染物主要包括氯苯、多环芳烃、酞酸酯、芳香胺、酚类化合物、苯及其同系物、硝基芳族类炸药、有机氯农药、杀虫剂硫丹、三嗪类除草剂、三卤甲烷以及烷基酚等。

与 SPME（固相微萃取）相比，LPME 的缺点是有溶剂峰，有时容易掩盖分析物的色谱峰。LPME 的最大优点是它除了具有直接和顶空两种萃取方式外，还具有 LPME/BE 方式。这种萃取方式可以将一些酸性或碱性化合物的富集倍数进一步提高，而多孔性的中空纤维的价格也比较低廉。另外，中空纤维上的小孔也起到微过滤作用，可以对分析物进一步净化。液相微萃取的分析物用气相色谱进行分析时克服了解吸速度慢、涂层降解的缺点，液相微萃取与液相色谱联用时不需专门的解吸装置。这种技术所需要的装置非常简单，一支普通的微量进样器或多孔性的中空纤维即可。尽管商品化的 SPME 萃取头的种类不断增加，但是可用于 LPME 的溶剂种类更多，这为优化 LPME 的萃取条件提供了更大的选择空间。

1．工作方式

（1）直接液相微萃取（directliquid-phase microextraction，direct-LPME）：直接利用悬挂在色谱微量进样器针头或 Teflon 棒端的有机溶剂对溶液中的分析物进行萃取的方法，叫作直接液相微萃取法。这种方法一般比较适合萃取较为洁净的液体样品。

（2）液相微萃取/后萃取（liquid-phase microextraction with back extraction，LPME/BE）：液相微萃取/后萃取又称为液-液-液微萃取（liquid-liquid-liquid microextraction，LLLME），整个萃取过程为：给体（样品）中的分析物首先被萃取到有机溶剂中，接着又被后萃取到受体里。这种方式一般适用于在有机溶剂中富集效率不是很高的分析物，需要通过后萃取来进一步提高富集倍数。如在对酚类化合物进行萃取时，通过调节给体的 pH 值来使酚类以中性形式存在，那么它们在给体中的溶解度减少，在搅拌时酚类化合物很容易地被萃取到有机溶剂中，再通过调节受体 pH 值到强碱性，可以把酚类从有机溶剂中进一步浓缩到富集能力更强的受体（强碱性溶液）里。

（3）顶空液相微萃取（headspace liquid-phase microextraction，HS-LPME）：把有机溶剂悬于样品的上部空间而进行萃取的方法，叫作顶空液相微萃取法。这种方法适用于分析物容易进入样品上方空间的挥发性或半挥发性有机化合物。在顶空液相微萃取中包含 3 相（有机溶剂、液上空间、样品），分析物在 3 相中的化学势是推动分析物从样品进入有机液滴的驱动力，可以通过不断搅拌样品产生连续的新表面来增强这种驱动力。挥发性化合物在液上空间的传质速度非常快，这是因为在气相中，分析物具有较大的扩散系数，且挥发性化合物从水中到液上空间再到有机溶剂比从水中直接进入有机溶剂的传质速率快得多，所以对于水中的挥发性有机物，顶空液相微萃取法比直接液相微萃取法更快捷。

2．萃取效率的影响因素

LPME 对分析物的萃取受若干因素的影响，如有机溶剂种类、液滴大小、搅拌速率、盐效应、pH 值以及温度等。

（1）有机溶剂与液滴大小选择。合适的有机溶剂是提高分析物灵敏度的关键，其选择的基本原则是"相似相溶原理"，即溶剂的性质必须与分析物的性质相匹配，才能保证溶剂对分析物有较强的萃取富集能力。另外还需要符合以下几点：①对直接 LPME 和 LPME/BE，溶剂与样品一定不能混溶或在样品中的溶解度非常小；②在进行后续仪器的分析时，溶剂必须易于与分析物分离；③如果使用多孔性的中空纤维，溶剂必须易于充满纤维壁上的孔穴；④在使用多孔性的中空纤维时，溶剂必须在较短的时间内（几秒）固定在纤维上；⑤对于顶空 LPME，有机溶剂还需要有较高的沸点和较低的蒸气压，以减少在萃取过程中的挥发。液滴大小对分析的灵敏度的影响也很大。一般来说，液滴体积越大，分析物的萃取量越大，有利于提高方法的灵敏度。但由于分析物进入液滴是扩散过程，液滴体积越大，萃取速率越小，达到平衡所需的时间也就越长。

（2）搅拌速率是影响分析速度的重要因素。由于搅拌破坏了样品本体溶液与有机液滴之间的扩散层厚度，增加了分析物在液相中的扩散系数，提高了分析物向溶剂的扩散速率，缩短了达到平衡的时间，从而提高了萃取效率，但如果搅拌速率过快，有可能破坏萃取液滴。

（3）盐效应与 pH 值。由于分析物在有机溶剂和样品之间的分配系数受样品基体的影响，当样品基体发生变化时，分配系数也会随之发生变化。通过向样品中加入一些无机盐类（如 NaCl、Na₂SO₄ 等），可以增加溶液的离子强度，增大分配系数，从而提高它们在有机相中的分配，这也是提高分析灵敏度的有效途径。控制溶液的 pH 值能够改变一些分析物在溶液中的存在形式，减少它们在水中的溶解度，增加它们在有机相中的分配。如在对酚类化合物进行 LPME/BE 时，控制较小的 pH 值，使溶液中的酚类化合物以分子形式存在，减少了其在水中的溶解度，从而提高了萃取率。

（4）温度的影响。一般来说，温度对液相微萃取有两方面的影响：升高温度，分析物向有机相的扩散系数增大，扩散速率随之增大，同时加强了对流过程，有利于缩短达到平衡的时间；但是，升温会使分析物的分配系数减小，导致其在溶剂中的萃取量减少。所以，实验时应兼顾萃取时间和萃取效果，寻找最佳的工作温度。

（5）萃取时间的影响。由于液相微萃取过程是一个基于分析物在样品与有机溶剂（或受体）之间分配平衡的过程，所以分析物在平衡时的萃取量将达到最大。对于分配系数较小的分析物，一般需要较长的时间才能达到平衡，所以，选择的萃取时间一般在平衡之前（非平衡）。在这种情况下，为保证得到较好的重现性，萃取时间必须严格控制。另外，萃取时间也会对有机液滴大小产生影响。虽然有机相在水中有较小的溶解度，但随着萃取时间的增加，体积本来就不大的有机液滴就会出现较为明显的损失。为了矫正这种变化，常在萃取溶剂中加入内标。

四、超临界流体萃取法

超临界流体是指那些处于超过物质本身的临界压力和临界温度状态的流体。物质的临界状态是指气态和液态共存的一种边缘状态，在此状态中，液态的密度与其饱和蒸气的密度相同，因此界面消失。超临界流体技术的内容涉及超临界流体萃取、超临界条件下的化学反应、超临界流体色谱、超临界流体细胞破碎技术、超临界流体结晶技术等。超临界流体萃取（supercritical fluid extraction，SFE）是以超临界状态下的流体作为溶剂，利用该状态流体所具有的高渗透能力和高溶解能力萃取分离混合物的过程。当流体的温度和压力处于它的临界温度和临界压力以上时，该流体处于超临界状态。

自 Zosel（1962）首先提出采用超临界流体萃取技术脱除咖啡因及之后使其工业化以来，SFE 作为新型分离技术日益受到世人瞩目。超临界流体萃取分离技术在解决许多复杂分离问题，尤其是从天然动植物中提取一些有价值的生物活性物质，如胡萝卜素、甘油酯、生物碱、不饱和脂肪酸等方面，已显示出巨大的优势。

我国超临界流体萃取技术已逐步从研究阶段走向工业化。据不完全统计，目前我国已建成 100L 以上的超临界萃取装置 10 多台套，规模最大的达到 500L，生产的产品有沙棘籽油、小麦胚芽油、卵磷脂、辣椒红色素、青蒿素等。

1. 特点及局限性

超临界流体萃取技术结合了精馏与液-液萃取的优点，即精馏是利用各组分挥发度的差异实现不同组分间的分离，液-液萃取是利用被萃取物分子之间溶解度的差异将萃取组分从混合物中分离，因而是一种独特的、高效节能的分离技术。常用的萃取剂为 CO_2，具有无毒、无味、不燃、无腐蚀、价廉、易精制、易回收等特点，被视为有害溶剂的理想取代剂。

其局限性表现在：一方面，人们对超临界流体本身缺乏透彻的理解，对超临界流体萃取热力学及传质理论的研究远不如传统的分离技术（如有机溶剂萃取、精馏等）成熟；另一方面，高压设备目前价格昂贵，工艺设备一次性投资大，在成本上难以与传统工艺进行竞争。

2. 基本原理

（1）超临界流体的特性

① 超临界流体的密度接近于液体。由于溶质在溶剂中的溶解度一般与溶剂的密度成比例，因此超临界流体具有与液体溶剂相当的溶解能力。

② 超临界流体的扩散系数介于气体与液体之间，其黏度也接近于气体，因而超临界流体的传质速率更接近于气体。所以以超临界流体萃取时的传质速率大于液态溶剂的萃取速率。

③ 处于临界状态附近的流体，蒸发焓会随着温度和压力的升高而急剧下降，至临界点时，气液两相界面消失，蒸发焓为零，比热容趋于无限大。因而在临界点附近比在气-液平衡区进行分离操作更有利于传热和节能。

④ 只要流体在临界点附近的压力和温度发生微小的变化，流体的密度就会发生很大的变化，这将会引起溶质在流体中的溶解度发生相当大的变化。即超临界流体可在较高的密度下对萃取物进行超临界流体萃取，同时还可以通过调节温度和压力，降低溶剂的密度，从而降低溶剂的萃取能力，使溶剂与被萃取物得到有效分离。

（2）工艺原理

首先使溶剂通过升压装置（如泵或压缩机）达到临界状态；然后超临界流体进入萃取器与里面的原料（固体或液体混合物）接触而进行超临界萃取；溶于超临界流体中的萃取物随流体离开萃取器后再通过降压阀进行节流膨胀，以便降低超临界流体的密度，从而使萃取物和溶剂能在分离器内得到有效分离，然后再使溶剂通过泵或压缩机加压到超临界状态，并重复上述萃取分离操作，流体循环直至达到预定的萃取率。

（3）工艺特点

① 超临界流体萃取兼具精馏和液-液萃取的特点。溶质的蒸气压、极性、分子量大小是影响溶质在超临界流体中溶解度大小的重要因素。萃取过程中被分离物质间挥发度的差异和它们分子间作用力的大小这两种因素同时在起作用。如超临界萃取物被萃出的先后顺序与它们的沸点顺序有关，非极性的萃取剂 CO_2 对非极性或弱极性的物质具有较高的萃取能力等。

② 萃取剂可以循环使用。在溶剂分离与回收方面，超临界萃取优于一般的液-液萃取和精馏，被认为是萃取速率快、效率高、能耗少的先进工艺。

③ 操作参数易于控制。超临界萃取的萃取能力主要取决于流体的密度，而流体的密度很容易通过调节温度和压强来控制，这样易于确保产品质量稳定。

④ 特别适合分离热敏性物质，且能实现无溶剂残留。超临界萃取工艺的操作温度与所用萃取剂的临界温度有关。目前最常用的萃取剂 CO_2 的临界温度为 304.3K，最接近于室温，故既能防止热敏性物质的降解，又能达到无溶剂残留。这一特点也使得超临界萃取技术用于天然产物的提取分离成为当今的研究热点之一。

五、微波辅助萃取法

微波辅助萃取（microwave-assisted extraction）又叫微波萃取，是一种非常具有发展潜力的新的萃取技术，即用微波能加热与样品相接触的溶剂，将所需化合物从样品基体中分离出来并进入溶剂，是在传统萃取工艺的基础上强化传热、传质的一个过程。通过微波强化，其萃取速率、萃取效率及萃取质量均比常规工艺好很多，因此在萃取和分离天然产物的应用中发展迅速。微波技术应用于天然产物萃取的公开报道始于1986年，Gedye等将样品置于普通家用微波炉，通过选择功率挡、作用时间和溶剂类型，只需短短几分钟即可萃取出目标产物，而传统萃取方式需要几个小时。20世纪90年代初，加拿大环境保护部和加拿大CWT2TRAN公司合作开发了微波萃取系统，现已广泛应用于香料、调味品、天然色素、草药和化妆品等领域。在我国，微波萃取技术已经用于上百种草药的提取生产线，如葛根、三七、茶叶、银杏等。微波萃取已列为我国21世纪食品加工和中药制药现代化推广技术之一。

1. 微波萃取的机理和特点

（1）微波萃取的机理

微波是指波长在1mm～1m之间、频率在300～300000MHz之间的电磁波，它介于红外线和无线电波之间。微波萃取的机理可由以下两方面考虑：一方面，微波辐射过程是高频电磁波穿透萃取介质，到达植物物料的内部维管束和腺细胞内，由于物料内的水分大部分是在维管束和腺细胞内，水分吸收微波能后使细胞内部温度迅速上升，而溶剂对微波是透明（或半透明）的，受微波的影响小，温度较低。连续的高温使其内部压力超过细胞壁的膨胀能力，从而导致细胞破裂，细胞内的物质自由流出，萃取介质就能在较低的温度条件下捕获并溶解，通过进一步过滤和分离，便获得萃取物料。另一方面，微波所产生的电磁场，加速被萃取部分向萃取溶剂界面扩散的速率，用水作溶剂时，在微波场下，水分子高速转动成为激发态，这是一种高能量不稳定状态，或者水分子汽化，加强萃取组分的驱动力；或者水分子本身释放能量回到基态，所释放的能量传递给其他物质分子，加速其热运动，缩短萃取组分的分子由物料内部扩散到萃取溶剂界面的时间，从而使萃取速率提高数倍，同时还降低了萃取温度，最大限度保证萃取的质量。

（2）微波萃取的特点及与传统热萃取的区别

传统热萃取是以热传导、热辐射等方式由外向里进行，即能量首先无规则地传递给萃取剂，再由萃取剂扩散进基体物质，然后从基体中溶解或夹带出多种成分出来，即遵循加热—渗透进基体—溶解或夹带—渗透出来的模式，因此萃取的选择性较差；而微波萃取是通过离子迁移和偶极子转动两种方式里外同时加热，能对体系中的不同组分进行选择性加热，使目标组分直接从基体中分离。

与传统提取方法相比，微波萃取有无可比拟的优势，主要体现在：选择性高，可以提高收率及提取物质纯度，快速高效，节能，节省溶剂，污染小，质量稳定，有利于萃取对热不稳定的物质，可以避免长时间的高温引起样品的分解，特别适合处理热敏性组分或从天然物质中提取有效成分，同时可实行多份试样同时处理，也特别适合处理大批量样品。

与超临界萃取相比，微波萃取的仪器设备比较简单，投资小，且适用面广，较少受被萃取物质极性的限制（目前超临界流体萃取难以应用于极性较强的物质）。与超声萃取法相比，微波萃取具有快速、节省溶剂、提取效率高等优点，而超声萃取一般需要重复萃取才能将有效成分萃取完全。

2. 微波辅助萃取的参数及影响因素

微波辅助萃取操作过程中，萃取参数包括萃取溶剂、萃取功率和萃取时间。影响萃取效果的因素很多，如萃取剂的选择、微波剂量、物料含水量、萃取温度、萃取时间及溶剂pH值等。

（1）萃取剂的选择

在微波辅助萃取中，应尽量选择对微波透明或部分透明的介质作为萃取剂，也就是选择介电常数较小的溶剂，同时要求萃取剂对目标成分有较强的溶解能力，对萃取成分的后续操作干扰较小。当被提取物料中含不稳定或挥发性成分时，如中药中的精油，宜选用对微波射线高度透明的溶剂；若需除去此类成分，则应选用对微波部分透明的萃取剂，这样萃取剂可吸收部分微波能转化成热能，从而去除或分解不需要的成分。微波萃取要求溶剂必须有一定的极性，才能吸收微波进行内部加热。通常的做法是在非极性溶剂中加入极性溶剂。目前常见的微波辅助萃取剂有甲醇、丙酮、乙酸、二氯甲烷、正己烷、苯等有机溶剂和硝酸、盐酸、氢氟酸、磷酸等无机溶剂以及己烷-丙酮、二氯甲烷-甲醇、水-甲苯等混合溶剂。

（2）试样中水分或湿度的影响

水是介电常数较大的物质，可以有效地吸收微波能并转化为热能，所以植物物料中含水量的多少对萃取率的影响很大。另外，含水量的多少对萃取时间也有很大影响，因为水能有效地吸收微波能，因而干的物料需要较长的辐照时间。研究表明，生物物料的含水量对回收率的影响很大，正因为植物物料组织中含有水分，才能有效吸收微波能，进而产生温度差。若物料是经过干燥（不含水分）的，就要采取物料再湿的方法，使其具有足够的水分。也可选用部分吸收微波能的半透明萃取剂，用此萃取剂浸渍物料，置于微波场中进行辐射加热的同时发生萃取作用。

国外有人以异辛烷为萃取剂从植物中微波萃取去除有机氯杀虫剂的农药残留，不仅能得到较高的去除率，而且没有化合物分解。当样品水分为 15％时效率最高。

以丙酮-正己烷为萃取剂从土壤中微波萃取 PAHs 时，试样中小于 20％的水分使丙酮-正己烷的萃取能力提高。

（3）微波剂量的影响

在微波辅助萃取过程中，所需的微波剂量的确定应以最有效地萃取出目标成分为原则。一般所选用的微波能功率在 200～1000W，频率为 $2 \times 10^3 \sim 3 \times 10^5$ MHz，微波辐照时间不可过长。

（4）破碎度的影响

和传统提取一样，被提取物经过适当破碎，可以增大接触面积，有利于提取的进行。但通常情况下传统提取不把物料破碎得太小，因为这样可能使杂质增加，增加提取物中的无效成分，也给后续过滤带来困难。同时，将近 100℃的提取温度会使物料中的淀粉成分糊化，使提取液变得黏稠，这也增加了后续过滤的难度。在微波提取中，通常根据物料的特性将其破碎为 2～10mm 的颗粒，粒径相对不是太小，后面可以方便地过滤。同时，提取温度比较低，没有达到淀粉的糊化温度，不会给过滤带来困难。

（5）分子极性的影响

在微波场下，极性分子易受微波作用，目标组分如果是极性成分，会比较容易扩散。在天然产物中，完全的非极性分子是比较少的，物质分子或多或少存在一定的极性，绝大部分天然产物的分子都会受到微波电磁场的作用。在适当的条件下，微波提取一个批次可以在数分钟内完成。需要指出的是，物质离开微波场后提取过程并不会立即停止，事实上，离开微波场后由于微波持续产生的热量，以及形成的温度梯度，提取过程仍会进行。

（6）溶剂 pH 值的影响

溶液的 pH 值也会对微波萃取的效率产生一定的影响，针对不同的萃取样品，溶液有一个最佳的用于萃取的酸碱度。人们考察了从土壤中萃取除草剂时 pH 值对回收率的影响。结果表明：随着 pH 值的上升，除草剂的回收率也逐步增加，但是由于萃取出的酸性成分的增加，萃取物的颜色加深。

（7）萃取时间的影响

微波萃取时间与被测物样品量、溶剂体积和加热功率有关。与传统萃取方法相比，微波萃取的时间很短，一般情况下 10～15min 已经足够。研究表明，从食品中萃取氨基酸成分时，萃取效率并没有随萃取时间的延长而有所改善，但是连续的辐照也不会引起氨基酸的降解或破坏。在萃取过程中，一般加热 1～2min 即可达到所要求的萃取温度。对于不同的物质，最佳萃取时间不同。连续辐照时间也不可太长，否则容易引起溶剂沸腾，不仅造成溶剂的极大浪费，还会带走目标产物，降低产率。

（8）萃取温度的影响

在微波密闭容器中内部压力可达到十几个大气压，因此，溶剂沸点比常压下的溶剂沸点高，这样微波萃取可达到常压下同样的溶剂达不到的萃取温度。此外，随着温度的升高，溶剂的表面张力和黏性都会有所降低，从而使溶剂的渗透力和对样品的溶解力增加，以提高萃取效率，而又不至于分解待测萃取物。萃取回收率随温度升高的趋势仅表现在不太高的温度范围内，且各物质的最佳萃取回收温度不同。对不同条件下溶剂沸点及微波萃取中温度对萃取回收率的影响的研究表明，在密闭容器中丙酮的沸点提高到 164℃，丙酮-环己烷（1∶1）的共沸点提高到 158℃，这远高于常压下的沸点，而萃取温度在120℃时可获得最好的回收率。

(9) 萃取剂用量的影响

萃取剂用量可在较大范围内变动，以充分提取所希望的物质为度，萃取剂与物料之比（L/kg）在（1～20）∶1范围内选择。固液比是提取过程中的一个重要因素，主要表现在影响固相和液相之间的浓度差，即传质推动力。在传统萃取过程中，一般随固液比的增加，回收率也会增加，但是在微波萃取过程中，有时回收率随固液比的增加反而降低。固液比的提高必然会在较大程度上提高传质推动力，但萃取液体积太大，萃取时釜内压力过大，会超出承受能力，导致溶液溅失。

3. 微波萃取设备的研究状况

(1) 微波萃取实验设备

目前，用来进行微波萃取的设备主要有两类。第一类是直接使用普通家用微波炉或用家用微波炉改装的微波萃取装置，通过调节脉冲间断时间的长短来调节微波输出能量。这种微波炉造价低、体积小，适合在实验室应用，但很难进行回流提取，反应容器只能采取封闭或敞口放置两种方法，而且由于缺乏控制设施，一般仅能大概了解微波对于成分萃取的作用，而无法得到准确的实验数据，更无法用来摸索生产工艺条件。第二类是美国CEM公司和意大利Milestone公司生产的适用于溶解、萃取和有机合成的系列微波实验设备。这些设备均摆脱了传统的开关磁控管功率调整方式，实现了非脉冲连续微波调整，一般都有功率选择和控温、控压、控时装置，萃取罐由聚四氟乙烯等材料制成，萃取罐能允许微波自由透过、耐高温高压且不与溶剂反应。由于每个系统可容纳9～12个萃取罐，因此试样的批量处理量大大提高，样品处理能力可达到100g/罐，实现了智能化，属于样品中特定成分分析用微波萃取设备，方便快捷，但价格昂贵，且不适合用于较大量天然药物成分提取及生产工艺改进等实验研究。国内中科院深圳南方大恒公司和上海新科微波技术应用研究所研制的WK2000微波快速反应系统和MK2Ⅲ型光纤自动控压微波消解系统属于该类产品的仿制产品，但用的是传统的脉冲微波技术，许多单位用来进行提取分析实验。为了将微波萃取技术更好地用于天然药物的研究和开发，国内研究人员正在对连续微波萃取设备进行研制，以克服上述设备的缺点。上海华东理工大学研究人员自行设计了可用于连续微波萃取的设备，并进行了可行性研究，证明其符合连续生产时流体的流动要求，并已申请专利。

(2) 微波萃取生产设备研究

利用微波特性制造工业生产用微波设备，并用于加热、干燥、消毒、化学反应和萃取等已越来越多。目前国内已开发出可用于天然药物微波萃取的生产设备，主要有两类：一类为微波萃取罐，类似于中药生产中常用的多功能提取罐；另一类为连续微波萃取线。两者的主要区别：一个是分批处理物料，另一个是以连续方式工作的萃取设备，具体参数一般由生产厂家根据使用厂家的要求进行专门设计。使用的微波频率一般有两种：2450MHz和915MHz。已有厂家采用微波萃取设备提取葛根、甘草、板蓝根等天然药物的成分。一般来讲，工业微波设备必须满足下列条件：①微波发生源有足够的功率和稳定的工作状态；②结构合理，能够根据不同目的任意调整，而且便于拆卸和运输；③一般要求有温控附件；④能连续工作，操作简便；⑤使用安全，微波泄漏符合要求：用大于10mW量程的漏场仪距被测处0.5cm检测，漏场强度应小于10mW/cm²。

4. 微波萃取工艺流程

准确称取一定量的待测样品置于微波制样杯内，根据萃取物情况加入适量的萃取溶剂。按微波制样要求，把装有样品的制样杯放到密封罐中，然后把密封罐放到微波制样炉里。设置目标温度和萃取时间，加热萃取直至结束。把制样罐冷却至室温，取出制样杯，过滤或离心分离，制成可进行下一步测定的溶液。

(1) 微波萃取的工艺流程

微波萃取主要经过以下步骤：选料、清洗、粉碎、微波萃取、分离、浓缩、干燥、粉化、产品。

(2) 微波萃取条件

① 微波萃取装置一般要求为带有控温元件的微波制样设备。

② 微波萃取用制样杯一般为聚四氟乙烯材料制成的样品杯。

③ 微波萃取溶剂为具有极性的溶剂，如乙醇、甲醇、丙酮或水等。因非极性溶剂不吸收微波能，所以不能用100％的非极性溶剂作微波萃取溶剂。一般可在非极性溶剂中加入一定比例的极性溶剂来使用，如丙酮-环己烷（1∶1）。

④ 在微波萃取中要控制溶剂温度使其不沸腾或在使用温度下不分解待测物。

六、免疫亲和色谱法

动物性食品中兽药残留水平是食品安全检验的重要内容。兽药残留超标不仅给公众健康带来严重危害，也影响动物性食品的进出口贸易，世界各国都高度重视。由于药物残留检测属于复杂混合物中的痕量有机物质分析，且分析量大，因此非常需要采用有效、快捷、普及的净化方法。免疫亲和色谱（immunoaffinity chromatography，IAC）即是一种较好的净化技术，近年来发展很快，在兽药残留检测中的应用越来越广泛。

免疫亲和色谱提供了一种从液体材料中进行选择性净化的有效方法，可对化合物进行浓缩、分离，然后从固相支持物中提取纯化了的样品。从20世纪60年代末溴化氰活化琼脂糖载体出现开始，IAC成为免疫化学中最有效的分离手段之一。IAC主要用于仪器分析样品的预处理。1987年Van de Water等首次应用IAC技术净化了猪肉中的氯霉素，之后于1989年又在此技术的基础上测定了蛋、牛奶中的氯霉素。IAC技术现在已成为医药、兽药、食品检测中应用的一种重要的预处理方法。这项技术在兽药残留检测中的应用特别广泛，例如猪肉中的磺胺类药物、血浆中的克伦特罗、血清中的二噁英等。应用IAC分析生物样本中的爱比菌素，其回收率可达到80％～86％。

1. IAC技术原理

IAC是一种利用抗原抗体特异性可逆结合特性的SPE技术，根据抗原抗体的特异性亲和作用，从复杂的待测样品中捕获目标化合物。其原理是将抗体与惰性微珠共价结合，然后装柱，将含抗原的溶液过免疫亲和柱，抗原与固定了的抗体结合，而非目标化合物则沿柱流下，最后用洗脱缓冲液洗脱抗原，从而得到纯化的抗原。用适当的缓冲液和合适的保存方法，柱子可以再生，反复使用。IAC提纯效率很高，通常只需一次提取就可达到1000～10000倍的纯化效果。

2. IAC效率的关键影响因素

IAC作用的基础是色谱法与抗原抗体的可逆反应平衡相结合的理论，遵循经典的Scatchard方程。因此，影响IAC效率的因素有很多。

① 柱容量：免疫亲和柱常用的柱床体积为1mL。其高效特异性保留能力，使之能在较小的柱容量或柱床体积下完成净化过程，减少了非特异性吸附并节省了昂贵的柱材和抗体。另外，柱容量与抗体的偶联量有很大关系，但并非无限制成正比。因为活化的凝胶中与抗体蛋白结合的活化基团数量是有限的，与活化基团结合达到饱和时，理论柱容量达到最大。此外，亲和柱偶联的抗体浓度过高，抗体之间产生相互作用，将影响抗体与抗原的结合，降低柱容量。

② 基质的选择：针对各种类型的药物分子，可以选择不同的基质，以便有效提高净化效率。适宜的基质对于活化剂的选择、抗体的偶联、抗原抗体相互作用及无关杂质的去除，都有着举足轻重的作用。作为亲和柱的载体，最好是均一的珠状颗粒。溴化氰活化的琼脂糖（sepharose）是最经典的亲和柱的柱材。其他基质应用也很多，如Kaster等对纤维素作为IAC基质的颗粒大小、柱的耐受力、动力学容量等都进行了很好的描述。

③ 基质的活化与抗体的偶联：活化与偶联反应条件要求温和、简单，尽可能降低对抗体的活性和基质结构的破坏。基质活化通常在骨架上引入强亲电基团，然后与抗体上的亲核基团如—NH$_2$、—OH、—SH等发生取代反应，使抗体连接于基质上（偶联）。虽然抗体的化学特性直至20世纪中叶才被揭示，利用抗体进行分析却已有百年的历史。抗血清中的抗体含量最多的是IgG，所以常用其制备免疫吸附剂。已有人研究多样性的抗原结合片段对增加识别位点浓度的各种优点，但实验室还没有广泛的应用，如Fab片段很容易从单抗或多抗中获得，这种片段已被用作在线偶联毛细管电泳的免疫吸附剂。IAC技术应用的抗体有两种类型，即单克隆抗体

（McAbs）和多克隆抗体（PcAbs）。与单抗相比，多抗的抗原决定基的特异性和结合特性是多样的，因此制备时使用纯抗原，以防止产生不必要的抗体。但是多抗包含了所有的抗体亚类，对变性条件的抵抗力也高于单抗，因此多抗制备的IAC柱寿命较长。抗体偶联分为随机偶联和定向偶联两种，随机偶联的抗体以其不同部位随机偶联到同相载体上，将导致抗体与抗原结合的活性位点变少，损失结合力，完全随机偶联会损失66%的结合力。定向偶联的抗体偶联到基质后抗原结合位点指向流动相，抗体偶联部位应为Fc片段、末端蛋白或通过连接分子偶联。可以应用来自葡萄球菌细胞壁的PrA与PrG结合抗体分子的Fc部位，也可用胃蛋白酶水解抗体，产生Fab或单链抗体（Fv），其C端巯基定向固定于基质。

④ 抗原抗体结合能力：Preiffer等在评价应用单克隆抗体的IAC中影响抗原结合能力的因素时提到，因为抗体与琼脂糖基质的结合是多价结合，所以影响了与抗原的结合能力，因此在选择偶联条件时，一定要使抗原结合能力最大化；激活剂的浓度也影响抗原结合，在使用CNBr激活基质时，为了使抗体偶联后有较大的抗原结合能力，要尝试不同浓度的CNBr，且过高浓度的溴化氰活化的琼脂糖会使抗体蛋白偶联在胶珠外部，而不能渗透到里面，从而影响了抗原结合能力。合适的pH值能减少抗体的多点结合而提高抗原结合能力。抗原抗体相互作用的基础是分子互补的空间化学结构，并在抗原抗体间形成一系列复杂的范德华力、库仑力、疏水作用、氢键及立体构象互补。由于抗原抗体结合强度很大，从免疫亲和柱上洗脱抗原是此项技术中的关键步骤。洗脱抗原时，柱的环境必须改变，使K_a值下降。

⑤ 流动速率与柱压：流动速率应与抗原抗体反应速率相匹配，流动速率高则结合反应效率低，一般的流速在$0.4\sim4.0\text{mL/min}$。不同的反应体系要确定各自的最佳流速。免疫亲和柱的柱压一般低于正常柱压，过高的压力（$>3.4\times10^6\text{Pa}$）会对柱产生剪切力，破坏抗原抗体的结合，降低柱的效率，还有可能将柱料作为杂质混到分析物中。一般来说，为了防止抗体脱落，压力最大值应为$0.34\times10^6\text{Pa}$。

3. IAC技术的应用

（1）免疫萃取（innunoextraction）

IAC技术最简单的应用就是单纯作为样品的预处理手段，即制备免疫亲和柱，也称为离线（off-line）IAC。现在市场上已有克伦特罗、黄曲霉毒素等多种免疫亲和柱出售，使用效果非常好。

（2）IAC联用技术

IAC联用技术也可称为在线IAC。将IAC设备与HPLC、LC/MS、GC/MS、CE仪器连接，提纯后的样品直接进样检测。与离线模式不同，样品纯化、分析实现自动化，主要通过柱切换技术进行连接。20世纪70年代末，刚性、高效固相支持物的出现使抗体固定技术应用于高效液相色谱，由此产生了高效免疫亲和色谱（HPIAC）。HPIAC是在线IAC的一种应用形式，简化了分析过程并将分离、定性、定量一体化。HPIAC中大多使用硅胶与玻璃免疫吸附剂，应用于直接分析残留物还不是很普遍，有时免疫亲和柱上的洗脱物峰不是很尖，因为解吸附作用比理论上要慢。

（3）多残留免疫亲和色谱（MIAC）

MIAC更加集中了IAC的优势，可在一个色谱过程中提取多个样品。亲和柱上偶联一种抗体提纯几种结构相关的簇特异性抗原，或偶联多种抗体分别提纯多种交叉反应率低的分析物都是常用的方式。MIAC可用于离线和在线方式。

（4）放射荧光检测法

放射荧光检测法也是一种很好的定量方法。Shelver和Smith应用IAC净化技术处理样品，检测β-兴奋剂莱克多巴胺及其代谢物。他们以单克隆抗体为配基，并结合了放射性亲和色谱作为检测方法。

（5）柱后免疫检测

色谱免疫分析法也能检测其他色谱柱的洗脱液，主要是把固定抗体的亲和柱或固定有类似物的亲和柱接于HPLC柱的出口，然后进行直接检测或免疫测量分析。例如将HPLC柱流出液与含有标记抗体或 Fab 片段的溶液相混合，然后将混合液通过固定有类似物的亲和柱，与抗体或 Fab 片段结合的分析物会流过柱，到达检测器。地高辛、生物素都可用此方法进行检测。

色谱免疫分析法包括竞争结合免疫分析、免疫测量分析、同质免疫分析及酶联免疫亲和色谱等很多种，但这些方法主要应用在医学检测方面。随着农业现代化的推进，兽药、添加剂残留检测也会逐步向这一方向发展，提纯和检测一体化一直是我们的目标。

七、凝胶渗透色谱法

动、植物中农药残留检测分析具有基质复杂多样，测定干扰严重，待测成分种类繁多，含量低，多为微量、痕量组分等特点，其中样品预处理技术具有十分重要的作用，直接决定了分析结果的精确性。固相萃取和基质固相分散萃取技术常用于果蔬等农残检测。固相微萃取技术多用于分析环境样品如水、土壤等。微波辅助萃取广泛应用于分析土壤、沉积物中的多环芳烃、农药。超临界流体萃取多用于土壤、生物样品、食品和液态样品中的农残检测。加速溶剂萃取在环境、药物、食品和聚合物工业等领域应用广泛。而凝胶渗透色谱（gel permeation chromatography，GPC）则在富含脂肪、色素等大分子的样品分离净化方面具有明显的优势。

由于粮食的主要成分包括淀粉、蛋白质、脂肪等，利用有机溶剂提取农药残留时易使干扰物质进入提取液，因此必须选择适当的净化方式以消除基质干扰。通过 GPC 处理样品可高效分离出农药、脂质、聚合物、蛋白质等。水果、蔬菜中的农药残留问题一向是农产品检测的重点，尽管此类基质的预处理方法多样，但运用 GPC 进行净化也同样能够得到理想的结果。Patel 等采用 GPC 净化和气质联用技术对猪油、鱼油、氢化的植物油、橄榄油中的有机氯农药进行了残留分析检测，平均回收率在 70%～110% 之间。Frenich 等采用 GPC 净化和气质联用技术对鸡肉、猪肉、羊肉样品中的 45 种杀虫剂进行了残留分析检测，回收率在 70%～90% 之间。目前，美国 J2 公司 GPC 凝胶净化系统已成为我国出口油品类产品中邻苯二甲酸酯残留检测国家标准的样品净化方法。

1. GPC 分离原理

GPC 是基于体积排阻的分离机理，通过具有分子筛性质的固定相，用来分离分子量不同的物质，并可分析分子体积不同、化学性质相同的高分子同系物。GPC 的柱填料为凝胶，是一种表面惰性物质，具有三维网状结构，含有许多不同尺寸的孔穴，不具有吸附、分配和离子交换作用。当含有多种分子的样品溶液缓慢流经凝胶色谱柱时，各种分子渗入凝胶微孔的程度不同，大分子受排阻不能进入微孔，分子越小则进入微孔越深，因而滞留时间不同。试样中的各组分按照分子大小顺序洗脱，大分子的油脂、色素（叶绿素、叶黄素）、生物碱、聚合物等先被淋洗出来；农药等分子量较小，后被淋洗出来。通过收集经分离的含有农药成分的洗脱液，再与检测器联用进行检测分析。

2. GPC 的柱填料

柱填料是 GPC 分离的关键因素，其结构直接影响仪器性能及分离效果。因此，要求柱填料具有化学惰性良好、有一定的机械强度、不易变形、流动阻力小、不吸附待测物、分离范围广等性质。柱填料可分为有机凝胶和无机凝胶。一般来说，有机凝胶要求湿法装柱，柱效较高，但其热稳定性、机械强度和化学惰性差，凝胶易于老化，对使用条件的要求较高；无机凝胶除微粒凝胶外都能够用干法装柱，虽然柱效差一些，但在长期使用中性能稳定，对使用条件的要求较低，且易于掌握。根据凝胶对溶剂的使用范围不同，还可以把凝胶分为亲水性凝胶、亲油性凝胶和两性凝胶。亲水性凝胶多用于生化体系的分离和分析，亲油性凝胶多用于合成高分子材料的分离和分析。

3. GPC 相对于常规净化方法的优点

常规的净化方法消耗有机溶剂量大，操作过程较为烦琐，分析误差较大。如对于含油脂较高的样品（如玉米、芝麻），采用常规的液-液萃取或固相萃取等方法不能将油脂彻底除去。GPC 分离样品的过程是一个物理过程，能够很好地分离蛋白质、色素、脂肪等大分子物质和农药等小分子物质。并且 GPC 的有机溶剂消耗量正随着柱子的发展而减少，操作简单，分析误差小。

八、基质固相分散萃取法

食品理化检测中，样品预处理最常用的是液-液萃取和索氏萃取。这两种预处理方法需要消耗大量的有机溶剂，且操作烦琐、费时。近年来，一些溶剂用量少、操作快捷的样品预处理方法，如微波辅助萃取、超临界流体萃取、固相萃取、固相微萃取、基质固相分散萃取（matrix solid-phase dispersion，MSPD）等已经快速发展起来。

1989 年，Barker 和 Long 最先采用 MSPD 进行样品预处理。MSPD 的原理是将吸附填料与样品一起放入研钵中研磨，得到半干状态的混合物，装入柱中压实，然后用溶剂淋洗柱子，将各种待测物洗脱下来，将洗脱下来的溶剂收集，进行浓缩或进一步净化，然后进行仪器分析。另外，也可以将净化用的填料放入柱底部，使萃取和净化一步完成。MSPD 的优点是不需要进行组织匀浆、沉淀、离心、pH 值调节和样品转移等操作步骤。

动物肌肉组织、肾脏、海产品、水产品、牛奶、蜂蜜、鸡蛋、昆虫等基质中的农药残留都可以用 MSPD 方法来进行预处理。MSPD 最早就是 Barker 等在检测肌肉中的农药、驱虫剂和抗生素残留时所发明的一种全新的预处理技术。MSPD 也广泛地应用于水果、蔬菜、茶叶、药材、土壤以及人体血清等基质中农药残留的检测。影响 MSPD 的因素有以下几种。

（1）分散剂种类

分散剂不仅作为研磨填料将有机样品磨碎、分散，还将待测目标物"吸附"在分散剂表面。吸附填料的粒径对吸附效果有很大影响，研究表明 $40\sim100\mu m$ 的粒径比较合适。

目前使用的吸附填料种类较多，最常用的是 C_8 和 C_{18} 键合硅胶，广泛地应用于植物、动物组织中农药的萃取。氧化铝、活性炭纤维、硅胶、硅藻土、砂子、石墨化炭黑、聚合树脂作为分散剂。Fernandez 等比较了硅胶基分散剂（C_8、C_{18}、CN-silica、NH_2-silica、Ph-silica）吸附果蔬中氨基甲酸酯类农药的效果，结果表明 C_8 的萃取效率最高。Torres 等比较了 C_{18} 和石墨化炭黑两种分散剂吸附果蔬中农药的效果，结果表明 C_{18} 能更好地从果蔬中吸附杀真菌剂和杀虫剂。Viana 等比较了氧化铝、硅胶、弗罗里硅土对蔬菜中农药残留的吸附，发现利用弗罗里硅土作分散剂得到的萃取液最干净。Fang Guozhen 等比较了碳纳米管、C_{18} 和硅藻土作为 MSPD 分散剂萃取农产品中 31 种农药的效果，发现这三种分散剂的吸附效果相当。

（2）样品与分散剂的比例

样品与分散剂的比例对 MSPD 的影响不大，一般将样品与分散剂研磨成半干状态即可。不同类型的分散剂所需的量差别较大，对于砂子、弗罗里硅土、硅藻土等密度大的分散剂需要的量多一些。以 C_{18} 为例，样品与分散剂的比例一般为 1∶5 左右。

（3）净化填料

一般用弗罗里硅土、硅胶、氧化铝和石墨化炭黑（GCB）等作净化填料，置于柱的底层，使洗脱和净化一步完成。也有在 MSPD 萃取后，将洗脱液用商业化的 SPE 小柱（C_8、C_{18} 等）进行净化。

（4）淋洗剂

淋洗剂是影响 MSPD 过程的重要因素。淋洗剂的选择主要依赖于目标物的性质，一般用极性与目标物相似的淋洗剂。对于比较复杂的基质，一般用几种溶剂混合洗脱。大多数淋洗剂都是有机溶剂，对操作人员和环境有一定的危害，因此要尽量选用环境友好型的溶剂作淋洗剂，例如一些学者研究用热水洗脱牛奶中的氨基甲酸酯类农药，并得到了很好的效果。

（5）淋洗剂的体积

在 MSPD 过程中，淋洗剂的体积一般需要优化，以最少的淋洗剂将目标物最大限度地淋洗下来。大多数淋洗剂对环境有一定的危害，因此用量越少越好。淋洗剂的用量与样品的量也有较大的关系，样品量越大，需要的淋洗剂越多。

参 考 文 献

[1] 常忠平，赵玲. 超临界流体萃取技术在食品中的应用进展 [J]. 时代报告，2017（8）：243-244.

[2] 成昊，张丽君，张磊，等. 基质固相分散萃取-分散液相微萃取-气相色谱/质谱联用法测定土壤中的邻苯二甲酸酯 [J]. 分析试验室，2015，34（5）：574-578.

[3] 方立. 超临界萃取技术及其应用 [J]. 化学推进剂与高分子材料，2009（4）：34-37.

[4] 郝秋娟，马同锁，郝东旭，等. 动物源食品兽药残留检测方法 [J]. 煤炭与化工，2015，38（5）：13-15.

[5] 黄春燕. 食品理化检验中样品的预处理方法 [J]. 食品安全导刊，2017（6）：78.

[6] 黄佳佳，江东文，杨昭，等. 多壁碳纳米管固相萃取技术及其在食品安全检测中的应用 [J]. 食品工业科技，2016，37（14）：368-374.

[7] 纪春苗，徐瑞. 食品理化检验中的样品前处理方法分析 [J]. 医药卫生：引文版，2016（11）：00199.

[8] 金广庆，何文芬，赖志辉. 微波辅助萃取技术在无机砷含量测定中的应用研究 [J]. 广东公安科技，2015，23（4）：20-22.

[9] 李晖. 试析食品理化检验中样品前处理的方法 [J]. 科研，2015（31）：70.

[10] 李岩. 食品微生物检验样品采集和保存的注意事项及其检验技术 [J]. 中国卫生产业，2017，14（6）：39-40.

[11] 李赟. 食品检验的抽样及样品处理 [J]. 食品安全导刊，2017（5X）：46.

[12] 梁飞燕，卢日刚. 动物源性食品中多兽药残留检测方法的研究进展 [J]. 安徽农业科学，2016，44（26）：50-51.

[13] 刘东元，梁继文. 食品监督抽查中样品管理常见问题分析 [J]. 中外女性健康研究，2016（4）：17.

[14] 刘桂滨. 浅谈现代超临界流体萃取技术及其在油脂加工中的应用 [J]. 科学与信息化，2017（23）：227-229.

[15] 刘红，等. 固相萃取技术及其影响因素 [J]. 现代农业科技，2010（11）：351-354.

[16] 刘勤，何丽君，杨君，等. 离子液体基磁性固相萃取技术的研究进展 [J]. 分析测试学报，2015，34（7）：860-866.

[17] 刘晓敏. 常用食品农药残留快速检测样品前处理技术 [J]. 中国医药指南，2015（17）：296-297.

[18] 马杰，李青，白梅，等. QuEChERS前处理技术与在线凝胶渗透色谱-气相色谱质谱谱联用法测定蔬菜水果中20种农药残留 [J]. 食品安全质量检测学报，2016，7（1）：20-26.

[19] 马腾达，王慧玲，周凤霞，等. 超临界流体萃取技术在食品安全检测中的应用研究新进展 [J]. 吉林农业，2017（9）：74.

[20] 闵光. 基质固相分散萃取在农药残留检测技术中的应用 [J]. 现代农业科技，2010（9）：169-171.

[21] 钱琛，李静，陈桂良. 动物源性食品兽药残留分析中样品前处理方法的研究进展 [J]. 食品安全质量检测学报，2015（5）：1666-1674.

[22] 苏照莹. 超临界 CO_2 萃取技术的应用及展望 [J]. 保健文汇，2016（3）：103.

[23] 吴万彬. 食品卫生检验样品的抽样方法及应用 [J]. 科海故事博览·科教创新，2010（3）：131，108.

[24] 肖忠华，李晶. 离子液体及聚离子液体在基于固相萃取技术的食品安全分析中的应用 [J]. 食品与发酵工业，2015，41（5）：240-245.

[25] 徐凯，孙永超. 基于 PLC 的超临界 CO_2 萃取控制系统的研究与应用 [J]. 数字技术与应用，2017（4）：13-14.

[26] 杨丽，叶尔买克，王震，等. 多残留检测的前处理技术及检测方法比较 [J]. 安徽农业科学，2016，44（29）：81-83.

[27] 殷玉洁，夏秀萍，毛福英，等. 药用植物中农药残留检测技术的研究进展 [J]. 中国药房，2017，28（12）：1721-1726.

[28] 于井春. 浅析微波萃取技术及其在食品化学中的应用 [J]. 中国科技投资，2016（24）：305.

[29] 赵昕. 测定污泥中环境激素类物质的基质固相分散萃取样品前处理技术研究 [D]. 苏州：苏州科技学院，2014.

[30] 赵子刚，吕建华，王建. 凝胶渗透色谱技术在农药残留检测中的应用 [J]. 粮油食品科技，2010，18（2）：47-50.

[31] 周锋. 超临界二氧化碳萃取中药有效成分若干问题分析 [J]. 临床医学文献电子杂志，2016，3（50）：10056.

[32] 周震华，吴友谊，殷斌，等. 基质固相分散-反相高效液相色谱法测定水果中的氨基甲酸酯农药残留 [J]. 分析试验室，2015，34（12）：1388-1391.

[33] 朱盟翔. 超临界二氧化碳萃取固相物中石油类的实验研究与数值模拟 [D]. 南充：西南石油大学，2017.

[34] 朱勇，曹平平，卜令雷. 超临界 CO_2 萃取技术在中药有效成分提取中的研究 [J]. 东方食疗与保健，2016（6）：132.

第二章 >>> 高效液相色谱法

第一节　高效液相色谱仪的基本结构与原理

色谱法最早是由俄国植物学家茨维特（Tswett）在1906年研究用碳酸钙分离植物色素时发现的，因此得名色谱法（chromatography）。后来在此基础上发展出纸色谱法、薄层色谱法、气相色谱法、液相色谱法。

液相色谱法开始阶段是用大直径的玻璃管柱在室温和常压下用液位差输送流动相，称为经典液相色谱法，此方法柱效低、时间长（通常有几个小时）。高效液相色谱法（high performance liquid chromatography，HPLC）是在经典液相色谱法的基础上，于20世纪60年代后期引入气相色谱理论而迅速发展起来的。它与经典液相色谱法的区别是填料颗粒小而均匀，小颗粒具有高柱效，但会引起高阻力，需用高压输送流动相，故又称高压液相色谱法（high pressure liquid chromatography，HPLC）。又因分析速度快而称为高速液相色谱法（high speed liquid chromatography，HSLC）。也称现代液相色谱。

从分析原理上讲，高效液相色谱法和经典液相（柱）色谱法没有本质的差别，但由于它采用了新型高压输液泵、高灵敏度检测器和高效微粒固定相，使经典的液相色谱法焕发出新的活力。经过近30年的发展，现在高效液相色谱法在分析速度、分离效能、检测灵敏度和操作自动化方面，都达到了能和气相色谱法相媲美的程度，并保持了经典液相色谱对样品适用范围广、可供选择的流动相种类多和便于用作制备色谱等优点。目前，高效液相色谱法已在生物工程、制药工业、食品工业、环境监测、石油化工等领域获得广泛的应用。

一、高效液相色谱法的特点

1. 高压

液相色谱法以液体作为流动相（称为载液），液体流经色谱柱时，受到的阻力较大，为了迅速通过色谱柱，必须对载液施加高压。在现代液相色谱法中供液压力和进样压力都很高，一般可达到$15\sim35$MPa。

2. 高速

高效液相色谱法所需的分析时间较经典液相色谱法少得多，一般都小于1h，例如，分离苯的羟基化合物七个组分，只需要1min就可以完成；对氨基酸分离，用经典色谱，柱长约170cm，柱径0.9cm、流动相流速30mL/h，需要20多个小时才能分离出20种氨基酸，而用高效液相色谱法，只需1h即可完成。载液在色谱柱内的流速较经典液相色谱法高得多，一般可达$1\sim10$mL/min。

3. 高效

高效液相色谱法的柱效高，约可达3万塔板/m以上（气相色谱法的分离效能也很高，柱效约为2000塔板/m）。这是由于近年来研究出了许多新型固定相（如化学键合固定相），使分离效率大大提高。

4. 高灵敏度

高效液相色谱法已广泛采用高灵敏度的检测器，进一步提高了分析的灵敏度。如紫外检测器的最小测量可达纳克数量级（10^{-9}g），荧光检测器的灵敏度可达10^{-11}g。高效液相色谱的高灵敏度还表现在所需试样很少，微升数量级的试样就足以进行全分析。高效液相色谱法只需要试样能制成溶液，而不需要汽化，因此不受试样挥发性的限制，对于高沸点、热稳定性差、分子量大（大于400）的有机物（这些物质几乎占到有机物总数的75%～80%），原则上都可以用高效液相色谱法进行分离分析。

二、高效液相色谱仪的基本结构

HPLC系统一般由输液泵、进样器、色谱柱、检测器、数据记录及处理装置等组成。其中输液泵、色谱柱、检测器是关键部件。有的仪器还有梯度洗脱装置、在线脱气机、自动进样器、预柱或保护柱、柱温控制器等，现代 HPLC 仪还有微机控制系统，进行自动化仪器控制和数据处理。制备型 HPLC 仪还备有自动分馏收集装置。目前常见的 HPLC 仪生产厂家，国外有 Waters 公司、Agilent 公司（原 HP 公司）、热电公司、岛津公司等，国内有大连依利特公司、上海分析仪器厂、北京分析仪器厂等。

1. 输液泵

（1）泵的构造和性能

输液泵是 HPLC 系统中最重要的部件之一。泵的性能好坏直接影响到整个系统的质量和分析结果的可靠性。输液泵应具备如下性能：流量稳定，RSD<0.5%，这对定性定量的准确性至关重要；流量范围宽，分析型应在 0.1～10mL/min 范围内连续可调，制备型应能达到 100mL/min；输出压力高，一般应能达到 150～300kg/cm²；液缸容积小；密封性能好，耐腐蚀。

泵的种类很多，按输液性质可分为恒压泵和恒流泵。恒流泵按结构又可分为螺旋注射泵、柱塞往复泵和隔膜往复泵。恒压泵受柱阻影响，流量不稳定；螺旋泵缸体太大，这两种泵已被淘汰。目前应用最多的是柱塞往复泵。

柱塞往复泵的液缸容积小，可至 0.1mL，因此易于清洗和更换流动相，特别适合再循环和梯度洗脱；改变电机转速能方便地调节流量，流量不受柱阻影响；泵压可达 400kg/cm²。其主要缺点是输出的脉冲较大，现多采用双泵系统来克服。双泵按连接方式可分为并联式和串联式，一般来说并联泵的流量重现性较好（并联泵 RSD 为 0.1% 左右，串联泵 RSD 为 0.2%～0.3%），但出故障的机会较多（因多一单向阀），价格也较贵。

（2）泵的使用和维护注意事项

为了延长泵的使用寿命和维持其输液的稳定性，必须按照下列注意事项进行操作。

① 防止任何固体微粒进入泵体，因为尘埃或其他任何杂质微粒都会磨损柱塞、密封环、缸体和单向阀，因此应预先除去流动相中的任何固体微粒。流动相最好在玻璃容器内蒸馏，而常用的方法是过滤，可采用 Millipore 滤膜（0.2μm 或 0.45μm，分为有机系和无机系）等滤器。泵的入口都应连接砂滤棒（或片）。输液泵的滤器应经常清洗或更换。

② 流动相不应含有任何腐蚀性物质，含有缓冲液的流动相不应保留在泵内，尤其是在停泵过夜或更长时间的情况下。如果将含缓冲液的流动相留在泵内，由于蒸发或泄漏，甚至只是由于溶液的静置，就可能析出盐的微细晶体，这些晶体将和上述固体微粒一样损坏密封环和柱塞等。因此，必须泵入纯水将泵充分清洗后，再换成适合色谱柱保存和有利于泵维护的溶剂（对于反相键合硅胶固定相，可以是甲醇或甲醇-水或乙腈或乙腈-水）。

③ 泵工作时要留心防止溶剂瓶内的流动相被用完，否则空泵运转也会磨损柱塞、缸体或密封环，最终产生漏液。

④ 输液泵的工作压力绝不要超过规定的最高压力，否则会使高压密封环变形，产生漏液。

⑤ 流动相应该先脱气，以免在泵内产生气泡，影响流量的稳定性，如果有大量气泡，泵就无法正常工作。

如果输液泵产生故障，须查明原因，采取相应措施排除故障。

① 没有流动相流出，又无压力指示。原因可能是泵内有大量气体，这时可打开泄压阀，使泵在较大流量（如 5mL/min）下运转，将气泡排尽，也可用一个 50mL 针筒在泵出口处帮助抽出气体。另一个可能原因是密封环磨损，需更换。

② 压力和流量不稳。原因可能是存在气泡，需要排除；或者是单向阀内有异物，可卸下单向阀，浸入丙酮内超声清洗。有时可能是砂滤棒内有气泡，或被盐的微细晶粒或滋生的微生物部分堵塞，这时，可卸下砂滤棒浸入流动相内超声除气泡，或将砂滤棒浸入稀酸（如 4mol/L 硝酸）内迅速除去微生物，或将盐溶解，再立即清洗。

③ 压力过高的原因是管路被堵塞，需要清除和清洗；压力降低的原因则可能是管路有泄漏。检查堵塞或泄漏时应逐段进行。

（3）梯度洗脱

HPLC 有等强度（isocratic）洗脱和梯度（gradient）洗脱两种方式。等强度洗脱是在同一分析周期内流动相组成保持恒定，适合组分数目较少、性质差别不大的样品。梯度洗脱是在一个分析周期内程序控制流动相的组成，如溶剂的极性、离子强度和 pH 值等，用于分析组分数目多、性质差异较大的复杂样品。采用梯度洗脱可以缩短分析时间，提高分离度，改善峰形，提高检测灵敏度，但是常常引起基线漂移和降低重现性。

梯度洗脱有两种实现方式：低压梯度（外梯度）和高压梯度（内梯度）。

两种溶剂组成的梯度洗脱可按任意程度混合，即有多种洗脱曲线：线形梯度、凹形梯度、凸形梯度和阶梯形梯度。线形梯度最常用，尤其适合在反相柱上进行梯度洗脱。

在进行梯度洗脱时，由于多种溶剂混合，而且组成不断变化，因此带来一些特殊问题，必须充分重视。

① 要注意溶剂的互溶性，不相混溶的溶剂不能用作梯度洗脱的流动相。有些溶剂在一定比例内混溶，超出范围后就不混溶，使用时更要引起注意。当有机溶剂和缓冲液混合时，还可能析出盐的晶体，尤其是使用磷酸盐时需特别小心。

② 梯度洗脱所用的溶剂纯度要求更高，以保证良好的重现性。进行样品分析前必须进行空白梯度洗脱，以辨认溶剂杂质峰，因为弱溶剂中的杂质富集在色谱柱头后会被强溶剂洗脱下来。用于梯度洗脱的溶剂需彻底脱气，以防止混合时产生气泡。

③ 混合溶剂的黏度常随组成而变化，因而在梯度洗脱时常出现压力的变化。例如甲醇和水的黏度都较小，当二者以相近比例混合时黏度增大很多，此时的柱压大约是甲醇或水为流动相时的两倍。因此要注意防止梯度洗脱过程中压力超过输液泵或色谱柱能承受的最大压力。

④ 每次梯度洗脱之后必须对色谱柱进行再生处理，使其恢复到初始状态。需让 10~30 倍柱容积的初始流动相流经色谱柱，使固定相与初始流动相达到完全平衡。

2. 进样器

早期使用隔膜和停流进样器，装在色谱柱入口处。现在大都使用六通进样阀或自动进样器。进样装置要求密封性好，死体积小，重复性好，保证中心进样，进样时对色谱系统的压力、流量影响小。HPLC 进样方式可分为隔膜进样、停流进样、阀进样、自动进样。

（1）隔膜进样

用微量注射器将样品注入专门设计的与色谱柱相连的进样头内，可把样品直接送到柱头填充床的中心，死体积几乎等于零，可以获得最佳的柱效，且价格便宜，操作方便。但不能在高压下使用（如 10MPa 以上）；此外，隔膜容易吸附样品产生记忆效应，使进样重复性只能达到 1%~2%，加之能耐各种溶剂的橡皮材料不易找到，常规分析使用受到限制。

（2）停流进样

可避免在高压下进样。但在 HPLC 中由于隔膜的污染，停泵或重新启动时往往会出现"鬼峰"；另一缺点是保留时间不准。在以峰的始末信号控制馏分收集的制备色谱中，效果较好。

（3）阀进样

一般 HPLC 分析常用六通进样阀，其关键部件由圆形密封垫（转子）和固定底座（定子）组成。由于阀接头和连接管死体积的存在，柱效率低于隔膜进样（下降 5%~10%），但耐高压（35~40MPa），进样量准确，重复性好（0.5%），操作方便。

六通阀的进样方式有部分装液法和完全装液法两种。

① 用部分装液法进样时，进样量应不大于定量环体积的 50%（最多 75%），并要求每次进样体积准确、相同。此法进样的准确度和重复性取决于注射器取样的熟练程度，而且易产生由进样引起的峰展宽。

② 用完全装液法进样时，进样量应不小于定量环体积的 5~10 倍（最少 3 倍），这样才能完全置换定量环内的流动相，消除管壁效应，确保进样的准确度及重复性。

六通阀使用和维护注意事项：样品溶液进样前必须用 0.22μm 或 0.45μm 滤膜过滤，以减少微粒对进样阀的磨损；转动阀芯时不能太慢，更不能停留在中间位置，否则流动相受阻，使泵内压力剧增，甚至超过泵的最大压力，再转到进样位时，过高的压力将使柱头损坏；为防止缓冲液和样品残留在进样阀中，每次分析结束后应冲洗进样阀，通常可用水冲洗，或先用能溶解样品的溶剂冲洗，再用水冲洗。

（4）自动进样

以美国的 Waters 公司和 Agilent 公司生产的液相为主，用于大量样品的常规分析，像 1290 型 Agilent 高效液相，最多可以进样 108 个样品，具有连续进样、省时省力和灵敏度高等特点。

3. 色谱柱

色谱是一种分离分析手段，分离是核心，因此担负分离作用的色谱柱是色谱系统的心脏。对色谱柱的要求是柱效高、选择性好、分析速度快等。市售的用于 HPLC 的各种微粒填料如多孔硅胶以及以硅胶为基质的键合相、氧化铝、有机聚合物微球（包括离子交换树脂）、多孔炭等，其粒度一般为 $3\mu m$、$5\mu m$、$7\mu m$、$10\mu m$ 等，柱效理论值可达 5 万～16 万塔板/m。对于一般的分析只需 5000 塔板数的柱效；对于同系物分析，只要 500 即可；对于较难分离物质对则可采用高达 2 万的柱子，因此，一般 10～30cm 的柱长就能满足复杂混合物分析的需要。

柱效受柱内外因素的影响，为使色谱柱达到最佳效率，除柱外死体积要小外，还要有合理的柱结构（尽可能减少填充床以外的死体积）及装填技术。即使是最好的装填技术，在柱中心部位和沿管壁部位的填充情况总是不一样的，靠近管壁的部位比较疏松，易产生沟流，流速较快，影响冲洗剂的流形，使谱带加宽，这就是管壁效应。这种管壁区大约是从管壁向内算起 30 倍粒径的厚度。在一般的液相色谱系统中，柱外效应对柱效的影响远远大于管壁效应。

（1）柱的构造

色谱柱由柱管、压帽、卡套（密封环）、筛板（滤片）、接头、螺钉等组成。柱管多用不锈钢制成，压力不高于 $70kg/cm^2$ 时，也可采用厚壁玻璃或石英管，管内壁要求有很高的光洁度。为提高柱效，减小管壁效应，不锈钢柱内壁多经过抛光。也有人在不锈钢柱内壁涂敷氟塑料以提高内壁的光洁度，其效果与抛光相同。还有使用熔融硅或玻璃衬里的，用于细管柱。色谱柱两端的柱接头内装有筛板，是烧结不锈钢或钛合金，孔径 $0.2～20\mu m$（$5～10\mu m$），取决于填料粒度，目的是防止填料漏出。

色谱柱按用途可分为分析型和制备型两类，尺寸规格也不同：常规分析柱（常量柱），内径 2～5mm（常用 4.6mm，国内有 4mm 和 5mm），柱长 10～30cm；窄径柱［narrowbore，又称细管径柱、半微柱（semi-microcolumn）］，内径 1～2mm，柱长 10～20cm；毛细管柱（又称微柱，microcolumn），内径 0.2～0.5mm；半制备柱，内径＞5mm；实验室制备柱，内径 20～40mm，柱长 10～30cm；生产制备柱内径可达几十厘米。柱内径一般是根据柱长、填料粒径和折合流速来确定的，目的是避免管壁效应。

（2）柱的发展方向

因强调分析速度而发展出短柱，柱长 3～10cm，填料粒径 2～3mm。为提高分析灵敏度，与质谱（MS）联用，从而发展出窄径柱、毛细管柱和内径小于 0.2mm 的微径柱（microbore）。细管径柱的优点是：节省流动相；灵敏度增加；样品量少；能使用长柱达到高分离度；容易控制柱温；易于实现 LC-MS 联用。

但由于柱体积越来越小，柱外效应的影响就更加显著，需要更小池体积的检测器（甚至采用柱上检测）、更小死体积的柱接头和连接部件。配套使用的设备应具备如下性能：输液泵能精密输出 1～100μL/min 的低流量，进样阀能准确、重复地加入微小体积的样品。且因上样量小，要求高灵敏度的检测器，电化学检测器和质谱仪在这方面具有突出优点。

（3）柱的填充和性能评价

色谱柱的性能除了与固定相的性能有关外，还与填充技术有关。在正常条件下，填料粒度＞$20\mu m$ 时，干法填充制备柱较为合适；颗粒＜$20\mu m$ 时，湿法填充较为理想。填充方法一般有 4 种：高压匀浆法，多用于分析柱和小规模制备柱的填充；径向加压法，Waters 专利；轴向加压法，主要用于装填大直径柱；干法，柱填充的技术性很强，大多数实验室使用已填充好的商品柱。

必须指出，高效液相色谱柱的获得，装填技术是重要环节，但根本问题还在于填料本身性能的优劣，以及配套的色谱仪系统的结构是否合理。

无论是自己装填的色谱柱还是购买的色谱柱，使用前都要对其性能进行考察，使用期间或放置一段时间后也要重新检查。柱性能指标包括在一定实验条件下（样品、流动相、流速、温度）的柱压、理论塔板高度和塔板数、对称因子、容量因子和选择性因子的重复性或分离度。一般说来容量因子和选择性因子的重复性在±5％或±10％以内。进行柱效比较时，还要注意柱外效应是否有变化。

一份合格的色谱柱评价报告应给出柱的基本参数，如柱长、内径、填料的种类、粒度、色谱柱的柱效、不对称度和柱压降等。

（4）柱的使用和维护注意事项

通常色谱柱的寿命在正确使用时可达 2 年以上。以硅胶为基质的填料，只能在 pH 2～9 范围内使用。柱子使用一段时间后，可能有一些吸附作用强的物质保留于柱顶，特别是一些被吸附在柱顶的填料上的有色物质更易看清。新的色谱柱在使用一段时间后柱顶填料可能塌陷，使柱效下降，这时也可补加填料使柱效恢复。色谱柱的正确使用和维护十分重要，稍有不慎就会降低柱效、缩短使用寿命甚至损坏。在色谱操作过程中，需要注意下列问题。

① 避免压力和温度的急剧变化及任何机械振动。温度的突然变化或者使色谱柱从高处掉下都会影响柱内的填充状况，柱压的突然升高或降低也会冲动柱内填料，因此在调节流速时应该缓慢进行，在阀进样时阀的转动不能过缓（如前所述）。

② 应逐渐改变溶剂的组成，特别是在反相色谱中，不应直接从有机溶剂改变为全部是水，反之亦然。

③ 一般说来色谱柱不能反冲，只有生产者指明该柱可以反冲时，才可以反冲除去留在柱头的杂质。否则反冲会迅速降低柱效。

④ 选择使用适宜的流动相（尤其是 pH），以避免固定相被破坏。有时可以在进样器前面连接一预柱，分析柱是键合硅胶时，预柱为硅胶，可使流动相在进入分析柱之前预先被硅胶"饱和"，避免分析柱中的硅胶基质被溶解。

⑤ 避免将基质复杂的样品尤其是生物样品直接注入柱内，需要对样品进行预处理或者在进样器和色谱柱之间连接一保护柱。保护柱一般是填有相似固定相的短柱。保护柱可以而且应该经常更换。

⑥ 经常用强溶剂冲洗色谱柱，清除保留在柱内的杂质。在进行清洗时，对流路系统中流动相的置换应以相混溶的溶剂逐渐过渡，每种流动相的体积应是柱体积的 20 倍左右，即常规分析需要 50～75mL。

部分色谱柱的清洗溶剂及顺序举例：

硅胶柱以正己烷（或庚烷）、二氯甲烷和甲醇依次冲洗，然后再以相反顺序依次冲洗，所有溶剂都必须严格脱水。甲醇能洗去残留的强极性杂质，己烷使硅胶表面重新活化。反相柱以水、甲醇、乙腈、一氯甲烷（或氯仿）依次冲洗，再以相反顺序依次冲洗。如果下一步分析用的流动相不含缓冲液，那么可以省略最后用水冲洗这一步。此外，用乙腈、丙酮和三氟乙酸（0.1％）梯度洗脱能除去蛋白质污染。

⑦ 保存色谱柱时应将柱内充满乙腈或甲醇，柱接头要拧紧，以防溶剂挥发干燥。绝对禁止将缓冲溶液留在柱内静置过夜或更长时间。

4. 检测器

检测器是 HPLC 仪的三大关键部件之一。其作用是把洗脱液中组分的量转变为电信号。HPLC 的检测器要求灵敏度高、噪声低（即对温度、流量等外界变化不敏感）、线性范围宽、重复性好和适用范围广。

（1）分类

① 按原理：分为光学检测器（如紫外、荧光、示差折光、蒸发光散射）、热学检测器（如吸附热）、电化学检测器（如极谱、库仑、安培）、电学检测器（电导、介电常数、压电石英频率）、

放射性检测器（闪烁计数、电子捕获、氦离子化）以及氢火焰离子化检测器。

② 按测量性质：分为通用型和专属型（又称选择性）。通用型检测器测量的是一般物质均具有的性质，它对溶剂和溶质组分均有反应，如示差折光、蒸发光散射检测器。通用型的灵敏度一般比专属型的低。专属型检测器只能检测某些组分的某一性质，如紫外、荧光检测器，它们只对有紫外吸收或荧光发射的组分有响应。

③ 按检测方式：分为浓度型和质量型。浓度型检测器的响应与流动相中组分的浓度有关，质量型检测器的响应与单位时间内通过检测器的组分的量有关。

（2）性能指标

① 噪声和漂移：在仪器稳定之后，记录基线 1h，基线带宽为噪声，基线在 1h 内的变化为漂移。它们反映检测器电子元件的稳定性及其受温度和电源变化的影响，如果有流动相从色谱柱流入检测器，那么它们还反映流速（泵的脉动）和溶剂（纯度、含有气泡、固定相流失）的影响。噪声和漂移都会影响测定的准确度，应尽量减小。

② 灵敏度：表示一定量的样品物质通过检测器时所给出的信号大小。对浓度型检测器，它表示单位浓度的样品所产生的电信号的大小，单位为 $mV \cdot mL/g$。对质量型检测器，它表示在单位时间内通过检测器的单位质量的样品所产生的电信号的大小，单位为 $mV \cdot s/g$。

③ 检测限：检测器灵敏度的高低，并不等于它检测最小样品量或最低样品浓度能力的高低，因为在定义灵敏度时，没有考虑噪声的大小，而检测限与噪声的大小是直接有关的。

检测限指恰好产生可辨别的信号（通常用 2 倍或 3 倍噪声表示）时进入检测器的某组分的量（对浓度型检测器指在流动相中的浓度——注意与分析方法检测限的区别，单位 g/mL 或 mg/mL；对质量型检测器指的是单位时间内进入检测器的量，单位 g/s 或 mg/s），又称为敏感度（detectability）。$D = 2N/S$，式中 N 为噪声，S 为灵敏度。通常是把一个已知量的标准溶液注入检测器中来测定其检测限的大小。

检测限是检测器的一个主要性能指标，其数值越小，检测器的性能越好。值得注意的是，分析方法的检测限除了与检测器的噪声和灵敏度有关外，还与色谱条件、色谱柱和泵的稳定性及各种柱外因素引起的峰展宽有关。

④ 线性范围：指检测器的响应信号与组分量成直线关系的范围，即在固定灵敏度下，最大与最小进样量（浓度型检测器为组分在流动相中的浓度）之比。也可用响应信号的最大与最小的范围表示，例如 Waters 996 PDA 检测器的线性范围是 $-0.1 \sim 2.0$Å。

定量分析的准确与否，关键在于检测器所产生的信号是否与被测样品的量始终呈一定的函数关系。输出信号与样品量最好呈线性关系，这样进行定量测定时既准确又方便。但实际上没有一台检测器能在任何范围内呈线性响应。通常 $A = BCx$，B 为响应因子，当 $x = 1$ 时，为线性响应。对大多数检测器来说，x 只在一定范围内才接近于 1，实际上通常只要 $x = 0.98 \sim 1.02$ 就认为它是呈线性的。

线性范围一般可通过实验确定。我们希望检测器的线性范围尽可能大些，能同时测定主成分和痕量成分。此外，还要求池体积小，受温度和流速的影响小，能适合梯度洗脱检测等。

⑤ 池体积：除制备色谱外，大多数 HPLC 检测器的池体积都小于 $10\mu L$。在使用细管径柱时，池体积应减少到 $1 \sim 2\mu L$ 甚至更低，不然检测系统带来的峰扩张问题就会很严重。而且这时池体、检测器与色谱柱的连接、接头等都要精心设计，否则会严重影响柱效和灵敏度。

几种检测器的主要性能见表 2-1。

表 2-1　几种检测器的主要性能

项目	UV	荧光	安培	质谱	蒸发光散射
信号	吸光度	荧光强度	电流	离子流强度	散射光强
噪声	10^{-5}	10^{-3}	10^{-9}		
线性范围	10^{5}	10^{4}	10^{5}	宽	

项目	UV	荧光	安培	质谱	蒸发光散射
选择性	是	是	是	否	否
流速影响	无	无	有	无	
温度影响	小	小	大		小
检测限	10^{-10}g/mL	10^{-13}g/mL	10^{-13}g/mL	$<10^{-9}$g/s	10^{-9}g/mL
池体积/μL	2～10	～7	<1	—	—
梯度洗脱	适宜	适宜	不宜	适宜	适宜
细管径柱	难	难	适宜	适宜	适宜
样品破坏	无	无	无	有	无

（3）紫外检测器（ultraviolet detector）

紫外（UV）检测器是 HPLC 中应用最广泛的检测器，当检测波长范围包括可见光时，又称为紫外-可见检测器。它的灵敏度高，噪声低，线性范围宽，对流速和温度均不敏感，可用于制备色谱。由于灵敏度高，因此即使是那些光吸收小、消光系数低的物质也可用 UV 检测器进行微量分析。但要注意流动相中各种溶剂的紫外吸收截止波长。如果溶剂中含有吸光杂质，则会提高背景噪声，降低灵敏度（实际是提高检测限）。此外，梯度洗脱时，还会产生漂移。

注：将溶剂装入 1cm 的比色皿，以空气为参比，逐渐降低入射波长，溶剂的吸光度 $A=1$ 时的波长称为溶剂的截止波长。也称极限波长。

《中国药典》对 UV 法溶剂的要求是：以空气为空白，溶剂和吸收池的吸光度在 220～240nm 范围内不得超过 0.40，在 241～250nm 范围内不得超过 0.20，在 251～300nm 范围内不得超过 0.10，在 300nm 以上不得超过 0.05。

UV 检测器的工作原理是朗伯-比尔（Lambert-Beer）定律，即当一束单色光透过流动池时，若流动相不吸收光，则吸光度 A 与吸光组分的浓度 C 和流动池的光径长度 L 成正比：$A=-\lg T=-\lg(I/I_0)=ECL$。式中，I_0 为入射光强度，I 为透射光强度，T 为透光率，E 为吸收系数。

UV 检测器分为固定波长检测器、可变波长检测器和光电二极管阵列检测器（photodiode array detector，PDAD）。按光路系统来分，UV 检测器可分为单光路和双光路两种。可变波长检测器又可分为单波长（单通道）检测器和双波长（双通道）检测器。PDAD 是 20 世纪 80 年代出现的一种光学多通道检测器，它可以对每个洗脱组分进行光谱扫描，经计算机处理后，得到光谱和色谱结合的三维图谱。

（4）与检测器有关的故障及其排除

① 流动池内有气泡：如果有气泡连续不断地通过流动池，将使噪声增大，如果气泡较大，则会在基线上出现许多线状"峰"，这是由于系统内有气泡，需要对流动相进行充分的除气，检查整个色谱系统是否漏气，再加大流量驱除系统内的气泡。如果气泡停留在流动池内，也可能使噪声增大，可采用突然增大流量的办法除去气泡（最好不连接色谱柱）；或者启动输液泵的同时，用手指紧压流动池出口，使池内增压，然后放开。可反复操作数次，但要注意不使压力增加太多，以免流动池破裂。

② 流动池被污染：无论是参比池还是样品池被污染，都可能产生噪声或基线漂移。可以使用适当的溶剂清洗检测池，要注意溶剂的互溶性；如果污染严重，就需要依次采用 1mol/L 硝酸、水和新鲜溶剂冲洗，或者取出池体进行清洗、更换窗口。

③ 光源灯出现故障：紫外或荧光检测器的光源灯使用到极限或者不能正常工作时，可能产生严重的噪声，基线漂移，出现平头峰等异常峰，甚至使基线不能回零。这时需要更换光源灯。

④ 倒峰：倒峰的出现可能是检测器的极性接反了，改正后即可变成正峰。用示差折光检测器时，如果组分的折光指数低于流动相的折光指数，也会出现倒峰，这就需要选择合适的流动相。如果流动相中含有紫外吸收的杂质，使用紫外检测器时，无吸收的组分就会产生倒峰，因此必须用高纯度的溶剂作流动相。在死时间附近的尖锐峰往往是由进样时的压力变化，或者是由样品溶剂与流动相不同所引起的。

5. 数据处理和计算机控制系统

早期的 HPLC 仪器是用记录仪记录检测信号，再手工测量计算。其后，使用积分仪计算并打印出峰高、峰面积和保留时间等参数。20 世纪 80 年代后，计算机技术的广泛应用使 HPLC 操作更加快速、简便、准确、精密和自动化，现在已可在互联网上远程处理数据。计算机的用途包括三个方面：采集、处理和分析数据；控制仪器；色谱系统优化和专家系统。

6. 恒温装置

在 HPLC 仪中色谱柱及某些检测器都要求能准确地控制工作环境温度，柱子的恒温精度要求在 $\pm(0.1\sim0.5)℃$ 之间，检测器的恒温要求则更高。温度对溶剂的溶解能力、色谱柱的性能、流动相的黏度都有影响。一般来说，温度升高，可提高溶质在流动相中的溶解度，从而降低其分配系数 K，但对分离选择性的影响不大；还可使流动相的黏度降低，从而改善传质过程并降低柱压。但温度太高易使流动相产生气泡。

色谱柱的不同工作温度对保留时间、相对保留时间都有影响。在凝胶色谱中使用软填料时温度会引起填料结构的变化，对分离有影响；但如使用硬质填料则影响不大。总的说来，在液-固吸附色谱法和化学键合相色谱法中，温度对分离的影响并不显著，通常实验在室温下进行操作。在液-固色谱中有时将极性物质（如缓冲剂）加入流动相中以调节其分配系数，这时温度对保留值的影响很大。

不同的检测器对温度的敏感度不一样。紫外检测器一般在温度波动超过 $\pm0.5℃$ 时，就会造成基线漂移起伏。示差折光检测器的灵敏度和最小检出量常取决于温度控制精度，因此需控制在 $\pm0.001℃$ 左右，微吸附热检测器也要求在 $\pm0.001℃$ 以内。

三、高效液相色谱的原理

1. 基本概念和术语

（1）色谱图和峰参数

色谱图（chromatogram）：样品流经色谱柱和检测器，所得到的信号-时间曲线，又称色谱流出曲线（elution profile）。

基线（base line）：经流动相冲洗，柱与流动相达到平衡后，检测器测出一段时间的流出曲线。一般应平行于时间轴。

噪声（noise）：基线信号的波动。通常由电源接触不良或瞬时过载、检测器不稳定、流动相含有气泡或色谱柱被污染所致。

漂移（drift）：基线随时间的缓缓变化。主要由操作条件如电压、温度、流动相及流量的不稳定所引起，柱内的污染物或固定相不断被洗脱下来也会产生漂移。

色谱峰（peak）：组分流经检测器时响应的连续信号产生的曲线。流出曲线上的突起部分。正常色谱峰近似于对称形正态分布曲线（高斯曲线）。不对称色谱峰有两种：前延峰（leading peak）和拖尾峰（tailing peak）。前者少见。

拖尾因子（tailing factor，T）：用以衡量色谱峰的对称性，也称为对称因子（symmetry factor）或不对称因子（asymmetry factor）。《中国药典》规定 T 应为 $0.95\sim1.05$。$T<0.95$ 为前延峰，$T>1.05$ 为拖尾峰。

峰底：基线上峰的起点至终点的距离。

峰高（peak height，h）：峰的最高点至峰底的距离。

峰宽（peak width，W）：峰两侧拐点处所作两条切线与基线的两个交点间的距离。$W=4\sigma$。

半峰宽（peak width at half-height，$W_{h/2}$）：峰高一半处的峰宽。$W_{h/2}=2.355\sigma$。

标准偏差（standard deviation，σ）：正态分布曲线 $x=\pm1$ 时（拐点）的峰宽之半。正常峰的拐点在峰高的 0.607 倍处。标准偏差的大小说明组分在流出色谱柱过程中的分散程度。σ 小，分散程度小、极点浓度高、峰形瘦、柱效高；反之，σ 大，峰形胖、柱效低。

峰面积（peak area，A）：峰与峰底所包围的面积。$A=2.507\sigma h=1.064W_{h/2}h$。

色谱图和峰参数见图 2-1。

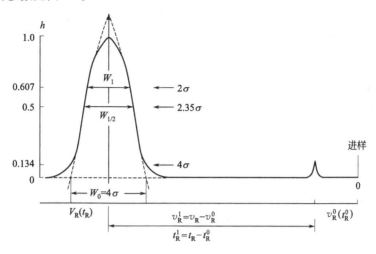

图 2-1　色谱图和峰参数

（2）定性参数（保留值）

死时间（dead time，t_0）：不保留组分的保留时间，即流动相（溶剂）通过色谱柱的时间。在反相 HPLC 中可用苯磺酸钠来测定死时间。

死体积（dead volume，V_0）：由进样器进样口到检测器流动池未被固定相所占据的空间。它包括 4 部分：进样器至色谱柱管路体积、柱内固定相颗粒间隙（被流动相占据，V_m）、柱出口管路体积、检测器流动池体积。其中只有 V_m 参与色谱平衡过程，其他 3 部分只起峰扩展作用。为防止峰扩展，这 3 部分体积应尽量减小。$V_0 = Ft_0$（F 为流速）。

保留时间（retention time，t_R）：从进样开始到某个组分在柱后出现浓度极大值的时间。

保留体积（retention volume，V_R）：从进样开始到某组分在柱后出现浓度极大值时流出溶剂的体积，又称洗脱体积。$V_R = Ft_R$。

调整保留时间（adjusted retention time，t_R'）：扣除死时间后的保留时间，也称折合保留时间（reduced retention time）。在实验条件（温度、固定相等）一定时，t_R' 只取决于组分的性质，因此，t_R'（或 t_R）可用于定性。$t_R' = t_R - t_0$。

调整保留体积（adjusted retention volume，V_R'）：扣除死体积后的保留体积。$V_R' = V_R - V_0$ 或 $V_R' = Ft_R'$。

（3）柱效参数

理论塔板数（theoretical platenumber，N）：用于定量表示色谱柱的分离效率（简称柱效）。N 取决于固定相的种类、性质（粒度、粒径分布等）、填充状况、柱长、流动相的种类和流速及测定柱效所用物质的性质。N 与柱长成正比，柱越长，N 越大。用 N 表示柱效时应注明柱长，如果未注明，则表示柱长为 1m 时的理论塔板数（N 一般在 1000 以上）。

（4）相平衡参数

① 分配系数（distribution coefficient，K）：在一定温度下，化合物在两相间达到分配平衡时，在固定相与流动相中的浓度之比。

分配系数与组分、流动相和固定相的热力学性质有关，也与温度、压力有关。在不同的色谱分离机制中，K 有不同的概念：吸附色谱法为吸附系数，离子交换色谱法为选择性系数（或称交换系数），凝胶色谱法为渗透参数。但一般情况可用分配系数来表示。

在条件（流动相、固定相、温度和压力等）一定、样品浓度很低（C_s、C_m 很小）时，K 只取决于组分的性质，而与浓度无关。这只是理想状态下的色谱条件，在这种条件下，得到的色谱峰为正常峰；在许多情况下，随着浓度的增大，K 减小，这时色谱峰为拖尾峰；而有时随着溶质浓度的增大，K 也增大，这时色谱峰为前延峰。因此，只有尽可能减少进样量，使组分在柱内的浓度降低，K 恒定时，才能获得正常峰。

在同一色谱条件下，样品中 K 值大的组分在固定相中的滞留时间长，后流出色谱柱；K 值小的组分则滞留时间短，先流出色谱柱。混合物中各组分的分配系数相差越大，越容易分离，因此，混合物中各组分的分配系数不同是色谱分离的前提。在 HPLC 中，固定相确定后，K 主要受流动相的性质影响。实践中主要靠调整流动相的组成配比及 pH 值，以获得组分间的分配系数差异及适宜的保留时间，从而达到分离的目的。

② 容量因子（capacity factor，k）：化合物在两相间达到分配平衡时，在固定相与流动相中的量之比。容量因子也称质量分配系数。

容量因子与分配系数的不同点是：K 取决于组分、流动相、固定相的性质及温度，而与体积 V_s、V_m 无关；k 除了与性质及温度有关外，还与 V_s、V_m 有关。由于 t_R'、t_0 较 V_s、V_m 易于测定，所以容量因子比分配系数应用更广泛。

③ 选择性因子（selectivity factor，α）：相邻两组分的分配系数或容量因子之比，又称为相对保留时间。要使两组分得到分离，必须使 $\alpha \neq 1$。α 与化合物在固定相和流动相中的分配性质、柱温有关，与柱尺寸、流速、填充情况无关。从本质上来说，α 的大小表示两组分在两相间的平衡分配热力学性质的差异，即分子间相互作用力的差异。

（5）分离参数

分离度（resolution，R）：相邻两峰的保留时间之差与平均峰宽的比值，也叫分辨率，表示相邻两峰的分离程度。当 $R=1$ 时，称为 4σ 分离，两峰基本分离，裸露峰面积为 95.4%，内侧峰基重叠约 2%。$R=1.5$ 时，称为 6σ 分离，裸露峰面积为 99.7%。$R \geqslant 1.5$ 又称为完全分离，《中国药典》规定 R 应大于 1.5。提高分离度有三种途径。

① 增加塔板数：方法之一是增加柱长，但这样会延长保留时间、增加柱压；更好的方法是降低塔板高度，提高柱效。

② 增加选择性：当 $\alpha=1$ 时，$R=0$，无论柱效有多高，组分也不可能分离。一般可以采取以下措施来改变选择性：改变流动相的组成及 pH 值；改变柱温；改变固定相。

③ 改变容量因子：这通常是提高分离度最容易的方法，可以通过调节流动相的组成来实现。k 趋于 0 时，R 也趋于 0；k 增大，R 也增大。但 k 不能太大，否则不但分离时间延长，而且峰形变宽，会影响分离度和检测灵敏度。一般 k 在 $1 \sim 10$ 范围内，最好为 $2 \sim 5$，窄径柱可更小些。

2. 高效液相色谱理论

（1）塔板理论

① 塔板理论介绍：塔板理论是 Martin 和 Synger 首先提出的色谱热力学平衡理论。它把色谱柱看作分馏塔，把组分在色谱柱内的分离过程看成在分馏塔中的分馏过程，即组分在塔板间隔内的分配平衡过程。这个理论假设：色谱柱内存在许多塔板，组分在塔板间隔（即塔板高度）内完全服从分配定律，并很快达到分配平衡；样品加在第 0 号塔板上，样品沿色谱柱轴方向的扩散可以忽略；流动相在色谱柱内间歇式流动，每次进入一个塔板体积；在所有塔板上分配系数相等，与组分的量无关；虽然以上假设与实际色谱过程不符，如色谱过程是一个动态过程，很难达到分配平衡；组分沿色谱柱轴方向的扩散是不可避免的。但是塔板理论导出了色谱流出曲线方程，成功地解释了流出曲线的形状、浓度极大点的位置，能够评价色谱柱的柱效。

理论塔板高度就是指被测组分在两相间达到分配平衡时的塔板高度间隔，以 n 表示。这个理论还假设：在色谱柱中，各段塔板高度间隔都是一样的，如果色谱柱的高度为 L，则一根色谱柱的塔板数目应为：$n=L/H$。式中的 n 被称为理论塔板数，塔板数的多少是分馏塔分离效率高低的标志，对色谱柱而言，塔板数越多，柱效越高。

② 色谱流出曲线方程及定量参数（峰高 h 和峰面积 A）：根据塔板理论，流出曲线可用下述正态分布方程来描述：$C=\mathrm{e}$。

由色谱流出曲线方程可知：当 $t=t_R$ 时，浓度 C 有极大值，C_{max} 就是色谱峰的峰高。当实验条件一定时（即 σ 一定），峰高 h 与组分的量 C_0（进样量）成正比，所以正常峰的峰高可用于定量分析；当进样量一定时，σ 越小（柱效越高），峰高越高，因此，提高柱效可以提高 HPLC 分析的灵敏度。

由流出曲线方程对 $V(0\sim\infty)$ 求积分，即得出色谱峰面积 $A=2.507\sigma C_{max}=C_0$。可见 A 相当于组分进样量 C_0，因此是常用的定量参数。把 $C_{max}=h$ 和 $W_{h/2}=2.355\sigma$ 代入上式，即得 $A=1.064W_{h/2}h$，此为正常峰的峰面积计算公式。

（2）速率理论（又称随机模型理论）

① 液相色谱速率方程：1956 年，荷兰学者 Van Deemter 等人吸收了塔板理论的概念，并把影响塔板高度的动力学因素结合起来，提出了色谱过程的动力学理论——速率理论。它把色谱过程看作一个动态非平衡过程，研究过程中的动力学因素对峰展宽（即柱效）的影响。后来 Giddings 和 Snyder 等人在 Van Deemter 方程（$H=A+B/u+Cu$，后称气相色谱速率方程）的基础上，根据液体与气体的性质差异，提出了液相色谱速率方程（即 Giddings 方程）。

② 影响柱效的因素

a. 涡流扩散（eddy diffusion）。由于色谱柱内填充剂的几何结构不同，分子在色谱柱中的流速不同而引起的峰展宽。涡流扩散项 $A=2\lambda d_p$，d_p 为填料直径，λ 为填充不规则因子，填充越不均匀 λ 越大。HPLC 常用填料的粒度一般为 $3\sim10\mu m$，最好为 $3\sim5\mu m$，粒度分布 RSD$\leqslant5\%$。但粒度太小难于填充均匀（λ 大），且会使柱压过高。大而均匀（球形或近球形）的颗粒容易填充规则均匀，λ 越小。总的说来，应采用细而均匀的载体，这样有助于提高柱效。毛细管无填料，$A=0$。

b. 分子扩散（molecular diffusion），又称纵向扩散。由于进样后溶质分子在柱内存在浓度梯度，导致轴向扩散而引起的峰展宽。分子扩散项 $B/u=2\gamma D_m/u$。u 为流动相线速率，分子在柱内的滞留时间越长（u 小），展宽越严重。在低流速时，它对峰形的影响较大。D_m 为分子在流动相中的扩散系数，由于液相的 D_m 很小，通常仅为气相的 $10^{-4}\sim10^{-5}$，因此在 HPLC 中，只要流速不太低的话，这一项可以忽略不计。γ 是考虑到填料的存在使溶质分子不能自由地轴向扩散而引入的柱参数，用以对 D_m 进行校正。γ 一般在 $0.6\sim0.7$，毛细管柱的 $\gamma=1$。

c. 传质阻抗（mass transfer resistance）。由于溶质分子在流动相、静态流动相和固定相中的传质过程而导致的峰展宽。溶质分子在流动相和固定相中的扩散、分配、转移的过程并不是瞬间达到平衡，实际传质速率是有限的，这一时间上的滞后使色谱柱总是在非平衡状态下工作，从而产生峰展宽。

从速率方程式可以看出，要获得高效能的色谱分析，一般可采用以下措施：进样时间要短；填料粒度要小；改善传质过程，过高的吸附作用力可导致严重的峰展宽和拖尾，甚至不可逆吸附；适当的流速，以 H 对 u 作图，则有一最佳线速率 u_{opt}，在此线速率时，H 最小。一般在液相色谱中，u_{opt} 很小（$0.03\sim0.1mm/s$），在这样的线速率下分析样品需要很长时间，一般来说都选在 $1mm/s$ 的条件下操作，能有较小的检测器死体积。

③ 柱外效应：速率理论研究的是柱内峰展宽因素，实际上在柱外还存在引起峰展宽的因素，即柱外效应（色谱峰在柱外死空间里的扩展效应）。色谱峰展宽的总方差等于各方差之和，即：$\sigma_{总}^2=\sigma_{柱内}^2+\sigma_{柱外}^2+\sigma_{其他}^2$。

其他柱外效应主要由低劣的进样技术、从进样点到检测池之间除柱子本身以外的所有死体积所引起。为了减少柱外效应，首先，应尽可能减少柱外死体积，如使用"零死体积接头"连接各部件，管道对接宜呈流线形，检测器的内腔体积应尽可能小。其次，希望将样品直接进在柱头的中心部位，但是由于进样阀与柱间有接头，柱外效应总是存在的。此外，要求进样体积 $\leqslant V_R/2$。

柱外效应的直观标志是容量因子 k 小的组分（如 $k<2$）峰形拖尾和峰宽增加得更为明显；k 大的组分影响不显著。由于 HPLC 的特殊条件，当柱子本身效率越高（N 越大），柱尺寸越小时，柱外效应越突出。

（3）色谱分离原理

根据分离机制不同，高效液相色谱可分为四大基础类型：分配色谱、吸附色谱、离子交换色谱和凝胶色谱。

① 分配色谱法：分配色谱法是四种液相色谱法中应用最广泛的一种。它类似于溶剂萃取，

溶质分子在两种不相混溶的液相即固定相和流动相之间按照它们的相对溶解度进行分配。一般将分配色谱法分为液-液色谱和键合相色谱两类。液-液色谱的固定相是通过物理吸附的方法将液相固定相涂于载体表面。在液-液色谱中，为了尽量减少固定相的流失，选择的流动相应与固定相的极性差别很大。

a. 液-液色谱：按固定相和流动相的极性不同可分为正相色谱法（NPC）和反相色谱法（RPC）。

正相色谱法：采用极性固定相（如聚乙二醇、氨基与氰基键合相）；流动相为相对非极性的疏水性溶剂（烷烃类如正己烷、环己烷），常加入乙醇、异丙醇、四氢呋喃、三氯甲烷等以调节组分的保留时间。常用于分离中等极性和极性较强的化合物（如酚类、胺类、羰基类及氨基酸类等）。

反相色谱法：一般用非极性固定相（如 C_{18}、C_8）；流动相为水或缓冲液，常加入甲醇、乙腈、异丙醇、丙酮、四氢呋喃等与水互溶的有机溶剂以调节保留时间。适用于分离非极性和极性较弱的化合物。RPC 在现代液相色谱中的应用最为广泛，据统计，它占整个 HPLC 应用的 80% 左右。

随着柱填料的快速发展，反相色谱法的应用范围逐渐扩大，现已应用于某些无机样品或易解离样品的分析。为控制样品在分析过程的解离，常用缓冲液控制流动相的 pH 值。但需要注意的是，一般的 C_{18} 和 C_8 使用的 pH 值通常为 2~8，太高的 pH 值会使硅胶溶解，太低的 pH 值会使键合的烷基脱落；但也有新液相色谱柱可在 pH 1~14 范围操作。

表 2-2　正相色谱法与反相色谱法比较表

项目	正相色谱法	反相色谱法
固定相极性	高~中	中~低
流动相极性	低~中	中~高
组分洗脱次序	极性小先洗出	极性大先洗出

从表 2-2 可看出，当极性为中等时正相色谱法与反相色谱法没有明显的界线（如氨基键合固定相）。

b. 键合相色谱：通过化学反应将有机分子键合在载体或硅胶表面上形成固定相。目前，键合固定相一般采用硅胶为基体，利用硅胶表面的硅醇基与有机分子之间成键，即可得到各种性能的固定相。一般来说，键合的有机基团主要有两类：疏水基团、极性基团。疏水基团有不同链长的烷烃（C_8 和 C_{18}）和苯基等。极性基团有丙氨基、氰乙基、二醇基、氨基等。与液-液色谱类似，键合相色谱也分为正相键合相色谱和反相键合相色谱。

在分配色谱中，对于固定相和流动相的选择，必须综合考虑溶质、固定相和流动相三者之间分子的相互作用力才能获得好的分离。三者之间的相互作用力可用相对极性来定性地说明。分配色谱主要用于分子量低于 5000，特别是分子量在 1000 以下的非极性小分子物质的分析和纯化，也可用于蛋白质等生物大分子的分析和纯化，但在分离过程中容易使生物大分子变性失活。

② 吸附色谱法：吸附色谱又称液-固色谱，固定相为固体吸附剂。这些固体吸附剂一般是一些多孔的固体颗粒物质，在它的表面上通常存在吸附点。因此，吸附色谱是根据物质在固定相上的吸附作用不同来进行分离的。分离过程是吸附—解吸附的平衡过程。常用的吸附剂有氧化铝、硅胶、聚酰胺等有吸附活性的物质，其中硅胶的应用最为普遍。适用于分离分子量为 200~1000 的组分，大多数用于非离子型化合物，离子型化合物易产生拖尾。液-固色谱常用于分离那些溶解在非极性溶剂中、具有中等分子量且为非离子型的试样。此外，液-固色谱特别适于分离几何异构体。

③ 离子交换色谱法：离子交换色谱是利用被分离物质在离子交换树脂上的离子交换势不同而使组分分离。一般常用的离子交换剂的基质有三大类：合成树脂、纤维素和硅胶。作为离子交换剂的有阴离子交换剂和阳离子交换剂，它们的功能基团有 $-SO_3H$、$-COOH$、$-NH_2$ 及 $-N^+R_3$。流动相一般为水或含有有机溶剂的缓冲液。被分离组分在色谱柱上分离的原理是树脂

上可电离离子与流动相中具有相同电荷的离子及被测组分的离子进行可逆交换，根据各离子与离子交换基团具有不同的电荷吸引力而分离。被分离组分在离子交换柱中的保留时间除跟组分离子与树脂上的离子交换基团的作用强弱有关外，它还受流动相的 pH 值和离子强度的影响。pH 值可改变化合物的解离程度，进而影响其与固定相的作用。流动相的盐浓度大，则离子强度高，不利于样品的解离，导致样品较快流出。

离子交换色谱适于分离离子化合物、有机酸和有机碱等能电离的化合物和能与离子基团相互作用的化合物。它不仅广泛应用于有机物质，而且广泛应用于生物物质的分离，如氨基酸、核酸、蛋白质、维生素等。

④ 凝胶色谱法：凝胶色谱又称尺寸排斥色谱。与其他液相色谱方法不同，它是基于试样分子的尺寸大小和形状不同来实现分离的。凝胶的空穴大小与被分离的试样分子的大小相当。太大的分子由于不能进入空穴，被排除在空穴之外，随流动相先流出；小分子则进入空穴，与大分子所走的路径不同，最后流出来。中等分子处于两者之间。常用的填料有琼脂糖凝胶、聚丙烯酰胺。流动相可根据载体和试样的性质，选用水或有机溶剂。凝胶色谱的分辨力高，不会引起变性，可用于分离分子量高（＞2000）的化合物，如组织提取物、多肽、蛋白质、核酸等，但其不适于分离分子量相似的试样。

从应用的角度讲，以上四种基本类型的色谱法实际上是相互补充的。对于分子量大于 10000 的物质的分离主要适合选用凝胶色谱；低分子量的离子化合物的分离较适合选用离子交换色谱；对于极性小的非离子化合物最适用分配色谱；而对于要分离非极性物质、结构异构，以及从脂肪醇中分离脂肪族化合物等最好要选用吸附色谱。

综上所述，高效液相色谱作为物质分离的重要工具，在各个方面都取得了很大的发展，出现了许多新型色谱。在分配机制方面，亲和色谱则是根据另一类分配机制而进行分离的新型色谱，它是利用生物大分子与其相应互补体间特异识别能力进行多次差别分离的一种色谱，具有选择性高、操作条件温和的特点。在流动相方面，超临界流体色谱以超临界流体为流动相。混合物在超临界流体色谱上的分离机理与气相色谱及液相色谱一样，即基于各化合物在两相间的分配系数不同而得到分离。超临界流体色谱融合了气相色谱和液相色谱的一些特征，具有比气相色谱和液相色谱更广泛的应用范围。在固定相方面，高分子手性固定相实现了手性药物的分离。同时，近年来，为了使物质的检测更加准确方便，出现了各种 HPLC 串联技术。以 HPLC-MS 为例，它结合了 HPLC 对样品高分离能力和 MS（质谱法）能提供分子量与结构信息的优点，在药物、食品、环境分析等领域发挥作用，提供可靠的数据。

第二节　分离条件的选择

在色谱分析中，如何选择最佳的色谱条件以实现最理想的分离，是色谱工作者的重要工作，也是用计算机实现 HPLC 分析方法建立和优化的任务之一。

一、基质

HPLC 填料可以是陶瓷性质的无机物基质，也可以是有机聚合物基质。无机物基质主要是硅胶和氧化铝。无机物基质刚性大，在溶剂中不易膨胀。有机聚合物基质主要有交联苯乙烯-二乙烯苯、聚甲基丙烯酸酯。有机聚合物基质刚性小、易压缩，溶剂或溶质容易渗入有机基质中，导致填料颗粒膨胀，结果减少传质，最终使柱效降低。

1. 基质的种类

（1）硅胶

硅胶是 HPLC 填料中最普遍的基质。除具有高强度外，还提供了一个表面，可以通过成熟的硅烷化技术键合上各种配基，制成反相、离子交换、疏水作用、亲水作用或分子排阻色谱用填料。硅胶基质填料适用于广泛的极性和非极性溶剂。缺点是在碱性水溶性流动相中不稳定。通常，硅胶基质填料的常规分析 pH 范围为 2~8。

硅胶的主要性能参数有：比表面积，在液-固吸附色谱法中，硅胶的比表面积越大，溶质的 k 值越大；含碳量及表面覆盖度（率），在反相色谱法中含碳量越大，溶质的 k 值越大；含水量及表面活性，在液-固吸附色谱法中硅胶的含水量越小，其表面硅醇基的活性越强，对溶质的吸附作用越大；端基封尾，在反相色谱法中，主要影响碱性化合物的峰形；几何形状，硅胶可分为无定形全多孔硅胶和球形全多孔硅胶，前者的价格较便宜，缺点是涡流扩散项及柱渗透性差，后者无此缺点；硅胶纯度，对称柱填料使用高纯度硅胶，柱效高，寿命长，碱性成分不拖尾。

（2）氧化铝

具有与硅胶相同的良好的物理性质，也能耐较大的 pH 范围。它也是刚性的，不会在溶剂中收缩或膨胀。但与硅胶不同的是，氧化铝键合相在水性流动相中不稳定。不过现在已经出现了在水相中稳定的氧化铝键合相，并显示出优秀的 pH 稳定性。

（3）聚合物

以高交联度的苯乙烯-二乙烯苯或聚甲基丙烯酸酯为基质的填料是用于普通压力下的 HPLC，它们的疏水性强，压力限度比无机填料低。使用任何流动相，在整个 pH 范围内稳定，可以用 NaOH 或强碱来清洗色谱柱。甲基丙烯酸酯基质本质上比苯乙烯-二乙烯苯的疏水性更强，但它可以通过适当的功能基修饰变成亲水性的。这种基质不如苯乙烯-二乙烯苯那样耐酸碱，但也可以承受在 pH 13 下反复冲洗。

所有聚合物基质在流动相发生变化时都会出现膨胀或收缩。用于 HPLC 的高交联度聚合物填料，其膨胀和收缩要有限制。溶剂或小分子容易渗入聚合物基质中，因为小分子在聚合物基质中的传质比在陶瓷性基质中慢，所以造成小分子在这种基质中的柱效低。对于大分子像蛋白质或合成的高聚物，聚合物基质的效能比得上陶瓷性基质。因此，聚合物基质广泛用于分离大分子物质。

2. 基质的选择

硅胶基质的填料被用于大部分的 HPLC 分析，尤其是小分子量的被分析物，聚合物填料用于大分子量的被分析物质，主要用来制成分子排阻和离子交换柱。另外，《美国药典》对色谱法规定较严，它规定了柱的长度、填料的种类和粒度，填料分类也较详细，这使色谱图易于重现；而《中国药典》仅规定了填料种类，未规定柱的长度和粒度，这使检验人员难于重现实验，在某些情况下还会浪费时间和试剂。基质的选择见表 2-3。

表 2-3　基质的选择

项目	硅胶	氧化铝	苯乙烯-二乙烯苯	甲基丙烯酸酯
耐有机溶剂	+++	+++	++	++
适用 pH 范围	+	++	+++	++
抗膨胀/收缩	+++	+++	+	+
耐压	+++	+++	++	+
表面化学性质	+++	+	++	+++
效能	+++	++	+	+

注：+++代表好；++代表一般；+代表差。

二、化学键合固定相

将有机官能团通过化学反应共价键合到硅胶表面的游离羟基上而形成的固定相称为化学键合相。这类固定相的突出特点是耐溶剂冲洗，并且可以通过改变键合相有机官能团的类型来改变分离的选择性。

1. 键合相的性质

固定相又分为两类，一类是使用最多的微粒硅胶，另一类是使用较少的高分子微球。后者的优点是强度大，呈化学惰性，使用 pH 范围大，pH＝1～14；缺点是柱效较小。常用于离子交换色谱和凝胶色谱。

目前，化学键合相广泛采用微粒多孔硅胶为基体，用烷烃二甲基氯硅烷或烷氧基硅烷与硅胶表面的游离硅醇基反应，形成 Si—O—Si—C 键形的单分子膜而制得。硅胶表面的硅醇基密度约为 5 个/nm²，由于空间位阻效应（不可能将较大的有机官能团键合到全部硅醇基上）和其他因素的影响，使得 40%～50% 的硅醇基未反应。残余的硅醇基对键合相的性能有很大影响，特别是对非极性键合相，它可以减小键合相表面的疏水性，对极性溶质（特别是碱性化合物）产生次级化学吸附，从而使保留机制复杂化（使溶质在两相间的平衡速率减慢，降低了键合相填料的稳定性，导致碱性组分的峰形拖尾）。为尽量减少残余硅醇基，一般在键合反应后，要用三甲基氯硅烷（TMCS）等进行钝化处理，即封端（又称封尾、封顶，end-capping），以提高键合相的稳定性。

由于不同生产厂家所用的硅胶、硅烷化试剂和反应条件不同，因此具有相同键合基团的键合相，其表面有机官能团的键合量往往差别很大，使其产品性能有很大的不同。键合相的键合量常用含碳量（%）来表示，也可以用覆盖度来表示。覆盖度是指参与反应的硅醇基数目占硅胶表面硅醇基总数的比例。

pH 值对以硅胶为基质的键合相的稳定性有很大的影响，一般来说，硅胶键合相应在 pH＝2～8 的介质中使用。若过碱（pH＞8），硅胶会粉碎或溶解；若过酸（pH＜2），键合相的化学键会断裂。

最常用的"万能柱"填料为"C₁₈"，即十八烷基硅烷键合硅胶填料（octadecylsilyl，ODS）。这种填料在反相色谱中发挥着极为重要的作用，它可完成高效液相色谱 70%～80% 的分析任务。由于 C₁₈ 是长链烷基键合相，有较高的碳含量和更好的疏水性，对各种类型的生物大分子有更强的适应能力，因此在生物化学分析工作中应用得最为广泛。近年来，为适应氨基酸、小肽等生物分子的分析任务，又发展了 CH、C₃、C₄ 等短链烷基键合相和大孔硅胶（20～40μm）。

2. 键合相的种类

化学键合相按键合官能团的极性分为极性键合相和非极性键合相两种。

常用的极性键合相主要有氰基（—CN）、氨基（—NH₂）和二醇基（DIOL）键合相。极性键合相常用于正相色谱，混合物在极性键合相上的分离主要是基于极性键合基团与溶质分子间的氢键作用，极性强的组分保留值较大。极性键合相有时也可作反相色谱的固定相。

常用的非极性键合相主要有各种烷基（C₁～C₁₈）和苯基、苯甲基等，以 C₁₈ 应用最广。非极性键合相的烷基链长对样品容量、溶质的保留值和分离选择性都有影响，一般来说，样品容量随烷基链长的增加而增大，且长链烷基可使溶质的保留值增大，并可改善分离的选择性；但短链烷基键合相具有较高的覆盖度，分离极性化合物时可得到对称性较好的色谱峰。苯基键合相与短链烷基键合相的性质相似。另外，C₁₈ 柱的稳定性较高，这是由于长的烷基链保护了硅胶基质的缘故，但 C₁₈ 基团的空间体积较大，使有效孔径变小，分离大分子化合物时柱效较低。

三、流动相

1. 流动相的性质要求

理想的液相色谱流动相溶剂应具有黏度低、与检测器兼容性好、易于得到纯品和低毒性等特征。强溶剂使溶质在填料表面的吸附减少，相应的容量因子 k 降低；而较弱的溶剂使溶质在填料表面吸附增加，相应的容量因子 k 升高。因此，k 值是流动相组成的函数。塔板数 N 一般与流动相的黏度成反比。所以在选择流动相时应考虑以下几个方面。

（1）在选择流动相时，一般采用色谱纯试剂，必要时需进一步纯化，以除去有干扰的杂质。因为在色谱柱整个使用期间，流过色谱柱的溶剂是大量的，如溶剂不纯，则长期积累杂质而导致检测器噪声增加。

（2）流动相应不改变填料的任何性质。低交联度的离子交换树脂和排阻色谱填料有时遇到某些有机相会溶胀或收缩，从而改变色谱柱填床的性质。碱性流动相不能用于硅胶柱系统。酸性流动相不能用于氧化铝、氧化镁等吸附剂的柱系统。

（3）流动相必须与检测器匹配。使用 UV 检测器时，所用流动相在检测波长下应没有吸收或吸收很小。当使用示差折光检测器时，应选择折光系数与样品差别较大的溶剂作流动相，以提高灵敏度。

（4）流动相的黏度要低（应<2cP，$1cP=10^{-3}Pa \cdot s$）。高黏度溶剂会影响溶质的扩散、传质，降低柱效，还会使柱压降增加，使分离时间延长。最好选择沸点在 100℃ 以下的流动相。

（5）流动相对样品的溶解度要适宜。如果溶解度欠佳，样品会在柱头沉淀，不但影响纯化分离，且会使柱子恶化。

2. 流动相的选择

正相色谱的流动相通常采用低极性溶剂如正己烷、苯、氯仿等加适量极性调整剂，如醚、酯、酮、醇和酸等。反相色谱的流动相通常以水作基础溶剂，再加入一定量的能与水互溶的极性调整剂，如甲醇、乙腈、二氧六环、四氢呋喃等。极性调整剂的性质及其所占的比例对溶质的保留值和分离选择性有显著影响。一般情况下，甲醇-水系统已能满足多数样品的分离要求，且流动相的黏度小、价格低，是反相色谱最常用的流动相。但与甲醇相比，乙腈的溶剂强度较高且黏度较小，并可满足在紫外 185~205nm 处检测的要求，因此，乙腈-水系统要优于甲醇-水系统。

在分离含极性差别较大的多组分样品时，为了使各组分均有合适的 k 值并分离良好，需采用梯度洗脱技术。

例如：乙腈的毒性是甲醇的 5 倍，是乙醇的 25 倍。价格是甲醇的 6~7 倍。

反相色谱中，如果要在相同的时间内分离同一组样品，甲醇-水作为冲洗剂时其冲洗强度配比与乙腈-水或四氢呋喃-水的冲洗强度配比有如下关系：

$$C_{乙腈} = 0.32C_{甲醇}^2 + 0.57C_{甲醇}；\quad C_{四氢呋喃} = 0.66C_{甲醇}$$

式中，C 为不同有机溶剂与水混合的体积百分含量。100% 甲醇的冲洗强度相当于 89% 的乙腈-水或 66% 的四氢呋喃-水的冲洗强度。

3. 流动相的 pH 值

采用反相色谱法分离弱酸（$3 \leqslant pK_a \leqslant 7$）或弱碱（$7 \leqslant pK_a \leqslant 8$）样品时，通过调节流动相的 pH 值，以抑制样品组分的解离，增加组分在固定相上的保留，并改善峰形的技术称为反相离子抑制技术。对于弱酸，流动相的 pH 值越小，组分的 k 值越大，当 pH 值远远小于弱酸的 pK_a 值时，弱酸主要以分子形式存在；对于弱碱，情况相反。因此，分析弱酸样品时，通常在流动相中加入少量弱酸，常用 50mmol/L 磷酸盐缓冲液和 1% 乙酸溶液；分析弱碱样品时，通常在流动相中加入少量弱碱，常用 50mmol/L 磷酸盐缓冲液和 30mmol/L 三乙胺溶液（流动相中加入有机胺可以减弱碱性溶质与残余硅醇基的强相互作用，减轻或消除峰拖尾现象）。

4. 流动相的脱气

HPLC 所用流动相必须预先脱气，否则容易在系统内逸出气泡，影响泵的工作。气泡还会影响柱的分离效率，影响检测器的灵敏度、基线稳定性，甚至使无法检测（噪声增大，基线不稳，突然跳动）。此外，溶解气体还会引起溶剂 pH 的变化，给分离或分析结果带来误差。离线（系统外）脱气法不能维持溶剂的脱气状态，在停止脱气后，气体立即开始回到溶剂中。在 1~4h 内，溶剂又将被环境气体所饱和。在线（系统内）脱气法无此缺点。最常用的在线脱气方法为鼓泡，即在色谱操作前和进行时，将惰性气体喷入溶剂中。严格来说，此方法不能将溶剂脱气，它只是用一种低溶解度的惰性气体（通常是氦）将空气替换出来。此外还有在线脱气机。

溶解氧能与某些溶剂（如甲醇、四氢呋喃）形成有紫外吸收的络合物，此络合物会提高背景吸收（特别是在 260nm 以下），并导致检测灵敏度的轻微降低，但更重要的是，会在梯度洗脱时造成基线漂移或形成鬼峰（假峰）。在荧光检测中，溶解氧在一定条件下还会引起猝灭现象，特别是对芳香烃、脂肪醛、酮等。在某些情况下，荧光响应可降低达 95%。在电化学检测中（特别是还原电化学法），氧的影响更大。

除去流动相中的溶解氧将大大提高 UV 检测器的性能，也将改善在一些荧光检测应用中的灵敏度。常用的脱气方法有加热煮沸、抽真空、超声、吹氦等。对混合溶剂，若采用抽气或煮沸法，则需要考虑低沸点溶剂挥发造成的组成变化。超声脱气比较好，10～20min 的超声处理对许多有机溶剂或有机溶剂-水混合液的脱气是足够的（一般 500mL 溶液需超声 20～30min 方可），此法不影响溶剂组成。超声时应注意避免溶剂瓶与超声槽底部或壁接触，以免玻璃瓶破裂，容器内液面不要高出水面太多。

5. 流动相的滤过

所有溶剂使用前都必须经 $0.45\mu m$ 或 $0.22\mu m$ 滤膜滤过，以除去杂质微粒，色谱纯试剂也不例外（除非标签上标明"已滤过"）。

用滤膜过滤时，特别要注意分清有机相（脂溶性）滤膜和水相（水溶性）滤膜。有机相滤膜一般用于过滤有机溶剂，过滤水溶液时流速低或滤不动。水相滤膜只能用于过滤水溶液，严禁用于有机溶剂，否则滤膜会被溶解。溶有滤膜的溶剂不得用于 HPLC。对于混合流动相，可在混合前分别滤过，如需混合后滤过，首选有机相滤膜。现在已有混合型滤膜出售。

6. 流动相的贮存

流动相一般贮存于玻璃、聚四氟乙烯或不锈钢容器内，不能贮存在塑料容器中。因许多有机溶剂如甲醇、乙酸等可浸出塑料表面的增塑剂，导致溶剂受污染。这种被污染的溶剂如用于 HPLC 系统，可能造成柱效降低。贮存容器一定要盖严，防止溶剂挥发引起组成变化，也防止氧和二氧化碳溶入流动相。

纯水、磷酸盐、乙酸盐缓冲液等很易长霉，应尽量新鲜配制使用，不要贮存。如确需贮存，可在冰箱内冷藏，并在 3 天内使用，用前应重新滤过。容器应定期清洗，特别是盛水、缓冲液和混合溶液的瓶子，以除去底部的杂质沉淀和可能生长的微生物。因甲醇有防腐作用，所以盛甲醇的瓶子无此现象。

7. 使用卤代有机溶剂应特别注意的问题

卤代溶剂可能含有微量的酸性杂质，能与 HPLC 系统中的不锈钢反应。卤代溶剂与水的混合物比较容易分解，不能存放太久。卤代溶剂（如 CCl_4、$CHCl_3$ 等）与各种醚类（如乙醚、二异丙醚、四氢呋喃等）混合后，可能会反应生成一些对不锈钢有较大腐蚀性的产物，这种混合流动相应尽量不采用，或新鲜配制。此外，卤代溶剂（如 CH_2Cl_2）与一些反应性有机溶剂（如乙腈）混合静置时，还会产生结晶。如果是和干燥的饱和烷烃混合，则不会产生类似的问题。

四、柱温的选择

柱温是最重要的色谱操作条件之一，它直接影响色谱柱的选择性、色谱峰区域展宽和分析速度。柱温不能高于固定相的最高使用温度，否则会造成固定相的大量挥发流失；柱温也不能低于固定相的熔点，以免影响其分配作用。柱温的选择，要依据具体情况而定：若分离是关键，则应采用较低的柱温；若主要研究的是分析速度，则应采用较高的柱温；若既要获得较高的分离度，又要缩短分析时间，一般采用较低的柱温与较低的固定液配比相配合的方法。液相色谱中，一般在室温条件下进行分离分析，适当提高柱温有利于改善传质和提高分析速度。

五、检测器的选择

检测器是液相色谱仪的关键部件之一。理想的检测器应具有灵敏度高、重复性好、响应快、线性范围宽、适用范围广、对流动相温度和流量的变化不敏感、死体积小等特点。在液相色谱中，有两种类型的检测器。

一类是溶质型检测器，如紫外检测器、荧光检测器、电化学检测器等，它仅对被分离组分的物理或物理化学特性有响应。紫外检测器具有很高的灵敏度，即使是那些对紫外光吸收较弱的物质也可用来检测。紫外检测器对温度和流速不敏感，可用于梯度洗脱，但不适用于对紫外光完全不吸收的试样。荧光检测器比紫外检测器的灵敏度要高 2 个数量级，许多物质，特别是具有对称共轭结构的有机芳环分子受紫外光激发后，能辐射出比紫外光波长更长的荧光，例如多环芳烃、B 族维生素、黄曲霉素、卟啉类化合物等，许多生化物质包括某些代谢产物、药物、氨基酸、胺类、甾族化合物都可用荧光检测器检测。

另一类是总体检测器，如示差折光检测器，它对试样和洗脱液总的物理和化学性质响应。几乎每种物质都有各自不同的折射率，因此都可用示差折光检测器来检测，它是一种通用型的浓度检测器，但是对温度变化很敏感，不能用于梯度洗脱。

六、注意事项

1. 流动相

由于我国药品标准中没有规定柱的长度及填料的粒度，因此，每次开始检测新样品时几乎都须调整流动相（按经验，主峰一般调至保留时间为 6～15min 为宜）。所以建议第一次检验时少配流动相，以免浪费。弱电解质的流动相其重现性更不容易达到，注意充分平衡柱。流动相滤过后，注意观察有无肉眼能看到的微粒、纤维；有则重新滤过。尽量采用不是弱电解质的甲醇-水流动相。

2. 样品配制

塑料容器常含有高沸点的增塑剂，可能释放到样品溶液中造成污染，而且还会吸留某些药物，引起分析误差。某些药物特别是碱性药物会被玻璃容器表面吸附，影响样品中药物的定量回收，因此必要时应将玻璃容器进行硅烷化处理。

3. 记录时间

第一次测定时，应先将空白溶剂、对照品溶液及供试品溶液各进一针，并尽量收集较长时间的图谱（如 30min 以上），以便确定样品中被分析组分峰的位置、分离度、理论塔板数及是否还有杂质峰在较长时间内才洗脱出来，确定是否会影响主峰的测定。

4. 进样量

药品标准中常标明注入 10μL，而目前多数 HPLC 系统采用定量环（10μL、20μL 和 50μL），因此应注意进样量是否一致（可改变样液浓度）。

5. 计算

由于有些对照品标示含量的方式与样品标示量不同，有些是复合盐，有些含水量不同，有些是盐基不同，有些是采用有效部位标示，检验时请注意。

6. 仪器的使用

（1）柱在线时，增加流速应以 0.2mL/min 的增量逐步进行，一般不超过 1mL/min，反之亦然。否则会使柱床下塌，出现叉峰。柱不在线时，要加快流速也需以每次 0.5mL/min 的速率递增上去（或下来），勿急升（降），以免泵损坏。

（2）安装柱时，注意流向，接口处不要留有空隙。测定完毕用水冲柱 1h，甲醇冲柱 30min。如果第二天仍使用，可用水以低流速（0.1～0.3mL/min）冲洗过夜（注意水要够量），无须用甲醇冲洗。另外，需要特别注意的是：对于含碳量高、封尾充分的柱，应先用含 5%～20% 甲醇的水冲洗，再用纯甲醇冲洗。冲水的同时用水充分冲洗柱头（如有自动清洗装置系统，则应更换水或 10% 异丙醇）。

7. 波长选择

首先在可见-紫外分光光度计上测量样品液的最大吸收光谱，以选择合适的测量波长，如最灵敏的测量波长并避开其他物质的干扰。从紫外光谱中还可大体知道在 HPLC 中的响应值，如吸光度小于 0.5，HPLC 测定的面积将会很小。

第三节　定性分析与定量分析

一、定性分析

在高效液相色谱中，常用的定性分析有下列五种方法。

1. 利用已知标准样定性

由于每一种化合物在特定的色谱条件下有其特定的保留值，如果在相同的色谱条件下，被测物与标样的保留值相同，则可初步认为被测物与标样相同。

2. 利用紫外和荧光光谱定性

由于不同的化合物有其不同的紫外吸收或荧光光谱，对检测池中的待检样品进行全波长（180~800nm）扫描，得到紫外可见光或荧光光谱图；再用相应标准品，按同样方法处理，也得到一个光谱图，比较这两张图谱，即可鉴别该样品是否与标准品相同。对于某些有特征光谱图的化合物，也可以与所发的标准图谱来比较以进行定性。

3. 收集柱后流出组分，再用其他化学或物理方法定性

液相色谱常用化学检测器，被测物经过检测器后不受破坏，所以可以收集各组分，然后再用红外光谱、质谱、核磁共振等方法进行鉴定。

4. HPLC 指纹图谱分析法

HPLC 指纹图谱分析法是指纹图谱与 HPLC 相结合的一种分析方法，目前已成为中药质量控制的首选方法，适用于中药复杂成分的分离、分析和指纹图谱的建立。在食品上主要用于天然成分的分析。被分离、分析物质预处理后用 HPLC 测定出色谱峰，经过计算机库存信号的检索及对质谱图的解析，对所含成分做出定性鉴定。

5. 建立液相色谱定性方法

可根据以下几点，建立合理的液相色谱分析方法：选择合适的分析样品的液相色谱方法；选择合适的柱子；选择合适的 k（峰容量因子）的条件；确定良好的峰位（α）；选择良好的柱条件（最佳 N 值）。

根据样品的情况，如分子量是大于 2000 还是小于 2000，样品是溶于水还是不溶于水，确定选择何种液相方法。见图 2-2。

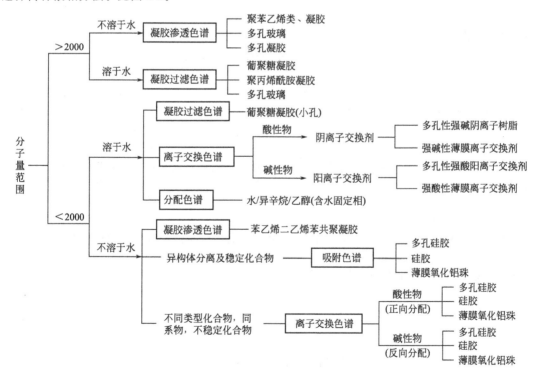

图 2-2 液相色谱方法的选择

选择溶剂强度配成适宜的流动相，以得到理想的 k，使 k 尽量在 1~10 的范围内（特殊情况也允许 $0.5<k<20$）。溶剂的黏度也很重要，一般黏度要小于 $2\times10^{-3}\mathrm{Pa \cdot s}$。见表 2-4 和表 2-5。

表 2-4　反相色谱不同配比流动相与 k

甲醇-水	乙腈-水	四氢呋喃-水	相应的 k	甲醇-水	乙腈-水	四氢呋喃-水	相应的 k
0	0	0	100	60	50	37	0.4
10	6	4	40	70	60	45	0.2
20	12	10	16	80	73	53	0.06
30	22	17	6	90	86	63	0.03
40	32	23	2.5	100	100	72	0.01
50	40	30	1				

表 2-5　14 种常用的 HPLC 流动相溶剂的性质

溶剂	紫外吸收波长/nm	折射率(20℃)	沸点/℃	黏度(20℃)/10^{-3}Pa·s	密度(20℃)/(g/mL)
正己烷	190	1.375	68.7	0.31	0.659
异辛烷	190	1.391	99.2	0.50	0.692
四氯化碳	263	1.460	76.8	0.97	1.594
2-氯丙烷	230	1.378	34.8	0.33	0.862
氯仿	245	1.446	61.2	0.57	1.480
二氯甲烷	233	1.424	39.8	0.44	1.335
四氢呋喃	212	1.408	66.0	0.55	0.889
乙醚	218	1.352	34.6	0.23	0.713
乙酸乙酯	256	1.372	77.1	0.45	0.901
二氧六环	215	1.422	101.3	1.32	1.034
乙腈	190	1.344	81.6	0.37	0.782
异丙醇	190	1.378	82.4	2.30	0.785
甲醇	190	1.329	64.7	0.60	0.791
水	190	1.333	100.0	1.00	0.998

二、定量分析

在高效液相色谱分析中常用的定量分析方法有外标法和内标法。

1. 外标法

外标法是以被测化合物的纯品或已知其含量的标样作为标准品，配成一定浓度的标准系列溶液，注入色谱仪，得到的响应值（峰高或峰面积）与进样量在一定范围内成正比。用标样浓度对响应值绘制标准曲线或计算回归方程，然后用被测物的响应值求出被测物的量。

2. 内标法

内标法是在样品中加入一定量的某一物质作为内标进行的色谱分析，被测物的响应值与内标物的响应值之比是恒定的，此比值不随进样体积或操作期间所配制的溶液浓度的变化而变化，因此可得到较准确的分析结果。

具体操作步骤如下。

（1）先准确称取被测组分 a 的标样 W_a 内标物，加入一定量溶剂混合，即得混合标样。取任意体积（μL）注入色谱仪，得色谱峰面积 A_a（被测组分 a 标样峰面积）及峰面积 A_s（内标物峰面积），用式(2-1)计算相对响应因子 S_a。

$$S_a = \frac{\dfrac{A_a}{W_a}}{\dfrac{A_s}{W_s}} \tag{2-1}$$

（2）称取被测物 W，然后加入准确称重的内标物 W_s'，加入一定体积的溶剂混合。取任意体积（μL）注入色谱仪，测得被测组分 a 的峰面积 A_a'，内标物峰面积为 A_s'。按式(2-2)计算被测物中 a 组分的质量 W_a'。

$$W_a' = \frac{A_a' \times W_s'}{A_s'} \times S_a \tag{2-2}$$

a 组分在被测物中的含量为：

$$w(a) = \frac{\dfrac{A'_a}{A'_s} \times W'_a \times S_a}{W} \times 100\%$$ (2-3)

第四节　样品的制备

样品（sample）是指从某一总体中抽出的一部分。食品采样（sampling）是指从较大批量食品中抽取能较好地代表其总体样品的方法。食品卫生监督部门或食品企业自身为了解和判断食品的营养与卫生质量，或查明食品在生产过程中的卫生状况，可使用抽样检验的方法。根据抽样检验的结果，结合感官检查，可对食品的营养价值和卫生质量做出评价，或协助企业找出某些生产环节中存在的主要卫生问题。

一、样品分类

1. 客观样品

在日常卫生监督管理工作过程中，为掌握食品卫生质量，对食品企业生产销售的食品应进行定期或不定期的抽样检验。这是在未发现食品不符合卫生标准的情况下，按照日常计划在生产单位或零售店进行的随机抽样。通过这种抽样，有时可发现存在的问题和食品不合格的情况，也可积累资料，客观反映各类食品的卫生质量状况。为此目的而采集供检验的样品称为客观样品。

2. 选择性样品

在卫生检查中发现某些食品可疑或可能不合格，或消费者提供情况或投诉时需要查清的可疑食品和食品原料；发现食品可能有污染，或造成食物中毒的可疑食物；为查明食品污染来源、污染程度和污染范围或食物中毒原因；以及食品卫生监督部门或企业检验机构为查清类似问题而采集的样品，称为选择性样品。

3. 制订食品卫生标准的样品

为制订某种食品卫生标准，选择较为先进、具有代表性的工艺条件下生产的食品进行采样，可在生产单位或销售单位采集一定数量的样品进行检测。

二、采样原则

1. 代表性

在大多数情况下，待鉴定食品不可能全部进行检测，而只能抽取其中的一部分作为样品，通过对样品的检测来推断该食品总体的营养价值或卫生质量。因此，所采的样品应能够较好地代表待鉴定食品各方面的特性。若所采集的样品缺乏代表性，无论其后的检测过程和环节多么精确，其结果都难以反映总体的情况，常会导致错误的判断和结论。

2. 真实性

采样人员应亲临现场采样，以防止在采样过程中的作假或伪造样品。所有采样用具都应清洁、干燥、无异味、无污染食品的可能。应尽量避免使用对样品可能造成污染或影响检验结果的采样工具和采样容器。

3. 准确性

性质不同的样品必须分开包装，并应视为来自不同的总体；采样方法应符合要求，采样的数量应满足检验及留样的需要；可根据感官性状进行分类或分档采样；采样记录务必清楚地填写在采样单上，并紧附于样品上。

4. 及时性

采样应及时，且采样后也应及时送检。尤其是检测样品中水分、微生物等易受环境因素影响的指标，或样品中含有挥发性物质或易分解破坏的物质时，应及时赴现场采样并尽可能缩短从采样到送检的时间。

三、样品预处理

样品预处理技术（sample pretreatment technology）是指样品的制备和对样品采用合适的分解和溶解方法以及对待测组分进行提取、净化和浓缩的过程，使被测组分转变成可以测定的形式，从而进行定量和定性分析。由于待测组分受其共存组分的干扰或者由于测定方法本身灵敏度的限制以及对待测组分状态的要求，绝大多数化学检测和分析方法要求事先对试样进行有效的、合理的处理。

现代分析方法中样品预处理技术的发展趋势是样品预处理速度快、批量大、自动化程度高、成本低、劳动强度低、试剂消耗少、环境污染小、方法准确、可靠等，这也是评价一个样品预处理方法的准则。下面对几种样品预处理方法的原理和应用进行介绍。

1. 固相萃取（SPE）和固相微萃取（SPME）

固相萃取（solid phase extraction, SPE）是20世纪70年代后期发展起来的样品预处理技术，它主要是利用固体吸附剂吸附目标化合物，使之与样品的基体及干扰物质分离，然后用洗脱液洗脱或通过加热解脱，从而达到分离和富集目标化合物的目的。该方法具有回收率高、富集倍数高、有机溶剂消耗量低、操作简便快速和费用低等优点，易于实现自动化并可与其他分析仪器联用。因此，在很多情况下，固相萃取作为制备液体样品优先考虑的方法取代了传统的液-液萃取法，如环境水中农药含量的测定、蔬菜和水果中农药残留的测定以及食品中兽药残留的检测。

固相微萃取（solid phase microextraction, SPME）的原理是将各类交联键合固定相融溶在具有外套管的注射器内芯棒上，使用时将芯棒推出，浸于粗制样品溶液中，于是待测组分便被吸附在芯棒上，然后将含有样品的针芯棒直接插入气相或液相色谱仪的进样口，被测组分在进样口中被解析下来进入色谱分析仪。该项技术具有操作简单、快速、样品用量小、重现性好和环境友好等特点，并通过利用气相色谱和高效液相色谱等仪器进行后续分析，可实现对多组分样品的快速分离检测。在萃取过程中，还可以通过控制各种萃取参数，实现对痕量被测组分的高重复性、高准确度的测定。

2. 基质固相分散萃取（MSPD）

基质固相分散（matrix solid phase dispersion, MSPD）技术是1989年由Barker等首次提出并给予理论解释的一种样品预处理技术。基质固相分散技术是将常规的固相分散技术与反相键合填料相结合，组织匀浆、提取和净化在同一操作中完成，使得分析环节大幅减少，操作简化。该技术已在动物兽药残留检测和蔬菜、水果的农药残留分析中得到应用，具有很大的发展潜力。

3. 分子印迹技术（MIP）

分子印迹（molecularly imprinted polymer, MIP）技术源于免疫学的发展，20世纪40年代，著名的诺贝尔奖获得者Paining提出了以抗原为模板来合成抗体的理论。1949年，Dickey首先提出了"分子印迹"这一概念，但是直到1972年德国的Wuff研究小组首次报道了人工合成分子印迹聚合物之后，这项技术才逐渐为人们所认识。

分子印迹技术的原理是仿拟抗体的形成机理，在模板分子（印迹分子和目标分子）周围形成一个高度交联的刚性高分子，除去模板分子后在聚合物的网络结构中留下了与模板分子在空间结构、尺寸大小和结合位点互补的立体孔穴，从而对模板分子表现出高度的选择性能和识别性能。该技术具有抗恶劣环境、选择性高、稳定性好、机械强度高和制备简单等特点，可选择性识别和富集复杂样品中的目标化合物。因此，分子印迹技术已被广泛应用于固相萃取、固相微萃取和膜萃取等样品预处理技术。

4. 免疫亲和色谱（IAC）

免疫亲和色谱（immunoaffinity chromatography, IAC）也叫免疫亲和层析，是一种将免疫反应与色谱分析方法相结合的分析方法，是色谱技术中的一种。这项技术的主要原理是根据抗原抗体的高选择性，利用抗体与其相应抗原的作用具有高度的特异性和高度的结合力等特点，采用适当的方法将抗原或抗体结合到色谱载体上，使其达到从复杂的待测样品中提取目标化合物的目的。具体过程是将抗体与惰性微珠共价结合，然后装柱，将抗原溶液过免疫亲和柱，目标化合物（即抗原）被吸附在柱子上，而其他物质则沿柱流下，最后用洗脱缓冲液洗脱抗原，从而得到纯化的抗原，采用适当的缓冲液和合适的保存方法，免疫亲和柱可以再生备用。

该方法具有操作简单、快速、净化效果好、可再生等优点，被广泛应用于抗体、受体、激素、多肽、酶、重组蛋白、病毒及亚细胞化合物的分析等领域，特别是常用于 β-兴奋剂的残留检测。

5. 凝胶渗透色谱（GPC）

凝胶渗透色谱（gel permeation chromatography，GPC）是一种表征高聚物分子量和分子量分布等特征的物理化学方法，是近年来发展迅速的一种样品预处理方法和净化手段，其操作简便，使用材料较少。GPC的分离机理至今还处于百家争鸣之中，尚无定论，主要有"空间排斥"或"排阻"理论、"限制扩散"理论、"流动分离"理论和热力学理论。作为一般观察到的现象，认为其原理是根据溶液中溶质分子的体积大小不同，按照物质分子的分子量大小将物质进行分离。该方法常用来去除样品中的大分子物质的干扰，近年来被广泛应用于生物、环境和医药等复杂样品的分离和净化，特别适合净化含脂肪、蛋白质等物质的样品。

6. 浊点萃取（CPE）

浊点萃取法（cloud point extraction，CPE）是指达到临界胶束浓度以上的表面活性剂水溶液在一定温度下加热或者加盐会产生相的分离，形成透明的两相（表面活性剂胶束相和水相），其中胶束相可以富集样品中的待测组分。

浊点萃取是基于表面活性剂水溶液中相分离现象的萃取浓缩技术，已经成功实现了与HPLC、CE和FI等分析仪器的联用，具有能够减少挥发性有机溶剂的使用、操作简单、快速、试剂便宜易得、不需专门的装置等优点，在环境样品中金属离子的测定、蛋白质的分离与纯化、生物分子和不同极性有机化合物浓缩分离处理等领域得到了非常广泛的应用。

7. 离子液体分散液相微萃取（IL-DLME）

分散液相微萃取法是利用萃取剂和分散剂的溶解性差异，使含分析物的水样先形成均匀的浑浊液，经过萃取离心后，被分析物富集到萃取剂中，然后取此有机相进行分析测定。此法具有操作简便、设备简单、溶剂用量少、经济、不污染环境等优点。

离子液体分散液相微萃取（IL-DLME）是基于离子液体（ionic liquids，IL）作萃取剂的分散液相微萃取法。离子液体是一种由有机阳离子和不同的阴离子结合形成的有机盐，具有蒸气压低、黏度高、有天然的双极性、热稳定性好以及与水和有机溶剂的互溶性好等特点。在化学过程中，离子液体易于回收，并且对大多数有机化合物都有良好的萃取能力。除此之外，它们还被称作是环境友好溶剂，易于合成，且很容易买到。因此，离子液体分散液相微萃取常被用于对一些易溶于水难溶于有机溶剂的有机化合物进行提取和富集。

8. 加速溶剂萃取（ASE）

加速溶剂萃取（accelerated solvent extractor，ASE）技术，是在较高的温度（50～200℃）和压力（1000～3000psi，1psi＝6894.76Pa）条件下，对固体或半固体的样品进行用溶剂萃取的预处理方法。该方法具有萃取速率快、提取效率高、溶剂用量少、选择性高等特点，同时还具有安全、萃取时不破坏待测组分的形态、受基体影响小、相同的萃取条件对不同基体同时萃取等优点，已经被广泛用于环境、药物、食品和聚合物工业等领域。

9. 超临界流体萃取（SFE）

超临界流体是流体介于临界温度和压力时的一种状态。此时，流体介于气体和液体之间，密度、扩散系数、溶剂化能力等性质随温度和压力的变化十分敏感，兼有气体和液体的性质和优点，如黏度小、扩散性能好、溶解性强和易于控制等。

超临界流体萃取（supercritical fluid extraction，SFE）技术的分离原理是利用超临界流体的溶解能力与其密度的关系，即利用压力和温度对超临界流体溶解能力的影响而进行萃取的。它克服了传统的索式提取技术费时、费力、回收率低、重现性差、污染严重等弊端，使样品的提取过程更加快速、简便，同时还大幅降低了有机溶剂对人体和环境的危害，并可与多种分析检测仪器联用。在医药、食品、化学、环境等领域的应用非常广泛。

10. 微波辅助萃取（MAE）

微波辅助萃取（microwave-assisted extraction，MAE）又叫微波萃取，是一种非常具有发展潜力的新样品预处理技术。它主要是运用微波的能量对与样品相接触的溶剂进行加热，使目标化合物从样品基体中分离出来并进入溶剂，实际上是一个在传统的萃取工艺基础上强化传热、传质的过程。通过微波的强化，其萃取速率、萃取效率和萃取质量跟常规工艺相比，能得到很大幅度的提高。该方法具有快速、高效、省溶剂、选择性强、环境友好等特点，近年来在分光光度法测定、环境分析、农药残留分析、中药有效成分提取和食品工业研究中应用得相当广泛。

11. QuEChERS 方法

QuEChERS 方法是 2003 年由 Anastassiades 和 Lehotay 等研究建立的分散固相萃取（dispersive SPE）样品预处理技术，因分散固相萃取法具有快速、简单、便宜、有效、可靠和安全等特点而得名，其实质是固相萃取技术和基质固相分散技术的衍生和进一步的发展。

该方法是寻找一些高效的提取试剂和净化处理试剂，通过简单的离心或者过柱，将农药与样品基质（如脂肪酸和色素）分离。同时对一些含脂肪介质的样品通过此方法来提取和净化并分析农药，取得了不错的成绩。该方法解决了历年来分析上样量少、分析时间长、有毒溶剂使用量大等问题。因其独特的优势和快速、简易、价廉的特点，在农药残留分析中广泛应用。

12. 联用技术

样品预处理方法与技术一直是现代化学领域的重要课题和发展方向之一。在众多分析技术之中，色谱分离技术因其仪器商品化、自动化程度高、定性定量准确、各种配套技术与零部件生产趋于完善等优点，已经成为目前应用最广泛的分析技术，也成为许多分析项目的标准分析方法。

在实际的色谱分析工作中，相对滞后的预处理技术以及粗糙的离线手工操作影响了色谱分析结果的准确性和精密度。因此，预处理技术与色谱分离分析的在线联用是分析化学发展的必然趋势，这不仅可以弥补预处理技术的不足，而且可以减轻技术人员的劳动强度，实现分析的自动化，降低分析成本，节省人力和时间，更主要的是可以减少甚至消除由于手工操作中个体差异所产生的误差，提高分析测试的灵敏度、准确度与重现性。另外，通过在线联用更容易做到环境友好的无毒操作，实现样品的无溶剂或少溶剂处理，减少对人体和生态环境的危害，从而促进绿色化学的早日到来。

四、样品制备

用作检验的样品必须制成平均样品，其目的在于保证样品均匀，取任何部分都能较好地代表全部待鉴定食品的特征。应根据待鉴定食品的性质和检测要求采用不同的制备方法。样品制备时，必须先去除果核、蛋壳、骨和鱼鳞等非可食部分，然后再进行样品的处理。一般固体食品可用粉碎机将样品粉碎，过 20～40 目筛；高脂肪固体样品（如花生、大豆等）需冷冻后立即粉碎，再过 20～40 目筛；高水分食品（如蔬菜、水果等）多用匀浆法；肉类用绞碎或磨碎法；能溶于水或有机溶剂的样品成分则用溶解法处理；蛋类去壳后用打蛋器打匀；液体或浆体食品（如牛奶、饮料、植物油及各种液体调味品等）可用玻璃棒或电动搅拌器将样品充分搅拌均匀。

根据食品种类、理化性质和检测项目的不同，供测试的样品往往还需要做进一步的处理，如浓缩、干法灰化、湿法消化、蒸馏、溶剂提取、色谱分离和化学分离等。

第五节　高效液相色谱在食品检测中的应用

随着我国社会与经济的快速发展，人民对生活质量的要求也越来越高，食品质量安全也成为国民较为关心的重大问题之一。而现阶段，我国各种各样的食品质量安全问题频频曝光，食品存在巨大的安全隐患，严重危害了人民群众的生命健康。高效液相色谱技术于 20 世纪 70 年代开始应用于食品检测中，到 90 年代后期列入国家标准检测方法中，广泛应用于食品中的各种污染物质、营养成分含量、各种食品添加剂以及毒素与无机成分等的检测，为人类的食品安全提供了保障。

一、我国的食品质量安全问题

近年来，各种各样的食品质量问题层出不穷，严重危害了人民群众的生命健康，阻碍了食品市场的良好发展。据相关调查统计，我国现阶段流通市场的食品质量安全问题主要有以下几种。

1. 食品添加剂超限度使用和微生物感染

① 食品添加剂超限度使用：在一些食品中，为防止其腐烂以保证其新鲜度，在其中过度地添加各种食品添加剂，食用者长期服用会对身体健康造成损害，尤其是儿童，会对中枢神经系统等造成严重的伤害。

② 微生物感染：主要表现在一些冷冻食品中，食用者服用这些食品后会使肠道等器官不同程度地受到感染，严重者会腹泻，甚至中毒。

2. 食品中营养含量不达标

如一些牛奶等营养保健品中，由于营养成分含量没有达到标准要求，食用者服用后对身体健康起不到丝毫的帮助作用，甚至一些不必要的成分过多还会给身体带来安全隐患。

3. 食品包装生产日期与保质期管理不规范

在一些食品外包装上，有些根本看不到生产日期或保质期，有些日期标示不明确或不规范，给消费者的食品选择带来困扰。还有一些商家将过期的食品拿来上架销售，以次充好，给消费者的身体带来安全隐患。

4. 食品名称与真实属性不符

根据我国相关法律规定，食品名称必须与食品的各种属性保持一致，让消费者一看就知道是什么类型的食品，而现实中却有许多食品名称标注不符合规范，甚至有些食品完全与其属性不相符，这从法律上来讲，严重侵犯了消费者的食品知情权。

二、食品中营养成分的分析

人体所需要的营养成分很多，但一般食品中的营养成分不能包含人体所需的所有成分，而一些主要成分却必不可少，如糖类、氨基酸以及维生素等。在食品的营养成分中，糖类是最基本的营养成分之一，氨基酸也是人类生存与成长所必需的营养成分，而维生素则是人体正常发展过程中不可缺少的营养物质，对人体的生理机能起到很好的促进作用。

糖类营养成分具有易溶性与还原性等特性；氨基酸的主要来源是蛋白质与酶，具有比较明显的易变性；维生素则对生理机能起到作用，可以预防身体疾病的出现。根据这些营养成分的各种特点，充分利用高效液相色谱技术的高灵敏性，可以精准测定糖类成分中的糖，对氨基酸的营养成分物质进行优质提取检测；根据高效液相色谱技术的抗干扰性与准确性，可以对维生素实行植物质量的优质提取，从而进行精准检测，较一般的检测方法缩短了检测时间，对食品的营养成分起到了很好的检测作用。

1. 糖类的分析

糖类为人体提供热能，是人体必需的一种物质，食物中的糖类有不可吸收的无效糖分如纤维素和可吸收的单糖、二糖、多糖两类。化学法只能测总糖却无法分别测定各种糖分，传统的气相色谱法虽可弥补化学法的不足但样品需衍生化，可行性低。HPLC 相比化学法和气相色谱法，灵敏度高，可操作性更强。以乙腈-水（84∶16）为流动相的 Waters NH_2 柱，能很好地测定食品中的各种糖分（果糖、葡萄糖、乳糖、蔗糖），例如以高压排斥色谱法分析香菇中的多糖成分不仅方便、快捷，而且准确性高。

也有部分学者通过研究，以石墨化碳柱色谱联合分离线性分析阱质谱，建立了更加全面的 LCMSn 方法。目前该方法已经在美国、英国等发达国家得到了应用，实践结果显示，该方法的灵敏度更高，并且所收集的数据范围更加广阔。

2. 维生素的分析

维生素是维持人体正常生理功能的一类微量有机元素，其种类多，主要可分为醛、胺、醇三大类。在紫外检测器280nm波长下，以 Hypersil C_{18} 化学键合硅胶为固定相，采用离子对反向高效液相色谱法能用于复合维生素片中 4 种水溶性维生素（维生素 B_1、维生素 B_2、维生素 B_6 和烟酰胺）的同时检测。以 0.05mol/L $KHIPO_4$-甲醇为流动相的梯度洗脱反向高效液相色谱，方法检出限为 1.4～0.76ng，能实现对奶粉、饮料等食品的维生素（叶酸、维生素 C、维生素 B_2、维生素 B_6、烟酸、烟酰胺等）的检测分析，且相对加标回收率达 78.5%～115.6%，标准偏差为 2.5%～7.9%。

3. 蛋白质的分析

蛋白质是由几十到几千个氨基酸分子借助肽键和二硫键相互连接的多肽链，分子量达 10^4～10^6，而且在溶液中的扩散系数比较小，黏度大，易受外界温度、pH、有机溶剂的影响而发生变性，并引起结构改变。这些特性使它们的色谱分离行为远非理想情况，给其 HPLC 分离带来了实际困难。因此，蛋白质的分离和分析问题至今仍是具有挑战性的课题。目前，主要采用灌注色谱对蛋白质进行分离，根据灌注色谱的种类可分为以下 4 种：灌注反相色谱、灌注离子交换色谱、灌注疏水色谱和灌注亲和色谱。于晓瑾等在有关蛋白质检测问题的分析中，建立了以 HPLC 方法为核心的新型分析方法，有效检测了婴幼儿配方食品中的糠氨酸含量，取得了良好的效果。该方法采用底码铂金 ODS 色谱柱分离，用紫外光检测仪器测定成分。其研究结果显示，所研究的 21 种婴幼儿配方食品中，糠氨酸含量为 468～1467mg/100g，精密度 RSD 系数为 2.23%，线性相关系数为 $r=0.9999$，检测限（RSN=10）为 1.25μg/mL。

4. 有机酸的分析

食品中有机酸和酸味剂是食品酸味和鲜味的重要成分，也对食品的防腐保鲜起重要作用。食品中的有机酸主要有乙酸、乳酸、丁二酸、柠檬酸、酒石酸、苹果酸等，少量存在的有机酸还有甲酸、顺丁烯二酸、马来酸、草酸等。HPLC 分析有机酸不仅简便快速，而且选择性好，准确度高。用 HPLC 法检测食品中的有机酸，一般用反相 C_{18} 柱进行分离，流动相为磷酸盐缓冲溶液，磷酸调 pH 至 2.5～2.9，常用的磷酸盐为磷酸二氢钾、磷酸二氢铵等。

三、食品中各种添加剂的检测

食品中的添加剂主要有甜味剂、防腐剂及色素等，这些添加剂如果过量摄入则会给人体造成很大的伤害。高效液相色谱技术可以对食品中的甜菊苷、糖精钠、甘草苷等甜味剂，防腐剂中的 BA、CA 以及脱氢乙酸等，色素中的柠檬黄、胭脂红、亮蓝等成分进行检测。

1. 甜味剂的检测

食品甜味剂可以为食品带来甜味，有营养型和非营养型的区分，人工合成的非营养型甜味剂是主要的检测类型，有安赛蜜（乙酰磺胺酸钾）、糖精钠、阿斯巴甜（天冬酰苯丙氨甲酯）等，因其价格低廉而被广泛应用于各类食品加工。由于目前我国大部分的食品添加剂为化学合成添加剂，其中部分会对人体产生严重影响，因此，对食品添加剂成分的检测一直是食品安全管理的重点。

目前，高效液相色谱法用来检测食物中的甜蜜素、甘草苷、糖精钠等多种甜味剂的含量，常用的色谱柱为 NH_2 柱、C_{18} 柱等。有学者在甜味剂检测中，采用 XDB-C_{18} 色谱柱方法，以乙酸铵缓冲液为流动相，测量了安赛蜜在各种白酒中的含量，其加样回收率均大于等于 95.0%，相对偏差小于 5.0%。从其研究结果来看，安赛蜜的最低检出限为 1.7～1.8mg/kg。王敏等采用次氯酸钠在酸性条件下将甜蜜素转化为氯基环己烷，正己烷萃取，用 ODS-C_{18} 柱，乙腈-水（70∶30）为流动相，于波长 314nm 处紫外检测，采用外标法定量测定。这不仅可大大减少一些样品中复杂基质的干扰，而且检出限低。对于固体样品，最低检出限可达 2.0mg/kg，对于干扰少的液体样品，最低检出限为 0.5mg/L，回收率在 70%～110%。费贤明等用高效液相色谱-荧光法（HPLC-FLD）测定了食品中的糖精钠，最低检出限在 0.005～0.200mg/mL，与高效液相色谱-

紫外检测法（HPLC-UV）相比，HPLC-FLD 法的重现性更好，准确度更高，由于 FLD 的选择性响应，降低了对色谱柱的性能要求，更适合复杂样品的快速分析，使其具有比 UV 法更高的可靠性，是一种较为理想的糖精钠检测方法。

2. 防腐剂的检测

苯甲酸和山梨酸是食品中最常使用的两种防腐剂。过去对它们的分析常用分光光度法和气相色谱法进行，但要经过繁杂的预处理操作。近年来发展了用高效液相色谱法只需经过简单的处理，就可直接进行测定。

我国秦皇岛卫生检验所的赵惠兰等报道了用高效液相色谱法快速测定饮料中苯甲酸、山梨酸的方法。他们将饮料过滤后直接注入液相色谱系统。10～20min 可同时测定这两种防腐剂及糖精钠的含量。该法的色谱条件是：以 uBandapak C_{18} 柱为分析柱，含有 0.02mol/L 乙酸铵的甲醇-水（35∶65）溶液为流动相，洗脱速率 1mL/min，在 254μm 的紫外检测器下进行检测，该方法的回收率和标准差分别为 97％和 0.29％。武汉市产品质量监督检验所的周胜银、李增也报道了用高效液相色谱法测定酱油及软饮料类中防腐剂的方法。

采用 Diamon-sil ODS 色谱柱，并保留其主色谱柱体的检测合理性和方式技术选择的适用性，以乙腈-水（磷酸调 pH 值为 3）、四氢呋喃进行适度的流动相梯度洗脱，获得超过 265nm 波长的紫外光检测依据，加样回收率为 93％左右，可以使 7 种防腐剂较好地分离。

刘二东等研究利用 HPLC 测定含乳饮料中苯甲酸的含量。用（CH_3COO）$_2$Zn 和 KFe(CN)$_3$ 溶液作为沉淀剂进行样品的预处理，磷酸盐缓冲液-甲醇为流动相，C_{18} 色谱柱，于波长 225nm 处紫外检测，方法简单快速、灵敏度高，既适用于大部分含乳饮料，也适用于纯牛奶的测定。苏爱梅采用沉淀法对火腿肠样品进行预处理，过滤后用 RP-HPLC 法测定火腿肠中防腐剂苯甲酸和山梨酸的含量。色谱柱为 Symetry-C_{18}，以 0.02mol/L 乙酸铵-甲醇（97∶3）为流动相，检测波长为 230nm。苯甲酸和山梨酸的浓度在 0～0.05g/L 范围内线性很好（r＝0.9996）；山梨酸的最低检出限为 0.024g/L，平均回收率为 100.4％，RSD 为 0.68％。

3. 色素的检测

根据 2015 年食品安全的检测标准，人工合成的食用色素属于被国家严格管控的食品安全范畴。但由于价格低且效果好，很多超国家标准的人工合成食用色素大量出现，因而需要重视对此类色素的检测。高效液相色谱法能快速测定天然色素、人工色素，操作简单且效率较高。

目前，很多学者采用 C_{18} 柱分离梯度洗脱系统同时测量柠檬黄、落日黄、亮蓝等食用色素，应用结果显示 C_{18} 柱分离梯度洗脱系统的检出率高，且性能稳定。陈向明等在高效液相色谱法应用问题的分析中，以果蔬汁饮料中的番茄红素为观察对象，选择 C_{18} 色谱柱外校标准曲线为依据，对饮品进行检测，结果显示番茄红素在 $1.0×10^{-2}$～$3.9×10^{-5}$ g/L 范围内具有良好的线性关系，检出限结果为 $6.3×10^{-8}$ g/L。

张连龙等采用 HPLC 法测定保健食品黄金搭档包衣片中的食用合成色素，样品预处理用粉碎提取法和漂洗法，聚酰胺吸附纯化 Lichrospher C_{18} 柱，甲醇-乙酸铵流动相梯度洗脱，单波长或多波长测定柠檬黄、靛蓝和诱惑红 3 种色素；其线性范围宽（0～100mg/mL），回收率高（91.3％～103.1％），重现性好（RSD＝2.11％～5.63％），最低检出限为 2～11ng。其中，尤以粉碎提取法、梯度洗脱、多波长检测效果更佳。宋伟华等建立了凝胶色谱净化、HPLC 法检测红腐乳等含油及着色食品中苏丹红Ⅰ、Ⅱ、Ⅲ、Ⅳ的方法，用正己烷或乙酸乙酯：环己烷＝1∶1 提取食品中的苏丹红，经凝胶色谱（GPC）去除样品中分子量较大的油脂天然色素等干扰物后，再用 HPLC 检测。

王华等以 HPLC 法对不同产地赤霞珠干红葡萄酒中花色素苷的组分进行了研究，为科学客观地鉴定葡萄酒原料品种和其他相关的研究提供了依据，同时也为建立葡萄与葡萄酒花色素 HPLC 指纹图谱提供了依据。

4. 抗氧化剂的检测

食品抗氧化剂可阻止在食品与氧气发生接触后，食品出现氧化变质的情况。但需要控制用量，过量会对人体产生严重的不良影响。

申世刚等采用 RP-HPLC 法测定油炸薯条中没食子酸内酯（PG）、叔丁基对苯二酚（TBHQ）、羟基茴香醚（BHA）、4-己基间苯二酚（4HR）、二丁基羟基甲苯和 2246 的含量。其中，PG、TBHQ 用 50％甲醇（RP-HPLC 体积分数 1％的冰醋酸）作流动相，BHA、4HR、BHT 和 2246 用 80％甲醇作流动相，检测波长为 280nm，相关系数为 0.9983～0.9996，最低检出限为 1.0～2.0μg/g，平均回收率均在 85％以上。刘宏程等采用基质固相分散萃取植物油中抗氧化剂 BHA、BHT、TBHQ 和 PG，经 HPLC 法进行分离；结果表明，通过基质固相分散技术，可减少有机溶剂的用量，缩短分析时间，提高分析效率，回收率为 85.8％～94.3％，最低检出限为 2ng。俞哗等采用乙腈提取食用油脂中的抗氧化剂 PG、THBP、TBHQ、NDGA、BHA、OG、IONOX-100、DG 和 BHT，浓缩后用 RP-HPLC 法同时测定其含量，方法最低检出限：PG、THBP、NDGA、OG 和 DG 为 0.5μg/g，TBHQ、BHA、IONOX-100 和 BHT 为 1.0μg/g。

四、食品中毒素与有害成分的检测

随着科学技术的发展，各种有机化合物与防治病虫害的农药常用在农作物上，虽然一定程度地促进了农作物的生长，保证了生产产量，但降低了农作物的安全性，有一些强性农药或兽药，即便经过雨水洗刷，依然不能完全清除，还有部分残留，这时若采摘者或食用者在食用时没有仔细清洗，这些农药或兽药进入体内，会对人身体健康造成巨大的影响，严重者甚至威胁人体的生命安全，而利用高效液相色谱技术对其中残留的、不易被发现的各种农药或兽药进行检测，可重现其中的有害毒素成分，让食用者充分辨别食品的质量安全。

1. 农药残留量的测定

目前蔬菜水果中不同种类农药的残留测定方法主要是气相色谱法（GC）或气相色谱-质谱法（GC-MS），但 GC 对沸点高或热稳定性差的农药需进行衍生化处理，这样就不可避免地增加了样品预处理的难度，也使它的应用受到一定程度的限制。

李永新等建立了同时测定蔬菜水果中 12 种农药残留的反相高效液相色谱分析方法。将样品捣碎，用乙酸乙酯超声提取，经 Florisil 固相萃取柱净化、正己烷-二氯甲烷（1∶1）洗脱、氮气吹干、甲醇溶解并定容后，采用高效液相色谱柱分离、紫外检测，以外标法定量。结果表明，5 种有机磷农药、6 种拟除虫菊酯类农药和除草剂二甲戊乐灵的检测限为 0.114～2.65ng。应用该法对从市场上随机购买的莲白、小白菜、黄瓜等 20 个蔬菜样品和苹果、梨等 20 个水果样品进行检测，其中氧化乐果的检出率分别为 55％和 45％，辛硫磷的检出率分别为 50％和 30％，由此可见，国家明文规定的不得用于蔬菜、瓜果的剧毒、高毒农药仍有检出。

何红梅等建立了高效液相色谱法分离、紫外检测器检测同时测定蔬菜中除虫脲、氟铃脲、氟苯脲等 7 种苯甲酰脲类残留量的方法，色谱柱为 SunFire™ C$_{18}$［250mm×4.6mm（i.d.），5μm］，柱温为室温，检测波长为 260nm，同时分离的农药种类多，但需梯度洗脱，对仪器的要求较高。丁慧瑛等建立了同时测定蔬菜中除虫脲等 11 种苯甲酰脲农药残留的液相色谱-串联质谱分析方法，C$_{18}$柱分离，甲醇-0.005mol/L 乙酸铵溶液为流动相梯度洗脱，电喷雾负离子模式离子化，三重四极杆质谱测定，方法回收率为 69％～109％，所需仪器并不普及。苯甲酰脲类农药中除虫脲和氟铃脲的测定居多，胡敏等采用反相高效液相色谱法，C$_{18}$色谱柱，甲醇-水（75∶25）为流动相，254nm 波长下用 DAD 检测器，测定了除虫脲的含量。

李海飞等运用 HPLC 柱后衍生荧光检测法，测定了苹果、梨、桃、葡萄、香蕉和芒果等水果样品中涕灭威亚砜、涕灭威砜、灭多威、三羟基克百威、涕灭威、克百威和甲萘威 7 种氨基甲酸酯类农药的残留量，结果 7 种农药 3 种不同浓度的平均添加回收率在 72.5％～116.2％，最低检出限为 0.0037～0.0074mg/kg。

2. 兽药残留量的测定

兽药残留是指对食品动物用药后，动物产品的任何食用部分中的原型药物或/和其代谢产物，包括与兽药有关的杂质的残留。残留较大的兽药主要包括抗生素类、合成抗生素类、抗寄生虫类、生长促进剂和杀虫剂等。

研究人员建立了一种养殖海水中诺氟沙星、环丙沙星和恩诺沙星 3 种喹诺酮类抗生素残留量的高效液相色谱-荧光测定方法：水样经稀盐酸调 pH 后经 HLB 固相萃取柱富集、净化，用外标法定量；结果表明，该方法的灵敏度高，重现性好，适用于养殖海水中诺氟沙星、环丙沙星和恩诺沙星的检测。

王帆等研究了检测大豆异黄酮类保健食品中三种雌激素（雌二醇、雌酮、己烯雌酚）含量的分析法。采用 Hypersil ODS2 C_{18} 色谱柱，流动相为甲醇-水（体积比 53：47），流速 1.0mL/min，检测波长 280nm，该方法的线性范围在 0.5～250mg/L，三种雌激素的最低检出限分别为 0.8mg/L、0.9mg/L、0.4mg/L。

陈辉华等建立了同时检测水产品中四环素类和氟喹诺酮类兽药多残留的 HPLC 法。样品经固相萃取小柱净化，以甲醇-丙二酸-氯化镁水溶液梯度洗脱，紫外检测器检测。对样品预处理和色谱分析条件进行了优化，8 种抗生素（土霉素、四环素、金霉素、沙拉沙星、恩诺沙星、达氟沙星、环丙沙星、单诺沙星）在 0.1～10.0mg/L 范围内与峰面积线性关系良好，最低检出限（$S/N=3$）为 0.011～0.051mg/kg，定量下限（$S/N=10$）为 0.035～0.170mg/kg，平均加标回收率为 81.0%～96.0%。

3. 霉菌毒素的检测

每年霉变粮食的量占据了总粮食产量的很大一部分，这不仅对国家经济造成了损失，若霉变的粮食被人畜食用，还会引发中毒、癌症等症状。霉菌毒素主要有黄曲霉毒素、玉米赤霉烯酮等，尤其是黄曲霉毒素，被列为诱发癌症的高危因素。而某些初步霉变的粮食，其感官上的变化并不明显，因此，对霉菌毒素的检测尤为重要。HPLC 可依据不同微生物的化学组成或其产生的代谢产物，直接分析样品中各种细菌的代谢产物，确定其病原微生物的特异性化学组分，从而确定被检测食品中是否存在微生物超标以及是否威胁到人类健康等。

程树峰等建立了一种快速检测粮食中黄曲霉毒素 B_1、B_2、G_1、G_2 的碘柱前衍生-高效液相色谱法：样品经提取液处理后，加入适量碘衍生剂衍生，衍生后进行色谱分析，结果 4 种黄曲霉毒素在 7min 内测定完成，最低检出限均在皮克水平。

牟仁祥等建立了同时检测粮谷中 T-2 和 HT-2 毒素的免疫亲和柱净化-液相色谱质谱法：免疫亲和柱净化后，采用液相色谱-质谱（LC-MS）测定，结果 T-2 和 HT-2 毒素在 0.005～0.500mg/L 范围内与峰面积线性关系良好，在加标条件下，T-2 和 HT-2 毒素的平均回收率为 76%～90%，最低检出限（$S/N=3$）分别为 0.130mg/kg、0.002mg/kg。

Pérez-Torrado 等对来自不同国家的 21 种玉米粉中的玉米赤霉烯酮霉素进行了分析，样品经高压液体提取后，采用 LCESI/MS 检测，其中包括正离子电喷雾 ESI（＋）和 ESI（－）2 种质谱检测方法，结果 ESI（＋）和 ESI（－）的最低检测限分别为 5μg/kg、1μg/kg，仅有一种样品中玉米赤霉烯酮霉素的含量低于欧盟委员会的标准量。

杨小丽等采用高效液相色谱-串联质谱法测定了地龙中黄曲霉毒素 B_1、B_2、G_1 和 G_2 的含量，结果表明 4 种黄曲霉毒素的检出限分别为 0.03μg/kg、0.02μg/kg、0.03μg/kg 和 0.02μg/kg。栗建明等建立了中药材中 4 种黄曲霉毒素测定的快速液相色谱-串联质谱方法，表明黄曲霉毒素 B_1 在 0.1021～10.21ng/mL 内、黄曲霉毒素 B_2 在 0.0612～7.65ng/mL 内、黄曲霉毒素 G_1 在 0.193～9.65ng/mL 内、黄曲霉毒素 G_2 在 0.121～7.55ng/mL 内，线性关系均良好，$r>0.9998$；4 种黄曲霉毒素的回收率均在 77.0%～102.4% 之间。

4. N-亚硝胺、多环芳烃和杂环芳烃的测定

腌腊肉品中常添加硝酸盐或亚硝酸盐作发色剂用，由于添加量过大或自身的还原作用在肉品中生成 N-亚硝胺。N-亚硝胺可诱发肝癌、结肠癌等。某些 N-亚硝胺化合物，如 N-亚硝基二甲胺、N-亚硝基二乙胺、N-亚硝基四氢吡咯等也是一类致癌物质。过去采用气相色谱法测定食物中的挥发性亚硝胺，其中仅色谱测定一步便需耗时 1h 之多，而采用高效液相色谱法则只需要 13min。

肉品烟熏、油炸、烧烤时常产生多环芳烃并污染肉品。多环芳烃（简称 PAH）中主要的致癌物质有 3,4-苯并（a）芘、二苯并（a,h）蒽，而芘和萤蒽对苯并（a）芘的致癌有促进作用。分离蒽、苯并（e）芘、芘、苯并（b）萤蒽及苯并（a）芘五个成分，用氧化铝色谱柱需耗 10h，用 TLC 为

10min，用 GC 则苯并（a）芘的保留时间通常为数十分钟。应用高效液相色谱法，以 ermaphase ODS 色谱柱，在 4min 内即可完全分离。分离 PNH 常用的色谱柱填充剂为十二烷基化学键合的薄壳型硅胶（如 permaphase ODS、Vy-dac RP、SiI-X-H RP 等），这类填充剂最大的优点是可以应用梯度淋洗，这样大大有利于缩短分离时间和提高分离效果。

此外，杂环芳烃中的主要致癌物为二苯（a，h）氮蒽，在城市空气的尘埃中、煤焦油及烟草中均含有此成分。各种杂环烃可在 Zipax 担体上涂渍 0.5% $AgNO_3$ 作固定相，以乙腈-正己烷（1：99）作淋洗液进行分离。其分离机制可能是银离子与杂环烃中的氮原子形成络合物。也可用 Corasil 涂渍 0.3%BOP 作固定相，二异丙醚作淋洗液进行分离。

2002 年 4 月，瑞典斯德哥尔摩大学 Margareta Tornqvist 教授首次在油炸及焙烤的马铃薯和谷物类食品中发现了具有神经毒性的潜在致癌物——丙烯酰胺（acrylamide），该毒物很容易经消化道、皮肤、肌肉或其他途径吸收，并能通过胎盘屏障，是一种公认的神经毒素和准致癌物，已被 WHO 国际癌症研究中心（IRAC）列为可能致癌物质（ⅡA 类）。

2005 年 4 月 13 日，我国卫生部发布了"建议全国消费者避免食用油炸薯片和油炸薯条"的公告，呼吁采取措施减少食品中丙烯酰胺可能导致的对健康的危害。柳其芳等研究了检测食品中致癌物丙烯酰胺的固相萃取-二极管阵列检测-反相高效液相色谱测定方法，用水提取食品中的丙烯酰胺，采用 C_{18} 固相萃取小柱对样品液进行纯化，流动相为甲醇-水（5：95），DAD 扫描波长范围 190～370nm，检测波长 210nm。结果表明，丙烯酰胺在 0.1～10mg/L 浓度范围内线性良好，方法检出限为 10ng/g。用建立的方法分析了 59 份面包、谷类、豆类、坚果类和土豆类食品，结果显示，食品炸焦的程度越深，则丙烯酰胺的含量越高。

5. HPLC 在其他食品分析检测中的应用

HPLC 可用于食用药材指纹图谱的检测。刘洪宇等建立了不同加工方法制成的玄参饮片的 HPLC 指纹图谱测定方法，研究不同种类玄参饮片对指纹图谱的影响。郜玉钢等采用反相高效液相色谱对农田人参与伐林人参中 9 种人参皂苷单体的含量进行比较分析，从而建立了同时测定农田人参中 9 种人参皂苷单体含量的方法。HPLC 还可用于食品中其他营养成分的分析检测。何康昊等建立了蛋黄中角黄素及虾青素的反相高效液相色谱-二极管阵列检测法（RHPLC-DAD）。李艳等采用高效液相色谱法测定了豆类及豆制品中大豆异黄酮的含量。

五、展望

高效液相色谱法是吸纳了液相柱色谱法和气相色谱法的优点进行改进和发展起来的现代分析方法，具有分离速度快、检测效率高、重现性好等特点。近年在食品检测上应用后，扩大了检测范围，提高了分析水平，尤其是对食品中残留的微量、痕量有毒有害物质，能快速、准确地分析出来，进一步提高了食品卫生质量，保障了食品安全和人民身体健康，促进了食品出口。

参 考 文 献

[1] 陈文，王正猛，吴晓蓉，等.单扫描极谱法连续测定食品中非食用色素酸性金黄和酸性大红 [J].食品科学，2005，26（6）：210-212.

[2] 陈向明，赵娟娟，吕青志，等.高效液相色谱法测定果蔬汁饮料中的番茄红素 [J].光谱实验室，2012，29（4）：2238-2240.

[3] 蔡姝.浅谈高效液相色谱技术在石油化工领域的应用 [J].现代工业经济和信息化，2017，7（8）：77-78.

[4] 段善海，缪铭.现代分析技术在酸奶研究中的应用 [J].食品科学，2006，27（12）：854-857.

[5] 戴军.液相色谱在糖类分析中的应用研究进展 [J].色谱，2012，30（2）：113-115.

[6] 付大友，张小芳，袁东，等.高效液相色谱法测定白酒中安赛蜜的含量 [J].广州化工，2012，40（2）：108-109.

[7] 郭燕，梁俊，李敏敏，等.高效液相色谱法测定苹果果实中的有机酸 [J].食品科学，2012，33（2）：227-230.

[8] 郜玉钢，郝建勋，臧埔，等.高效液相色谱法测定农田人参中 9 种人参皂苷单体含量 [J].食品科学，2012，33（2）：189-193.

[9] 何康昊，邹晓莉，刘祥，等.反相高效液相色谱-二极管阵列检测蛋黄中的角黄素和虾青素 [J].四川大学学报：医学版，2012，43（1）：113-117.

[10] 韩婉清，王斌，吴楚森，等.固相萃取-超高效液相色谱-串联质谱测定凉茶中 15 种植物源性兴奋剂和外源性药物

[J]. 分析化学, 2016, 44 (10): 1584-1592.

[11] 蒋黎艳, 赵其阳, 龚蕾, 等. 超高效液相色谱串联质谱法快速检测柑橘中的 5 种链格孢霉毒素 [J]. 分析化学, 2015, 43 (12): 1851-1858.

[12] 李琦, 张兰威, 张英春, 等. 高效液相色谱法测定发酵乳中的乳糖、葡萄糖和半乳糖 [J]. 食品科学, 2012, 162 (4): 162-166.

[13] 李永新, 孙成均, 赵剑虹, 等. 高效液相色谱法同时测定蔬菜水果中的 12 种农药残留 [J]. 色谱, 2006, 24 (3): 251-255.

[14] 李谦, 刘正华, 李拥军, 等. 液相色谱-串联质谱法测定牛肉中磺胺类抗生素 [J]. 食品科学, 2012 (2): 345-346.

[15] 李艳, 李沁媛, 谭涛, 等. RP-HPLC 法测定豆制品中大豆异黄酮组分含量 [J]. 食品与发酵科技, 2012, 1 (48): 80-102.

[16] 林黛琴, 王婷婷, 万承波, 等. 高效液相色谱-串联质谱法快速测定食品中 5 种罂粟壳生物碱 [J]. 质谱学报, 2017, 38 (2): 239-247.

[17] 刘嘉祺, 孙仁国. 高效液相色谱法测定圣女果中维生素 C 的含量 [J]. 中国食物与营养, 2012, 18 (7): 69-70.

[18] 刘家阳, 黄旭, 贾宏新. 固相萃取/超高效液相色谱-串联质谱法测定畜肉中 16 种镇静剂类兽药残留 [J]. 分析测试学报, 2017, 36 (3): 305-311.

[19] 刘洪宇, 蔡铁全. 玄参 HPLC 指纹图谱的比较研究 [J]. 药物分析杂志, 2012, 32 (7): 1277-1288.

[20] 刘进玺, 秦珊珊, 冯书惠, 等. 高效液相色谱-串联质谱法测定食用菌中农药多残留的基质效应 [J]. 食品科学, 2016, 37 (18): 171-177.

[21] 柳其芳, 吕玉琼, 黎雪慧, 等. 二极管阵列检测高效液相色谱法测定食品中丙烯酰胺的研究 [J]. 中国热带医学, 2005, 5 (6): 1186-1188.

[22] 赖春华, 李军生, 廖永聪, 等. 高效液相色谱法测定甲鱼油中 EPA, DHA 的含量 [J]. 食品研究与开发, 2012, 33 (7): 102-104.

[23] 马强, 白桦, 王超, 等. 超高效液相色谱-四极杆-飞行时间质谱法快速筛查化妆品中 18 种香豆素类化合物 [J]. 分析测试学报, 2014, 33 (3): 248-255.

[24] 马博凯, 勾新磊, 赵新颖. 高效液相色谱法在食品和药品安全分析中的应用 [J]. 食品安全质量检测学报, 2016, 7 (11): 4295-4298.

[25] 蒲明清, 戴舒春, 张连龙, 等. 超高效液相色谱法测定保健食品中的多种水溶性维生素 [J]. 现代食品科技, 2012, 28 (7): 886-889.

[26] 栗建明, 李纯, 顾利红, 等. 快速液相色谱-串联质谱法测定果实类药材中的黄曲霉毒素 [J]. 中国药学杂志, 2012, 47 (1): 65-68.

[27] 王刚, 王文平, 梁桂娟. 高效液相色谱法测定酱油及食醋中的苯甲酸和山梨酸 [J]. 中国酿造, 2012, 36 (6): 182-184.

[28] 谢柏艳, 冯光, 辜华胜. 高效液相色谱法同时测定食品中的苯甲酸、山梨酸、脱氢乙酸及糖精钠 [J]. 中国卫生检验杂志, 2012, 22 (1): 49-53.

[29] 于世林. 高效液相色谱方法及应用 [M]. 北京: 化学工业出版社, 2000.

[30] 于晓瑾, 邢江涛, 仇凯, 等. HPLC 法测定婴幼儿配方食品中的糠氨酸 [J]. 食品研究与开发, 2012, 33 (2): 158-161.

[31] 于淑新, 赵连海, 王丰琳, 等. 高效液相色谱法测定奶粉中羟脯氨酸含量 [J]. 分析仪器, 2012 (2): 26-29.

[32] 杨小丽, 仇峰, 韦日伟. 高效液相色谱-串联质谱法同时测定地龙中 4 个黄曲霉毒素 [J]. 药物分析杂志, 2012, 32 (4): 627-630.

[33] 张英春, 董爱军, 杨鑫, 等. 高效液相色谱法测定蓝莓果浆糖的组成和含量 [J]. 食品科学, 2009, 30 (6): 229-231.

[34] 张珏, 詹铭, 季玉梅, 等. 高效液相色谱法测定糕点中亮蓝 [J]. 中国预防医学杂志, 2012, 13 (7): 554-555.

[35] 郑玲, 覃文长, 李湧, 等. 液相色谱-串联质谱法测定 10 种食品中四溴菊酯残留 [J]. 分析测试学报, 2012, 31 (7): 833-837.

[36] 朱启思, 邓常继, 曾彩虹, 等. 基于高效液相色谱技术分析稻谷中的脱氧雪腐镰刀菌烯醇 [C]. 中国粮油标准质量学术年会, 2015.

第三章 ▶▶▶
紫外-可见分光光度法

第一节　紫外-可见分光光度计的
基本结构与原理

一、基本概念

分子的紫外-可见吸收光谱是由于分子中的某些基团吸收了紫外-可见辐射光后，发生了电子能级跃迁而产生的吸收光谱。由于各种物质具有各自不同的分子、原子和不同的分子空间结构，其吸收光能量的情况也就不会相同，因此，每种物质就有其特有的、固定的吸收光谱曲线，可根据吸收光谱上的某些特征波长处的吸光度的高低判别或测定该物质的含量，这就是分光光度定性分析和定量分析的基础。分光光度分析是根据物质的吸收光谱研究物质的成分、结构和物质间相互作用的有效手段。它是带状光谱，反映了分子中某些基团的信息。可以用标准光图谱再结合其他手段进行定性分析。朗伯定律说明光的吸收与吸收层厚度成正比，比尔定律说明光的吸收与溶液浓度成正比；如果同时考虑吸收层厚度和溶液浓度对光吸收率的影响，即得朗伯-比尔定律，即 $A = \varepsilon bc$（A 为吸光度，ε 为摩尔吸光系数，b 为吸收介质厚度，c 为吸光物质浓度），就可以对溶液进行定量分析。将分析样品和标准样品以相同浓度配制在同一溶剂中，在同一条件下分别测定紫外-可见吸收光谱。若两者是同一物质，则两者的光谱图应完全一致。如果没有标样，也可以和现成的标准图谱对照进行比较。朗伯-比尔定律是分光光度法和比色法的基础。这个定律表示：当一束具有 I_0 强度的单色辐射照射到吸收层厚度为 b、浓度为 c 的吸光物质时，辐射能的吸收依赖于该物质的浓度与吸收层的厚度。其数学表达式为：$A = \lg(I_0/I) = \lg(1/T) = \varepsilon bc$。式中，$A$ 为吸光度；I_0 为入射辐射强度；I 为透过吸收层的辐射强度；I/I_0 称为透射率 T；ε 为摩尔吸光系数，是一个常数，ε 值愈大，分光光度法测定的灵敏度愈高。这种方法要求仪器准确，精密度高，且测定条件要相同。实验证明，不同的极性溶剂产生氢键的强度也不同，紫外光谱可以判断化合物在不同溶剂中的氢键强度，以确定选择哪一种溶剂。紫外-可见分光光度法是根据物质分子对波长为 $200 \sim 760\text{nm}$ 这一范围的电磁波的吸收特性所建立起来的一种定性、定量的结构分析方法，操作简单，准确度高，重现性好。波长长（频率小）的光线能量小，波长短（频率大）的光线能量大。分光光度测量是关于物质分子对不同波长和特定波长处的辐射吸收程度的测量。描述物质分子对辐射吸收的程度随波长变化的函数关系曲线，称为吸收光谱或吸收曲线。紫外-可见吸收光谱通常由一个或几个宽吸收谱带组成。最大吸收波长（$\lambda_{\max}$）表示物质对辐射的特征吸收或选择吸收，它与分子中外层电子或价电子的结构（或成键、非键和反键电子）有关。

二、紫外-可见分光光度计

1. 紫外-可见分光光度计由 5 个部件组成

（1）辐射源。必须具有稳定的、足够输出功率的、能提供仪器使用波段的连续光谱，如钨灯、卤钨灯（波长范围 $350 \sim 2500\text{nm}$）、氘灯或氢灯（$180 \sim 460\text{nm}$），或可调谐染料激光光源等。

（2）单色器。它由入射狭缝、出射狭缝、透镜系统和色散元件（棱镜或光栅）组成，是用来产生高纯度单色光束的装置，其功能包括将光源产生的复合光分解为单色光和分出所需的单色光束。

（3）试样容器，又称吸收池。供盛放试液进行吸光度测量之用，分为石英池和玻璃池两种，前者适用于紫外-可见区，后者只适用于可见区。容器的光程一般为 $0.5 \sim 10\text{cm}$。

（4）检测器，又称光电转换器。常用的是光电管或光电倍增管，后者较前者更灵敏，特别适用于检测较弱的辐射。近年来还使用光导摄像管或光电二极管矩阵作检测器，其具有快速扫描的特点。

（5）显示装置。这部分装置发展较快。较高级的光度计常备有微处理机、荧光屏显示和记录仪等，可将图谱、数据和操作条件都显示出来。仪器类型则有单波长单光束直读式分光光度计、单波长双光束自动记录式分光光度计和双波长双光束分光光度计等。

2. 应用范围

（1）定量分析，广泛用于各种物料中常量、微量和超微量的无机和有机物质的测定。

（2）定性和结构分析，紫外吸收光谱还可用于推断空间阻碍效应、氢键的强度、互变异构、几何异构现象等。

（3）反应动力学研究，即研究反应物浓度随时间而变化的函数关系，通过测定反应速率和反应级数来探讨反应机理。

（4）研究溶液平衡，如测定络合物的组成、稳定常数、酸碱离解常数等。

3. 仪器的校正和检定

由于环境因素对机械部分的影响，仪器的波长经常会略有变动，因此，除应定期对所用的仪器进行全面校正检定外，还应于测定前校正测定波长。常用汞灯中的较强谱线有 237.83nm、253.65nm、275.28nm、296.73nm、313.16nm、334.15nm、365.02nm、404.66nm、435.83nm、546.07nm 与 576.96nm，或用仪器中氘灯的 486.02nm 与 656.10nm 谱线进行校正，钬玻璃在 279.4nm、287.5nm、333.7nm、360.9nm、418.5nm、460.0nm、484.5nm、536.2nm 与 637.5nm 波长处有尖锐吸收峰，也可用作波长校正，但因来源不同或随着时间的推移会有微小的差别，使用时应注意。吸光度的准确度可用重铬酸钾的硫酸溶液检定。精确称取在 120℃ 干燥至恒重的基准重铬酸钾 60mg，用 0.005mol/L 硫酸溶液溶解并稀释至 1000mL，在规定的波长处测定并计算其吸收系数，与规定的吸收系数比较，应符合表 3-1 中的规定。配制成水溶液，置于 1cm 石英吸收池中，在规定的波长处测定透光率。含有杂原子的有机溶剂，通常均具有很强的末端吸收。因此，当作溶剂使用时，它们的使用范围均不能小于截止使用波长。例如甲醇、乙醇的截止使用波长为 205nm。另外，当溶剂不纯时，也可能增强干扰吸收。因此，在测定供试品前，应先检查所用的溶剂在供试品所用的波长附近是否符合要求，即将溶剂置于 1cm 石英吸收池中，以空气为空白对照（即空白光路中不置任何物质）测定其吸光度。溶剂和吸收池的吸光度，在 220～240nm 范围内不得超过 0.40，在 241～250nm 范围内不得超过 0.20，在 251～300nm 范围内不得超过 0.10，在 300nm 以上时不得超过 0.05。

表 3-1 紫外-可见分光光度计吸光度准确度标准

波长/nm	235（最小）	257（最大）	313（最小）	350（最大）
吸收系数（$E_{1cm}^{1\%}$）的规定值	124.5	144.0	48.6	106.6
吸收系数（$E_{1cm}^{1\%}$）的许可范围	123.0～126.0	142.8～146.2	47.0～50.3	105.5～108.5

4. 紫外-可见分光光度计的特点

（1）应用广泛。因为大多数无机化合物以及有机化合物在紫外-可见区域都会产生吸收峰，因此，光度法的应用颇为广泛。目前在食品行业中，紫外-可见分光光度计也备受关注。

（2）成本低。我国的食品企业基本上都属于中小型企业，这些企业的规模小、利润低，企业可以通过降低食品的检测费，从而增加盈利。紫外-可见分光光度计在使用的过程中，仪器几乎没有大的损耗，可以有效降低成本。仪器的价格也不是很贵，分析成本较低，适合食品企业的中小型企业使用。因此，采用紫外-可见分光光度计能够降低企业的检测成本。

（3）操作简便、快速。食品一般都有保质期，对于保质期短的一些食品，比如鲜牛奶（保质期仅为一天），对其检测就必须简便、快速。紫外-可见分光光度计检测法便可胜任。

（4）可靠性高。一般的分光光度法浓度测量的相对误差范围较大，达到了 1%～3%，无法实现检测的准确性，而采用示差分光光度法进行测量，则可将误差减小到千分之几，极大地提高了检测的准确性，确保检测结果可靠。

三、测定方法

测定时，除另有规定外，应以配制供试品溶液的同批溶剂为空白对照，采用1cm的石英吸收池，在规定的吸收峰波长±2nm以内测试几个点的吸光度，或由仪器在规定波长附近自动扫描测定，以核对供试品的吸收峰波长位置是否正确。除另有规定外，吸收峰波长应在该品种项下规定的波长±2nm以内，并以吸光度最大的波长作为测定波长。一般供试品溶液的吸光度读数在0.3～0.7之间的误差较小。仪器的狭缝带宽度应小于供试品吸收带的半宽度，否则测得的吸光度会偏低；狭缝宽度的选择应以减小狭缝宽度时，供试品的吸光度不再增大为准，由于吸收池和溶剂本身可能有空白吸收，因此测定供试品的吸光度后应减去空白读数，或由仪器自动扣除空白读数后再计算含量。当溶液的pH值对测定结果有影响时，应将供试品溶液和对照品溶液的pH值调成一致。

1. 对照品比较法

按各品种项下的方法，分别配制供试品溶液和对照品溶液，对照品溶液中所含被测成分的量应为供试品溶液中被测成分规定量的100%±10%，所用溶剂也应完全一致，在规定的波长测定供试品溶液和对照品溶液的吸光度后，按下式计算供试品中被测溶液的浓度：

$$C_X = (A_X/A_R)C_R$$

式中，C_X为供试品溶液的浓度；A_X为供试品溶液的吸光度；C_R为对照品溶液的浓度；A_R为对照品溶液的吸光度。

2. 吸收系数法

按各品种项下的方法配制供试品溶液，在规定的波长处测定其吸光度，再以该品种在规定条件下的吸收系数计算含量。用该法测定时，吸收系数通常应大于100，并注意仪器的校正和检定。

3. 比色法

在供试品溶液中加入适量显色剂后测定吸光度以测定其含量的方法称为比色法。用比色法测定时，应取数份梯度量的对照品溶液，用溶剂补充至同一体积，显色后，以相应试剂为空白对照，在各品种规定的波长处测定各份溶液的吸光度，以吸光度为纵坐标，浓度为横坐标绘制标准曲线，再根据供试品溶液的吸光度在标准曲线上的位置查得其相应的浓度，并求出其含量。也可取对照品溶液与供试品溶液同时操作，显色后，以相应的试剂为空白，在各品种规定的波长处测定对照品溶液和供试品溶液的吸光度。除另有规定外，比色法所用空白系指用同体积溶剂代替对照品溶液或供试品溶液，然后依次加入等量的相应试剂，并用同样方法处理制得。

四、日常维护

要懂得分析仪器的日常维护和对主要技术指标的简易测试方法，经常对仪器进行维护和测试，以保证仪器工作在最佳状态。

(1) 温度和湿度是影响仪器性能的重要因素。它们可以引起机械部件的锈蚀，使金属镜面的光洁度下降，引起仪器机械部分的误差或性能下降，造成光学部件如光栅、反射镜、聚焦镜等的铝膜锈蚀，产生光能不足、杂散光、噪声等，甚至使仪器停止工作，从而影响仪器的寿命。维护保养时应定期加以校正。仪器室应四季恒湿，同时配置恒温设备，特别是地处南方地区的实验室。

(2) 环境中的尘埃和腐蚀性气体也会影响机械系统的灵活性，降低各种限位开关、按键、光电耦合器的可靠性，这也是造成光学部件铝膜锈蚀的原因之一。因此，仪器室必须做到定期清扫和防尘，保障环境和仪器室内的卫生条件。

(3) 仪器使用一定周期后，内部会积累一定量的尘埃，最好由维修工程师或在工程师的指导下定期开启仪器外罩对内部进行除尘工作，同时将各发热元件的散热器重新紧固，对光学盒的密封窗口进行清洁，必要时对光路进行校准，对机械部分进行清洁和必要的润滑，最后，恢复原状，再进行一些必要的检测、调校与记录。

使用紫外-可见分光光度计的注意事项和问题处理：

① 开机前将样品室内的干燥剂取出，仪器自检过程中禁止打开样品室盖。

② 比色皿内的溶液以皿高的 2/3～4/5 为宜，不可过满以防液体溢出腐蚀仪器。测定时应保持比色皿清洁，池壁上的液滴应用擦镜纸擦干，切勿用手捏比色皿透光面。测定紫外波长时，需选用石英比色皿。

③ 测定时，禁止将试剂或液体物质放在仪器的表面上，如有溶液溢出或其他原因将样品槽弄脏，要尽可能及时清理干净。

④ 实验结束后将比色皿中的溶液倒尽，然后用蒸馏水或有机溶剂冲洗比色皿至干净，倒立晾干。关闭电源然后将干燥剂放入样品室内，盖上防尘罩，做好使用登记，得到管理老师的认可后方可离开。

⑤ 如果仪器不能初始化，需关机重启。

⑥ 如果吸光值异常，需依次检查：波长设置是否正确（重新调整波长，并重新调零），测量时是否调零（如错误操作，重新调零），比色皿是否用错（测定紫外波段时，要用石英比色皿），样品准备是否有误（如有误，重新准备样品）。

五、紫外-可见分光光度计的发展趋势

紫外-可见分光光度计是依据朗伯-比尔定律，测定待测液吸光度 A 的仪器。紫外-可见分光光度计的主要部件有五个：光源、单色器、吸收池、检测器和信号指示系统。紫外-可见分光光度计主要有两种：单波长分光光度计和双波长分光光度计；而单波长分光光度计分为单光束分光光度计和双光束分光光度计。

在过去的 10 年里，紫外-可见分光光度计的技术变化不大，没有本质上的进步。但是，传统的仪器制造方法随着光学设计、电子学和软件的进步也在进步，这将降低仪器的复杂性、增加仪器的可靠性和提高仪器的生产能力。现在高档紫外-可见分光光度计已使用多检测器，可提供大样品的测试、固体样品的分析、快速扫描、探针和其他附件。高分辨数字成像是该领域另一有创新的发展。

AstraNet Systems 公司（Cambridge，England）将二极管阵列的制造与光纤采样相结合制造的仪器，可以原位检测沸腾的液体和在线监测化学反应，检测浓度可超过常规仪器的千倍。

随着科技的进步，仪器逐渐更新，提高了测量的精密度和准确度，我们要正确使用并且进行良好的维护，减少试验中各环节造成的误差，准确测量数据，更好地为科研和生产服务。

第二节　样品预处理技术

食品的化学组成非常复杂，既含有蛋白质、糖、脂肪、维生素及因污染引入的有机农药等大分子的有机化合物，又含有钾、钠、钙、铁等各种无机元素。这些组分之间往往通过各种作用力以复杂的结合态或络合态形式存在。当对其中某种组分的含量进行测定时，其他组分的存在常给测定带来干扰，为了保证分析工作的顺利进行，得到准确的分析结果，必须在测定前破坏样品中各组分之间的作用力，使被测组分游离出来，同时排除干扰组分；此外，有些被测微量组分，如污染物、农药、黄曲霉毒素等，由于含量甚少，很难检测出来，为了准确地测出它们的含量，必须在测定前对样品进行富集或浓缩。以上这些操作过程统称为样品预处理，它是食品成分分析过程中的一个重要环节，直接关系着分析检验的成败。只有少数食品，如饮料、啤酒、白酒等，在测定其微量元素的含量时不需要进行预处理，直接用原子吸收分光光度计即可测定。

一、样品预处理的目的与要求

1. 样品预处理的目的

① 使被测组分从复杂的样品中分离出来，制成便于测定的溶液形式。

② 除去对分析测定有干扰的基体物质。

③ 如果被测组分的浓度较低，还需要进行浓缩富集。

④ 如果被测组分用选定的分析方法难以检测，还需要通过样品衍生化处理使其定量地转化成另一种易于检测的化合物。

2. 样品预处理的要求

① 样品是否要预处理，如何进行预处理，采用何种方法，应根据样品的性状、检验的要求和所用分析仪器的性能等方面加以考虑。

② 应尽量不用或少使用预处理，以便减少操作步骤，加快分析速度，也可减少预处理过程中带来的不利影响，如引入污染、待测物损失等。

③ 分解法处理样品时，分解必须完全，不能造成被测组分的损失，待测组分的回收率应足够高。

④ 样品不能被污染，不能引入待测组分和干扰测定的物质。

⑤ 试剂的消耗应尽可能少，方法简便易行，速度快，对环境和人员污染少。

二、样品溶液的制备

根据样品中被测组分存在状态的不同，选择溶解法或分解法来制备样品溶液。当样品中被测组分为游离状态时，采用溶解法制备样品溶液；当样品中被测组分为结合状态时，采用分解法制备样品溶液。

1. 溶解法

采用适当的溶剂将样品中的待测组分全部溶解。

(1) 水溶法

用水作为溶剂，适用于水溶性成分，如无机盐、水溶性色素等。

① 酸性水溶液浸出法。溶剂为各种酸的水溶液，适用于在酸性水溶液中溶解度增大且稳定的组分。

② 碱性水溶液浸出法。溶剂为碱性水溶液，适用于在碱性水溶液中溶解度增大且稳定的成分。

(2) 有机溶剂浸出法

适用于易溶于有机溶剂的待测成分。常用的有机溶剂有乙醚、石油醚、氯仿、丙酮、正己烷等。根据"相似相溶"原理选择有机溶剂。

2. 分解法

分解法分为全部分解法和部分分解法。全部分解法是将样品中所有有机物分解破坏成无机成分，又称为无机化处理，适用于测定样品中的无机成分；部分分解法是将样品中大分子有机物在酸、碱或酶的作用下，水解成简单的化合物，使待测成分释放出来，适用于测定样品中的有机成分。

3. 干灰化法

利用高温破坏样品中的有机物，使之分解呈气体逸出。小火炭化，高温灰化，$500\sim600℃$，$8\sim12h$。最后得到白色或灰白色的无机残渣。除汞外大多数金属元素和部分非金属元素的测定都可采用这种方法对样品进行预处理。

(1) 优点

① 基本不添加或添加很少量的试剂，故空白值较低；

② 多数食品经灼烧后所剩下的灰分体积很小，因而能处理较多量的样品，故可加大称样量，在方法灵敏度相同的情况下，可提高检出率；

③ 有机物分解彻底；

④ 操作简单，灰化过程中不需要人一直看管，可同时做其他实验的准备工作。

(2) 主要的缺点

① 处理样品所需要的时间较长；

②由于敞口灰化，温度又高，容易造成某些挥发性元素的损失；

③盛装样品的坩埚对被测组分有一定的吸留作用，由于高温灼烧使坩埚材料的结构改变造成微小孔穴，使某些被测组分吸留于孔穴中很难溶出，致使测定结果和回收率偏低。

（3）提高回收率的措施

①根据被测组分的性质，采取适宜的灰化温度。灰化食品样品，应在尽可能低的温度下进行，但温度过低会延长灰化时间，通常选用500~550℃灰化2h或在600℃灰化0.5h。一般不要超过600℃。

②加入灰化固定剂，防止被测组分的挥发损失和坩埚吸留。为了防止砷的挥发，常在灰化之前加入适量的氢氧化钙；加入氯化镁及硝酸镁可使砷转变为不挥发的焦砷酸镁，氯化镁还起衬垫坩埚材料的作用，减少样品与坩埚的接触和吸留。一般的灰化温度，铅、镉容易挥发损失，加硫酸可使易挥发的氯化铅、氯化镉等转变为难挥发的硫酸盐。

4. 湿消化法

在加热条件下，利用氧化性的强酸或氧化剂来分解样品。常用的消化剂有硝酸、硫酸、高氯酸、过氧化氢和高锰酸钾等；常见的催化剂包括硫酸铜、硫酸汞、二氧化硒、五氧化二钒等。

该方法的优点：

①由于使用强氧化剂，有机物分解速率快，消化所需时间短；

②由于加热温度较干法灰化低，故可减少金属挥发逸散的损失，同时，容器的吸留也少；

③被测物质以离子状态保存在消化液中，便于分别测定其中的各种微量元素。

该方法的缺点：

①在消化过程中，有机物快速氧化常产生大量有害气体，因此操作需在通风橱内进行；

②消化初期，易产生大量泡沫外溢，故需操作人员随时照管；

③消化过程中大量使用各种氧化剂等，且试剂用量较大，使空白值偏高。

（1）常用的消化方法

在实际工作中，除了单独使用硫酸的消化方法外，还可采取几种不同的氧化性酸配合使用的方法，利用各种酸的特点，取长补短，以达到安全、快速、完全破坏有机物的目的。几种常用的消化方法如下。

①单独使用硫酸的消化方法。此法在样品消化时，仅加入硫酸，在加热的情况下，依靠硫酸的脱水炭化作用，破坏有机物。由于硫酸的氧化能力较弱，消化液炭化变黑后要保持较长的炭化阶段使消化时间延长。为此常加入硫酸钾或硫酸钠以提高其沸点，加适量的硫酸铜或硫酸汞作催化剂，来缩短消化时间。

②硝酸-高氯酸消化法。此法可先加硝酸进行消化，待大量的有机物分解后，再加入高氯酸，或者以硝酸-高氯酸混合液先将样品浸泡过夜，小火加热待大量泡沫消失后，再提高消化温度，直至完全消化为止。此法氧化能力强，反应速率快，炭化过程不明显；消化温度较低，挥发损失少。但由于这两种酸受热都易挥发，故当温度过高、时间过长时，容易烧干，并可能引起残余物燃烧或爆炸。为防止这种情况发生，有时加入少量硫酸。有还原性较强的样品（如酒精、甘油、油脂和大量磷酸盐）存在时，不宜采用此法。

③硝酸-硫酸消化法。此法是在样品中加入硝酸和硫酸的混合液，或先加入硫酸加热，使有机物分解，在消化过程中不断补加硝酸。这样可缩短炭化过程，并减少消化时间，反应速率也适中。由于碱土金属的硫酸盐在硫酸中的溶解度较小，故此法不宜做食品中碱土金属的分析。如果样品含较大量的脂肪和蛋白质，可在消化的后期加入少量的高氯酸或过氧化氢，以加快消化的速度。

（2）消化的操作技术

①敞口消化法。这是最常用的消化技术，通常在凯氏烧瓶或硬质锥形瓶中进行消化。操作时，在凯氏烧瓶中加入样品和消化液，将瓶倾斜呈约45°用电炉、电热板或煤气灯加热，直至消化完全为止。由于该法是敞口操作，有大量消化烟雾和消化分解产物逸出，故需在通风橱中进行。

② 回流消化法。测定具有挥发性成分时，可在回流消化器中进行。这种消化器由于在上端连接冷凝器，可使挥发性成分随同冷凝酸雾形成的酸液流回反应瓶中，不仅可以防止被测成分的挥发损失，而且可以防止烧干。

③ 冷消化法。又称低温消化法，是将样品和消化液混合后，置于室温或37～40℃烘箱内，放置过夜。由于在低温下消化，可避免极易挥发的元素（如汞）的挥发损失，不需要特殊的设备，极为方便，但仅适用于含有机物较少的样品。

④ 密封罐消化法。这是近年来开发的一种新型样品消化技术，此法是在聚四氟乙烯容器中加入适量样品、氧化性强酸和氧化剂等，加压于密封罐内，并置于120～150℃烘箱中保温数小时（通常2h左右），取出自然冷却至室温，摇匀，开盖，便可取此液直接测定。此法克服了常压湿法消化的一些缺点，但要求密封程度高，高压密封罐的使用寿命也有限。

（3）消化操作的注意事项

① 消化所用的试剂，应采用高纯度的酸和氧化剂，且所含杂质要少，并同时按与样品相同的操作做空白试验，以扣除消化试剂对测定数据的影响。如果空白值较高，应提高试剂纯度，并选择质量较好的玻璃器皿进行消化。

② 消化瓶内可以加玻璃珠或瓷片，防止暴沸，凯氏烧瓶的瓶口应倾斜，瓶口不应对着自己或他人。加热时火力应集中于底部，瓶颈部位应保持较低的温度，以冷凝酸雾，并减少被测成分的挥发损失。消化时，如果产生大量的泡沫，除了迅速减小火力外，可加入少量不影响测定的消泡剂，如辛醇、硅油等，也可将样品和消化液在室温下浸泡过夜，第二天再进行加热消化。

③ 在加热过程中需要补加酸或氧化剂时，首先要停止加热，待消化液稍冷后才沿瓶壁缓缓加入，以免发生剧烈反应，引起喷溅。另外，在高温下补加酸，会使酸迅速挥发，既浪费又污染环境。

5. 微波溶样法

微波溶样法是将微波加热和密闭加压消化相结合的一种新型而有效的分解样品的技术，主要用到微波炉和密封聚四氟乙烯罐。该方法的特点是快速高效，3～5min可将样品彻底分解，试剂用量少，空白值低，挥发性元素不损失。

三、常用的分离与富集方法

1. 萃取法

萃取法又叫溶剂分层法，是利用某组分在两种互不相溶的溶剂中分配系数的不同，使其从一种溶剂转移到另一种溶剂中，从而与其他组分分离的方法。此法操作迅速，分离效果好，应用广泛。但萃取试剂通常易燃、易挥发，且有毒性。萃取溶剂的选择原则：萃取用溶剂应与原溶剂互不相溶，对被测组分有最大溶解度，而对杂质有最小溶解度，即被测组分在萃取溶剂中有最大的分配系数，而杂质只有最小的分配系数。经萃取后，被测组分进入萃取溶剂中，即与留在原溶剂中的杂质分离开。此外，还应考虑两种溶剂分层的难易以及是否会产生泡沫等问题。萃取的方法：萃取通常在分液漏斗中进行，一般需经4～5次萃取才能达到完全分离的目的。当用较水轻的溶剂从水溶液中提取分配系数小或振荡后易乳化的物质时，采用连续液体萃取器比分液漏斗的效果更好。在萃取时，特别是当溶液呈碱性时，常常会产生乳化现象，影响分离。

破坏乳化的方法有：①静置较长时间；②旋摇漏斗，加速分层；③若因两种溶剂（水与有机溶剂）部分互溶而发生乳化，可以加入少量电解质（如氯化钠），利用盐析作用加以破坏，若因两相密度差小而发生乳化，也可以加入电解质，以增大水相的密度；④若因溶液呈碱性而产生乳化，常可加入少量的稀盐酸或采用过滤等方法消除。根据不同情况，还可以加入乙醇、磺化蓖麻油等消除乳化。

2. 固相萃取

固相萃取利用固体吸附剂将液体样品中的目标化合物吸附，与样品基体和干扰化合物分离，然后再用洗脱液洗脱，或加热解吸附达到分离和富集目标化合物的目的。一般分为活化吸附剂、上样、洗涤和洗脱四个步骤。在萃取样品之前要用适当的溶剂淋洗固相萃取柱，以消除吸附剂上吸附的杂质及其对目标化合物的干扰，激活固定相表面的活性基团的活性。活化通常采用两个步骤，先用洗脱能力较强的溶剂洗脱去柱中残存的干扰物，激活固定相；再用洗脱能力较弱的溶剂淋洗柱子，以使其与上样溶剂匹配。上样是将液态或溶解后的固态样品倒入活化后的固相萃取柱中。洗涤和洗脱是在样品进入吸附剂、目标化合物被吸附后，先用较弱的溶剂将弱保留干扰化合物洗掉，然后再用较强的溶剂将目标化合物洗脱下来，加以收集。其他方法有固相微萃取法、超临界流体萃取法、蒸馏与挥发法和膜分离法。

第三节　紫外-可见分光光度计
在食品检测中的应用

紫外-可见分光光度计既是一种历史悠久的、传统的分析仪器，又是一种现代化的集光、机、电、计算机为一体的高技术产品，它的应用非常广泛，在有机化学、生物化学、药品分析、食品检验、医疗卫生、环境保护、生命科学等各个领域和科研生产工作中都已得到了极其广泛的应用，特别是在生命科学突飞猛进的今天。紫外-可见分光光度计又是生命科学的眼睛，它已被国内外许多专家学者认定为生命科学仪器中的主干产品之一，将有巨大的市场潜力和经济效益，将为人类的生活、生存、发展和生态平衡提供有力的保障。紫外-可见分光光度法（ultraviolet and visible spectrophotpmetry，UV-vis）在食品科学中得到了非常广泛的应用，它可做定性定量分析、纯度分析、结构分析；特别是在定量分析和纯度检查方面，在许多领域更是必备的分析方法，例如食品等行业中的产品质量控制。随着人们生活水平的提高，对生活质量的追求也越来越高。进一步提高食品卫生质量，保障食品安全和人民身体健康，已经成为大众关注的焦点。食品分析的对象包括各种原材料、农副产品、半成品、各种添加剂、辅料及产品。其种类繁多，成分复杂，来源不一，分析的目的、项目和要求也不尽相同，但无论哪种对象，都要按一个共同程序进行，一般为：①样品的采集；②制备和保存；③样品的预处理；④成分分析；⑤数据记录，整理；⑥分析报告的撰写。

对于待分析目标物，如果分子带生色基团，辐射就能够导致分子中的电子能量改变。生色基团有 $C{=}O$、$-N{=}N-$、$-N{=}O$、$-C{=}N$ 和 $C{=}S$，一般都带有不饱和键。如果两生色基团中间仅隔一个碳，就会形成共轭基团，此时，吸收带较长的波长朝红端处移动，即红移，且强度明显增强。但是红移不一定都是因为共轭基团，还可能是因为助色基团的存在。助色基团包括$-OH$、$-NH_2$、$-SH$、$-Cl$、$-Br$ 和$-I$。在食品、食品添加剂中存在大量这样的基团，因此在食品检测中，紫外分光光度计具有十分显著的优越性。

一、数据分析类型

1. 光度测量

生产食品的过程中，为了能够使得有颜色的饮料（比如红茶、橙汁、啤酒等）颜色相同，紫外-可见分光光度计可以用来测定其吸光光度值，使其符合一定的标准，保证产品合格。该方法还可以在发酵业检测食品的发酵程度。另外，对于一些成分单一的产品，也可以通过该方法测定其吸光度值以确定产品是否合格。

2. 定性分析

物质能够吸收光谱，是因为物质中的分子原子吸收入射光的光能量，导致分子振动能级和电子能级跃迁。不同物质吸收的光能量之所以不同，是由于其含有不同的原子、分子、空间结构。正因如此，每种物质和吸收光谱曲线是一一对应的，主要是通过吸收光谱上的某些特性波长处的最大吸收峰值及波形图来判断是否存在某种物质。另外，食品中经常含有食品添加剂，食品添加剂的质量也可以使用紫外-可见分光光度计进行分析。例如，一些含有甜味剂、鲜味剂等的食品，采用紫外-可见分光光度计进行检测，可以检查食品是否含有违禁添加剂。最后，该方法还能分析物质结构，作为质谱（mass spectrum，MS）、红外光谱（infrared spectroscopy，IR）、核磁共振（nuclear magnetic resonance，NMR）等方法的辅助手段。

3. 定量分析

在食品检测中，有的成分需严格控制含量，这可以用紫外-可见分光光度计进行准确检测（表 3-2）。

表 3-2　食品中可用紫外-可见分光光度计检测的项目

测定组分	方法	吸收波长/nm	测定组分	方法	吸收波长/nm
Cu	二乙氨基二硫代甲酸钠	440	亚硝酸盐	N-(1-萘基)-乙二胺	540
Fe	邻菲罗啉	510	二氧化硫	甲醛-盐酸副玫瑰苯胺	548
Pb	双硫腙	510	果胶	咔唑缩合反应	530
Hg	双硫腙	485	戊糖	酚缩合反应	480
As	二乙氨基二硫代甲酸钠	510	甲基戊糖	酚缩合反应	480
Cd	双硫腙	518	己糖	酚缩合反应	490
游离氯/总氯	N,N-二乙基-1,4-苯二胺	510	葡萄糖	邻联甲苯胺	625
氟化物	氟试剂	620	果糖	蒽酮法	620
氟化物	异烟酸-吡唑啉酮	638	脂肪	铜试剂螯合	700
甲醛	乙酰丙酮	414			

4. DNA/蛋白质分析

DNA 和蛋白质都是生物大分子，其紫外光吸收一般是分子内的小基团引起的。嘌呤碱、嘧啶碱及其组成的核苷、核苷酸对紫外光都有很强的吸收，其最大吸收值在波长 260nm 处。蛋白质分子中，酪氨酸（tyrosine，Tyr）、苯丙氨酸（phenylalanine，Phe）、色氨酸（tryptophan，Trp）残基带有苯环，苯环属于发色基团，并且肽键也是发色基团，因此蛋白质对紫外光有吸收，酪氨酸的最大吸收峰在波长 274nm 处，苯丙氨酸在波长 257nm 处，色氨酸在波长 280nm 处，肽键在波长 238nm 处。由此可以定量地检测食品中生物大分子的含量。下面就对一些具有代表性的紫外-可见分光光度计在食品检测中的具体应用做简要说明。

二、紫外-可见分光光度计在食品检测中的具体应用

1. 酒葡萄原汁中维生素 B_6 的测定

维生素 B_6（vitamin B_6）又称吡哆素，其包括吡哆醇、吡哆醛及吡哆胺，在体内以磷酸酯的形式存在，是一种水溶性维生素，遇光或碱易破坏，不耐高温。1936 年定名为维生素 B_6。维生素 B_6 为无色晶体，易溶于水及乙醇，在酸液中稳定，在碱液中易破坏，吡哆醇耐热，吡哆醛和吡哆胺不耐高温。维生素 B_6 在酵母菌、肝脏、谷粒、肉、鱼、蛋、豆类及花生中含量较多。维生素 B_6 为人体内某些辅酶的组成成分，参与多种代谢反应，尤其是和氨基酸代谢有密切关系。

紫外-可见分光光度法测定维生素 B_6 的原理是：采用以 0.035mol/L CH_3COOH 为介质，测定维生素 B_6 溶液体系简单，操作方便、快速，线性范围宽。

测定和样品处理：取系列标准维生素 B_6 溶液于 10mL 比色管中，加入 0.10mol/L CH_3COOH 溶液 3.5mL，用水稀释至刻度，摇匀。在 UV-240 紫外-可见分光光度计上，用 1cm 比色皿，以试剂空白为参比，于 295nm 处测定吸光度，求得工作曲线。取系列标准维生素 B_6 片剂或针剂，配制成 0.2mg/mL 溶液与标准系列一样进行测定，由工作曲线法即可求得维生素 B_6 的含量。

2. 番茄红素的测定

番茄红素是一种具有多种生理功能的类胡萝卜素，通常状况下与其他类胡萝卜素同时存在于多种生物体中。在实际研究中，番茄红素的准确测定始终是困扰研究人员的一个难题。

目前的测定方法主要有：

（1）以苏丹红代替番茄红素作为标准品，绘制标准曲线，用以测定番茄红素的含量；

（2）以石油醚或正己烷为溶剂，在 472nm 比色测定其吸光度，用摩尔消光系数（$E_{1cm}^{1.0\%}=3450$）来计算其中番茄红素的含量；

（3）用高压液相色谱法，通过与标准样品的峰面积比来测定样品中番茄红素的含量。

现有这几种测定番茄红素的方法普遍存在着一定的缺陷：

① 不需要标准品，但其系统误差较大，同时又不能排除 β-胡萝卜素等其他类胡萝卜素的干扰。

② 要求有番茄红素的标准样品，而高纯度的番茄红素本身稳定性很差，不宜长期存放，且价格非常昂贵，日常测定难度很大。另外，高效液相色谱（HPLC）测定又要受到仪器设备及标准样品的限制。

紫外-可见分光光度法测定番茄红素有两种方法：一种方法是采用苏丹红Ⅰ代替番茄红素作为对照品，以 485nm 波长下测得的吸光度为纵坐标，苏丹红Ⅰ对照品溶液浓度为横坐标，绘制标准曲线，同时测定待测样品溶液在 485nm 波长下的吸光度值，通过标准曲线计算样品中番茄红素的含量。国标 GB/T 14215—2008 就是利用该法来测定番茄酱中番茄红素的含量。郑丽丽等（2006）利用该方法测定番茄红素片中番茄红素的含量，结果显示该方法简便快捷、稳定准确，适合番茄红素片剂的含量测定。另外一种方法是在 472nm 下测定待测样品溶液的吸光度，利用番茄红素的最大摩尔吸光系数的经验数值（$E=18.5\times10^4$）计算番茄红素的含量。

3. 蜂蜜中果糖的测定

果糖的测定法有高效液相色谱法、离子选择电极法、傅里叶变换近红外光谱法和分光光度法等，前三种方法的操作都较复杂，而分光光度法报道的方法中均加入显色剂，如间苯二酚、铁氰化钾等，这些物质对环境有污染。采用紫外-可见分光光度法测定果糖时，所加入的试剂仅为浓盐酸，减少了对环境的污染。

该方法的原理是：果糖在盐酸作用下生成羟甲基糠醛，在波长 291nm 处有最大紫外吸收，果糖含量在 0～30mg/L 范围内服从比尔定律。

果糖标准液：称取 0.1000g D-果糖（生化试剂）溶于二次蒸馏水中，并定容到 1000mL，得 0.1mg/mL 标准液。

样品处理：在具塞比色管中加入适量的 0.1mg/mL 的果糖标准液，加入 3mL 浓 HCl，用二次水定容至 10mL，在沸水浴中加热 8min，取出用流水冷却。

测定：称取蜂蜜 0.1736g，定容至 100mL。分别对标液和样液用 1cm 比色皿在 291nm 波长下，以试剂空白为参比，测定吸光度，从而计算果糖含量。

4. 大豆总异黄酮含量的测定

大豆异黄酮是一类从大豆中分离提取的主要活性成分，具有异黄酮类化合物的典型结构。目前发现的大豆异黄酮共有 12 种，分为游离型的苷元和结合型的糖苷两类，主要活性成分为两种含量较高的苷元成分：金雀异黄素和大豆素。生物活性研究表明，大豆异黄酮特别是其中的金雀异黄素和大豆素，具有抗氧化、抗肿瘤、改善心血管、抗骨质疏松等功效。近年来，大豆异黄酮的生理活性已越来越引起社会和研究界的普遍重视，以大豆异黄酮作为食品添加剂的食品和制品在日本比较普遍，有些已走向欧美市场。国内关于大豆异黄酮的研究近些年来逐渐增多，出现了一些以大豆异黄酮为食品添加剂的食品及保健食品、保健药品。国外文献关于大豆异黄酮的含量测定多采用高效液相色谱法或气相色谱-质谱（GC-MS）联用方法。这两种方法需要较多种类的单体标准品，且操作不便。

为建立一种检测食物中大豆异黄酮含量的快速分析方法，张玉梅等（2000）以大豆中的活性成分金雀异黄素为标准品，在其紫外最大吸收峰 259nm 处测定大孔吸附树脂法配合溶剂法提取制得的大豆异黄酮试样的含量，大豆异黄酮试样中总异黄酮的含量以金雀异黄素计算为 38.7%，平均加样回收率为 99.86%，相对标准偏差为 2.6%，方法简便，重现性好，可作为检测大豆异黄酮含量的一种手段。

5. 食品中甜蜜素的测定

甜蜜素（环己基氨基磺酸钠）是一种新型的人工合成甜味剂，其甜度是蔗糖的 30～40 倍。

我国于 1986 年正式批准在饮料、糕点、蜜饯中使用甜蜜素。近年对甜蜜素的毒理学研究发现其可能有致癌性及其代谢产物环己胺对心血管系统和睾丸有毒理作用，成为人们关注的焦点。为此，我国卫生部在《食品添加剂使用卫生标准》（GB 2760—2014）中明确规定了其使用范围及最大使用量。测定食品中甜蜜素的方法很多，国内外文献报道的方法有比色法、重量法、红外分光光度法、气相色谱法、薄层色谱法。这些方法的主要缺点是操作烦琐、费时，仪器条件要求高，不利于推广。与其他光谱分析方法相比，紫外-可见分光光度计的仪器设备和操作都比较简单，费用少，分析速度快，灵敏度高，选择性好，精确度与准确度好，用途广泛。

紫外-可见分光光度法测定甜蜜素的原理是：用乙酸乙酯在酸性条件下提取食品中的甜蜜素（环己基氨基磺酸钠），再以碱性水反提取，加入过量的次氯酸钠将甜蜜素转变为 N,N-二氯环己胺，溶于环己烷，在波长 304nm 处测定。

标准工作曲线绘制：分别吸取甜蜜素标准溶液 0.00mL、2.00mL、4.00mL、6.00mL、8.00mL、10.00mL 于 250mL 分液漏斗中，各加入 10％硫酸溶液 100mL、乙酸乙酯 80mL 振摇，提取 2min，弃水相。用 30mL、20mL、20mL 0.1mol/L 氢氧化钠溶液振摇提取 3 次，每次 1min，合并水相于另一 250mL 分液漏斗中，往水相中加入环己烷 10mL，振摇提取 1min，弃去环己烷，加入 10％硫酸溶液 15mL、环己烷 10.0mL、20g/L 次氯酸钠溶液 5mL，振摇 2mim，再加入 20g/L 次氯酸钠溶液 5mL，振摇 2min，弃水相，先后用 0.1mol/L NaOH 溶液、蒸馏水各 50mL 洗涤环己烷层，经脱脂棉将环己烷层滤于 10mL 比色管中，用环己烷作参比，于波长 304mm 处测定吸光度。

样品测定：①液体食品和可溶于水的固体：称取相当于含甜蜜素 6.0mg 的样品（如含 CO_2，先加热除去）于 250mL 分液漏斗中，以下与标准曲线方法相同。②不溶于水的固体：称取适量经磨碎的固体于 100mL 容量瓶中，加水至刻度，摇匀，浸泡 1h 以上，取相当于甜蜜素 6.0mg 的滤液于 250mL 分液漏斗中，以下同标准曲线方法。

6. 食品中咖啡因的测定

目前，测定咖啡因的方法有电化学法、光谱法、气相色谱法、液相色谱法等。而用紫外-分光光度法进行咖啡因测定，只需加入几种试剂来消除干扰，它与美国分析化学家协会（Association of Official Analytical Chemists，AOAC）的分析方法比较，操作更简便、快速、准确。

该方法的测定原理为：可可类食品中除咖啡因外，还含有可可碱等成分，茶叶中还含有酚类、没食子酸和叶绿素等成分，这些成分均可溶于水，当用二氯甲烷作萃取剂时只有咖啡因被萃取，经多次萃取后在 277nm 处测定吸光度，即可求咖啡因的含量。利用咖啡因与其他物质在有机溶剂中的溶解性能不同加以分离提取，然后根据咖啡因对紫外光有强烈吸收，在一定含量范围内与吸光度成正比。

样品处理：取适量样品（含 CO_2 的样品应预先加热赶气，固体不溶性样品应加水置沸水浴 1h，并不断搅拌），磨碎于三角瓶中，加沸水 75mL 在沸水浴中加热 45min，趁热过滤于容量瓶中，洗涤 2~3 次，冷却后定容，吸取溶液 10mL 于 50mL 容量瓶中，加 5mL 0.01mol/L 的盐酸溶液和 1mL 碱性乙酸铅溶液去除茶叶中重金属离子，用蒸馏水定容。移取上述溶液 30mL 于 50mL 分液漏斗中，每次用 5.0mL 二氯甲烷萃取（共 7 次），合并萃取液定容至刻度。

测定：从二氯甲烷为溶剂的咖啡因储备液（$c=500\mu g/mL$）中分别移取 0.00mL、0.50mL、1.00mL、1.50mL、2.00mL、2.50mL、3.00mL、3.50mL 于 50mL 容量瓶中，用二氯甲烷定容得系列标准液，在 277nm 处测定吸光度，同时将上述已处理好的样液在 277nm 处测定吸光度，从工作曲线上即可求得茶叶中咖啡因的含量。

7. 食品中硝酸盐的测定

用普通紫外分光光度法测硝酸盐与亚硝酸盐时，硝酸盐的最大吸收波长在 203nm 左右，而亚硝酸盐的最大吸收波长在 208nm 左右，两者的吸收光谱有很大部分重叠，给测定带来了一定的困难，而利用紫外-可见分光光度法可以有效避免这种现象的发生。

该方法的原理是：利用亚硝酸盐与盐酸间苯二胺发生重氮化偶联反应，生成环偶氮亚氨基化合物，在紫外区有选择性吸收而进行测定。

样品处理：称取约 10.00g 经绞碎混匀的样品，置于打碎机中，加 70mL 水和 12mL 氢氧化钠溶液（20g/L）混匀，用氢氧化钠溶液（20g/L）调 pH＝8，转移至 200mL 容量瓶中加 10mL 硫酸锌溶液，混匀，如不产生白色沉淀再补加 2～5mL NaOH 混匀。放置 0.5h，用滤纸过滤，弃去初滤液 20mL，收集滤液。

测定：吸取上述滤液 10mL 于 50mL 比色管中，用水稀释至刻度，另分别取 0.00mL、0.20mL、0.50mL、1.00mL、2.00mL、3.00mL 亚硝酸钠标准使用液（5pg/mL），置于 50mL 比色管中，用水稀释至刻度，于样品管中分别加入 10% 盐酸间苯二胺溶液 1mL 混匀，放置 5min 后用 1cm 的比色皿于波长 440nm 处测定吸光度。从标准工作曲线求得亚硝酸盐的含量。

8. 谷氨酸钠含量的测定

谷氨酸钠（monosodium glutamate，MSG）是调味料的一种，俗称味精。谷氨酸钠的主要作用是增加食品的鲜味，在中国菜里用得较多，也可用于汤和调味汁。谷氨酸钠是指以粮食为原料经发酵提纯的结晶。我国自 1965 年以来已全部采用糖质或淀粉原料生产谷氨酸，然后经等电点结晶沉淀、离子交换或锌盐法精制等方法提取谷氨酸，再经脱色、脱铁、蒸发、结晶等工序制成谷氨酸钠结晶。

紫外-可见分光光度法测定谷氨酸钠的原理是：采用一阶导数法（有效扣除浑浊背景，吸收光谱曲线平坦的干扰物质）来测定谷氨酸的含量。

样品处理与测定：分别吸取 50mg/mL 的谷氨酸钠标准溶液 0.0mL、0.5mL、1.0mL、2.0mL、4.0mL、6.0mL、8.0mL、10.0mL 于 10mL 比色管中，加纯水至刻度，用紫外-可见分光光度计进行扫描。

以纯水为参比，经一阶导数处理，于 230nm 处测得一阶导数值，以相应的浓度对其导数值作图，即得标准工作曲线。

称取 1～2g 样品加水溶解并定容至 50mL，经一阶导数处理，于 230nm 处测其导数值，从标准工作曲线计算谷氨酸钠的含量。

9. 发酵食品中黄曲霉毒素含量的测定

黄曲霉毒素（aflatoxins，AFT）系以发霉粮食为原料或曲种的发酵食品中产生的一种强致癌毒物。测定黄曲霉毒素含量的方法有许多种，由于仪器或试剂昂贵，使用很不经济，所以目前仍采用薄层法。该法虽有其优点，但操作复杂，技术要求高，重现性差。用紫外-分光光度法测定粮油和发酵食品中的黄曲霉毒素，准确可靠，具有灵敏、快速、经济的优点。

该方法的测定原理为水溶性样品经稀释后直接以氯仿提取，固体样品先用甲醇水-石油醚脱油提取，甲醇水提取液稀释后再以氯仿反提取。氯仿提取液脱水后进行微柱色谱，杂质被氧化铝吸附，黄曲霉毒素被硅镁吸附剂吸附。在波长为 365nm 的紫外光下有最大吸光值，呈蓝紫色荧光，吸光值与 AFT 的含量呈线性关系，以此作为定量测定。

10. 食品中防腐剂苯甲酸的测定

国标 GB 5009.28—2016 中关于食品防腐剂苯甲酸的测定方法有液相色谱法和气相色谱法，当采用乙醚提取碱滴定法和水蒸气蒸馏紫外分光光度法对食品中的防腐剂苯甲酸进行测定时，程序复杂且周期长，回收率也较低。而采用紫外-可见分光光度法对食品中的防腐剂苯甲酸进行测定时，可以大大缩短周期，简化程序。

该方法的原理是：结合乙醚提取碱滴定法与水蒸气蒸馏紫外分光光度法测定，采用乙醚萃取紫外分光光度法。该法简便快速。

样品处理：分别取 0.05mg/mL 苯甲酸溶液 0.5mL、1.0mL、2.0mL、3.0mL、4.0mL、5.5mL 于 125mL 分液漏斗中，加入 20mL 饱和氯化钠溶液，10mL（1+1）HCl 溶液和 25mL 乙醚。充分振荡 5min，静置分层后弃去无机相，以试剂空白为参比，在 223nm 测其吸光度，求得工作曲线。

测定：准确称取样品 10.0～15.0g 于 250mL 容量瓶中，以水稀释至刻度。取上述溶液 3mL 于 125mL 分液漏斗中，操作如前，计算苯甲酸的含量。若样品为酱油，因其中含有一定量的酯类物质，需要进行氧化处理，称 10.0～15.0g 样品于 250mL 烧杯中，加入 25mL 的 K_2CrO_3（04mol/L）溶液，7mL H_2SO_4（8mol/L）溶液。在水浴上加热 30min，冷却，转移至 250mL 容量瓶中以水稀释至刻度，以下操作同前。

三、紫外-可见分光光度计在食品分析中的发展趋势和展望

在紫外区进行食品中某些指标的分光光度法测定，因其简便、快捷、有效而在食品分析中占有很大比重；在可见区，因其灵敏度高、选择性好、方法灵活、适用面广而受到越来越多的青睐。在今后几年内，这种局面仍将维持下去。随着分析试剂的发展，尤其是具有识别能力的特效显色剂以及金属离子显色剂等的发展，使得可见区的分光光度食品分析法将可能出现一个迅速发展阶段。另外，随着化学计量学的发展，将化学计量学方法应用于食品光度分析，将是解决多组分测定以及复杂样品快速测定的有效途径。将色谱等分离分析技术与光度法联用，也是在复杂基体样品分析中常用的有效手段。随着社会的发展和人们生活水平的提高，食品分析现场化、家庭化的呼声越来越高。相应地，对食品分析仪器的小型化、智能化的要求也越来越迫切。这些仪器的研制和生产，将会给食品光度分析注入新的活力。

参 考 文 献

[1] 季岩. 紫外可见分光光度计的应用与发展趋向之研究 [J]. 科技资讯，2017（11）：222-223.

[2] 孙娟，费书梅，顾红琴. 紫外-可见分光光度计的应用及发展趋势 [J]. 冶金标准化与质量，2014（4）：45-47.

[3] 顾燕平. 紫外可见分光光度计在食品检测中的应用 [J]. 轻工科技，2013（3）：94.

[4] 冯东，李雪梅，王丙莲. 紫外-可见分光光度法在食品检测及食品安全分析中的应用 [J]. 食品工业，2013（6）：190-192.

[5] 王勇. 紫外可见分光光度计在食品检测中的应用 [J]. 大众标准化，2010（S2）：15-16.

[6] 王昆，马玲云，吴先富，等. 番茄红素的研究概况 [J]. 中国药事，2015（3）：266-272.

[7] 郑丽丽，陈文，谢巧，等. 番茄红素片中番茄红素的含量测定 [J]. 石河子大学学报（自科版），2006，24（5）：579-581.

[8] GB/T 14215—2008　番茄酱罐头 [S].

[9] GB 2760—2014　食品安全国家标准食品添加剂使用标准 [S].

[10] 贾春晓. 现代仪器分析技术及其在食品中的应用 [M]. 北京：中国轻工业出版社，2005.

[11] GB 5009.28—2016　食品安全国家标准食品中苯甲酸、山梨酸和糖精钠的测定 [S].

[12] 杨驰原. 紫外可见分光光度计及其应用实践探微 [J]. 科技创新与应用，2016（3）：88.

[13] 王慧. 紫外可见分光光度计光度准确度分析 [J]. 经营管理者，2016（24）.

[14] 尚峰，高峰. 紫外-可见分光光度计误差来源分析与调修 [J]. 世界有色金属，2016（3s）：77-78.

[15] 陆璐，陈骥宁. 紫外、可见分光光度计波长和透射比示值误差的测量不确定度评定 [J]. 计量与测试技术，2014，41（3）：77-80.

[16] 迪力努尔·阿依拜克. 紫外、可见分光光度计波长示值误差测量结果的不确定度评定 [J]. 计量与测试技术，2013，40（8）：90-91.

[17] 贺宁，郭毅，南璟，等. 紫外可见分光光度计的 FDA 仪器认证方法探讨 [J]. 化学分析计量，2016，25（1）：76-77.

[18] 李茂权，付洁，李萃莉，等. 紫外-可见分光光度计透射比示值误差测量值的不确定度评定 [J]. 计量与测试技术，2015（11）：71-72.

[19] 谷燕华，程康华，倪洁，等. 紫外-可见分光光度法测定木材防腐剂中有效成分含量 [J]. 中南林业科技大学学报，2015（9）：133-138.

[20] 马静. 紫外可见分光光度计检定中的误差控制 [J]. 科技风，2017（15）：270.

[21] 杨驰原. 紫外可见分光光度计及其应用实践探微 [J]. 科技创新与应用，2016（3）：88.

[22] 王潇. 紫外可见分光光度计主要技术指标及其检定方法 [J]. 建材与装饰，2017（46）.

[23] 刘明兰，孙玉国，朱轩轩. 紫外可见分光光度计线性度测试方法 [J]. 光学仪器，2015，37（2）：100-102.

[24] 张宏磊. 紫外可见分光光度计检定过程中的注意事项 [J]. 中国计量，2016（13）：90-91.

[25] 陈田新，王为梁，高猛，等. 紫外可见分光光度计量值比对结果及分析 [J]. 上海计量测试，2017（2）：36-38.

[26] 黄名忠. 紫外可见分光光度计的波长定位原理与实现 [J]. 工程技术：文摘版，2016（8）：00302.

[27] 龚剑利. 紫外分光光度计工作原理浅析及操作方法 [J]. 健康之路，2013，12（3）：291-292.

[28] 黄一石. 分析仪器操作技术与维护 [M]. 北京：化学工业出版社，2013.

［29］ 杨志娟，闫洪成，黄茂娟. 紫外可见分光光度法应用进展［J］. 阿坝科技，2016（2）：21-24.

［30］ 李昌厚. 紫外可见分光光度计及其应用［M］. 北京：化学工业出版社，2010.

［31］ 王贵. 紫外可见分光光度计及其应用［J］. 广州化工，2016，44（13）：52-53.

［32］ 朱英，和惠朋，武晓博，等. 紫外可见分光光度计及其应用［J］. 化工中间体，2012（11）：34-37.

［33］ 陆志发. 紫外可见分光光度计使用中几个常见问题的解析［J］. 大众科技，2012（6）：123-124.

［34］ 杨箴立. 紫外-可见分光光度计的维护保养与维修［J］. 河南化工，2009，26（12）：51-52.

［35］ 鄢春霞. 紫外可见分光光度计的应用与发展趋向之研究［J］. 商品与质量，2017（28）：77.

第四章 ▶▶▶
红外光谱法

红外辐射泛指的是位于可见光区域和微波区域之间的电磁波。对有机化学家而言，$4000\sim400cm^{-1}$之间的部分最有实际用途。同时对近红外区 $14290\sim4000cm^{-1}$ 和远红外区 $700\sim200cm^{-1}$ 也有部分关注。

由下面简单的理论介绍中可以知道，甚至一个非常简单的分子也可以给出一个极其复杂的红外光谱。有机化学家就是利用这种复杂性，将一个未知化合物与一个标准品进行光谱比较，两个光谱中峰与峰的相互对照可以为结构鉴定提供依据。除光学对映体外，任何两个化合物都几乎不可能给出完全相同的红外光谱。

尽管红外光谱是整个分子的特性，但是无论分子其余部分的结构如何，特定的官能团总是在相同的或者相近的频率处产生吸收谱带。正是这种特征谱带的稳定性使化学家可以通过简单的观察并参考一般官能团频率表来获得有用的结构信息。实际应用中也主要是依据这些特征官能团频率。

因为我们并不只是通过红外光谱进行结构鉴定，所以并不需要对红外光谱图进行详细的分析。根据我们的计划，在这里只介绍为达到我们的目的所必需的理论，也就是把红外光谱与其他的光谱数据相结合来鉴定化合物的分子结构。

第一节　红外光谱仪的基本结构与原理

一、概述

红外光谱法（infrared spectroscopy）是研究红外线与物质间相互作用的科学，即以连续变化的各种波长的红外线为光源照射样品时，引起分子振动和转动能级之间的跃迁，所测得的吸收光谱为分子的振转光谱，又称红外光谱。傅里叶光谱法就是利用干涉图和光谱图之间的对应关系，通过测量干涉图和对干涉图进行傅里叶积分变换的方法来测定和研究光谱图。和传统的色散型光谱仪相比较，傅里叶光谱仪可以理解为以某种数学方式对光谱信息进行编码的摄谱仪，它能同时测量、记录所有谱元信号，并以更高的效率采集来自光源的辐射能量，从而使其具有比传统光谱仪高得多的信噪比和分辨率；同时，其数字化的光谱数据，也便于数据的计算机处理和演绎。正是这些基本优点，使傅里叶变换光谱方法发展为目前红外和远红外波段中最有力的光谱工具，并向近红外、可见和紫外波段扩展。

红外光谱在化学领域中主要用于两个方面：一是分子结构的基础研究，应用红外光谱可以测定分子的键长、键角，以此推断出分子的立体构型；根据所得的力学常数可以知道化学键的强弱；由简正频率来计算热力学函数。二是对物质的化学组成的分析，用红外光谱法可以根据光谱中吸收峰的位置和形状来推断未知物的结构，依照特征吸收峰的强度来测定混合物中各组分的含量。物质的红外光谱是其分子结构的反映，谱图中的吸收峰与分子中各基团的振动形式相对应。其中应用最广泛的还是化合物的结构鉴定，根据红外光谱的峰位、峰强及峰形判断化合物中可能存在的官能团，从而推断出未知物的结构。在研究了大量化合物的红外光谱后发现，不同分子中同一类型基团的振动频率是非常相近的，都在一较窄的频率区间出现吸收谱带，这种吸收谱带的频率称为基团频率（group frequency）。中红外光谱区可分为 $4000\sim1300cm^{-1}$ 和 $1300\sim600cm^{-1}$ 两个区域。$4000\sim1300cm^{-1}$ 区域的峰是由伸缩振动产生的吸收带。该区域内的吸收峰比较稀疏，易于辨认，常用于鉴定官能团，因此称为官能团区或基团频率区。在 $1300\sim600cm^{-1}$ 区域中，除单键的伸缩振动外，还有因变形振动产生的复杂谱带。这些振动与分子的整体结构有关，当分子结构稍有不同时，该区的吸收就有细微的差异，并显示出分子的特征，就像每个人都有不同的指纹一样，因此称为指纹区（fingerprint region）。指纹区对于区别结构类似的化合物很有帮助，而且可作为化合物存在某种基团的旁证。一些简单的有机分子官能团的红外吸收见表 4-1。

表 4-1 一些简单有机分子官能团的特征红外吸收

区域	基团	吸收频率 γ /cm^{-1}	振动形式	说明
第一区域	—OH(游离)	3650~3580	伸缩	判断有无醇类、酚类和有机酸的重要依据
	—OH(缔合)	3400~3200	伸缩	
	—NH$_2$,—NH(游离)	3500~3300	伸缩	
	—NH$_2$,—NH(缔合)	3400~3100	伸缩	
	—SH	2600~2500	伸缩	
	≡C—H(三键)	3300附近	伸缩	不饱和 C—H 伸缩振动出现在 3000cm^{-1} 以上,末端 =C—H 出现在 3085cm^{-1} 附近
	=C—H(双键)	3040~3010	伸缩	
	苯环中 C—H	3030附近	伸缩	强度上比饱和 C—H 稍弱,但谱带较尖锐
	—CH$_3$	2960±5	反对称伸缩	饱和 C—H 伸缩振动出现在 3000cm^{-1} 以下(3000~2800cm^{-1}),受取代基影响小
	—CH$_3$	2870±10	对称伸缩	
	—CH$_2$	2930±5	反对称伸缩	三元环中的 ╲ CH$_2$ 出现在 3050cm^{-1}
	—CH$_2$	2850±10	对称伸缩	3 级碳 C—H 出现在 2890cm^{-1},很弱
第二区域	—C≡N	2260~2220	伸缩	干扰少;R—C≡C—H,2140~2100cm^{-1};R′—C≡C—R,2260~2190cm^{-1};若 R=R′,对称分子,无红外谱带
	—N≡N	2310~2135	伸缩	
	—C≡C—	2260~2100	伸缩	
	—C=C=C—	1950附近	伸缩	
第三区域	C=C	1680~1620	伸缩	苯环的骨架振动:其他吸收带干扰少,是判断羰基(酮类,酸类,酯类,酸酐等)的特征频率,位置变动大
	芳环中 C=C	1600,1580 1500,1450	伸缩	
	—C=O	1850~1600	伸缩	
	—NO$_2$	1600~1500 1300~1250	伸缩	
	S=O	1220~1040	伸缩	
第四区域	C—O	1300~1000	伸缩	C—O 键(酯,醚,醇类)的极性很强,故强度强,常成为谱图中最强的吸收;醚类中 C—O—C 的 $\gamma(as)=(1100\pm50)$cm^{-1},是最强的吸收,C—O—C 对称伸缩在 1000~900cm^{-1},较弱;大部分有机化合物都含有 CH$_3$、CH$_2$ 基,因此此峰经常出现—CH$_3$ 对称变形,很少受取代基的影响,且干扰少,是 CH$_3$ 基的特征吸收
	C—O—C	1150~900	伸缩	
	—CH$_3$	1460±10	反对称变形	
	—CH$_3$	1380~1370	对称变形	
	—CH$_2$	1460±10	变形	
	—NH$_2$	1650~1560	变形	
	C—F	1400~1000	伸缩	
	C—Cl	800~600	伸缩	
	C—Br	600~500	伸缩	
	C—I	500~200	伸缩	
	=CH$_2$	910~890	面外摇摆	
	—(CH$_2$)$_{\overline{n}}$—,$n>4$	720	面外摇摆	

二、红外光谱的解析

分析红外光谱的顺序是先官能团区,后指纹区;先高频区,后低频区;先强峰,后弱峰。先在官能团区找出最强峰的归宿，然后再找对应的相关峰，确定分子中存在的官能团。

在解析图谱时，应了解样品的来源、制备方法、熔沸点及溶解性等。同时要区别和排除样品本身吸收的假谱带（如 CO_2、H_2O 的吸收等）及微量杂质的存在对谱图造成的干扰。

目前人们对已知化合物的红外光谱图已陆续汇集成册，这就给鉴定未知物带来了极大的方便。如果未知物和某已知物具有完全相同的红外光谱，那么这个未知物的结构也就确定了。应当指出，红外光谱只能确定一个分子所含的官能团，即化合物的类型，要确定分子的准确结构，还必须借助其他波谱甚至化学方法的配合。十二烷的红外光谱如图 4-1 所示。

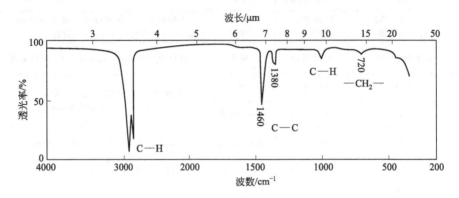

图 4-1　十二烷的红外光谱（C—H 伸缩振动，C—C 弯曲振动）

红外光谱是由于分子振动能级（同时伴随转动能级）跃迁而产生的，物质吸收红外辐射应满足两个条件：①辐射光具有的能量应能满足物质产生振动跃迁所需的能量；②辐射与物质间有相互偶合作用。对称分子，没有偶极矩，辐射不能引起共振，无红外活性。如 N_2、O_2、Cl_2 等。非对称分子，有偶极矩，具备红外活性。因红外吸收只有振-转跃迁，所以能量低，且应用范围广，几乎所有有机物均有红外吸收；能更精细地表征分子结构，通过红外光谱的波数位置、波峰数目及强度确定分子基团、分子结构；分析速度快，固、液、气态样均可用，且样品用量少，不破坏样品；傅里叶变换红外光谱联用技术具有强大的定性功能，可以进行定量分析，它已成为现代结构化学、分析化学最常用和不可缺少的工具。

三、红外光谱的基本原理

1. 理论基础

红外光谱是由于分子振动能级（同时伴随转动能级）跃迁而产生的，物质吸收红外辐射应满足两个条件：①辐射光具有的能量应满足物质产生振动跃迁所需的能量；②辐射与物质间有相互偶合作用。

2. 红外吸收与分子结构

红外光谱源于分子振动产生的吸收，其吸收频率对应于分子的振动频率（例如双原子分子的振动）。从经典力学的观点，采用谐振子模型来研究双原子分子的振动，即化学键的振动类似于无质量的弹簧连接两个刚性小球，它们的质量分别等于两个原子的质量。

根据胡克定律（图 4-2）：

$$v = \frac{1}{2\pi c}\sqrt{\frac{k}{\mu}} \tag{4-1}$$

$$\mu = \frac{m_1 m_2}{m_1 + m_2} \tag{4-2}$$

式中，v 为光速；k 为键力常数；μ 为折合质量。

实际上在一个分子中，基团与基团之间、化学键与化学键之间都会相互影响。因此，振动频率不仅取决于化学键两端的原子量和键力常数，还与内部结构和外部因素（化学环境）有关。由于原子的种类和化学键的性质不同，以及各化学键所处的环境不同，导致不同化合物的吸收光谱具有各自的特征。大量实验结果表明，一定的官能团总是对应于一定的特征吸收频率，即有机分子的官能团具有特征红外吸收频率。这对利用红外谱图进行分子结构鉴定具有重要意义，据此可以对化合物进行定性分析。

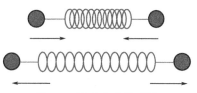

图 4-2　胡克定律示意图

3. 傅里叶变换红外光谱仪（Fourier transform infrared spectrometer，FTIR）**的基本构成及其工作原理**

（1）仪器的基本构成

① 光源：光源能发射出稳定、高强度连续波长的红外光，通常使用能斯特（Nernst）灯、碳化硅或涂有稀土化合物的镍铬旋状灯丝。

② 干涉仪：迈克尔逊干涉仪（Michelson interferometer）的作用是将复色光变为干涉光。中红外干涉仪中的分束器主要是由溴化钾材料制成的；近红外分束器一般以石英和 CaF_2 为材料；远红外分束器一般由 Mylar 膜和网格固体材料制成。

③ 检测器：检测器一般分为热检测器和光检测器两大类。热检测器是把某些热电材料的晶体放在两块金属板中，当光照射到晶体上时，晶体表面电荷的分布发生变化，由此可以测量红外辐射的功率。热检测器有氘代硫酸三甘肽（DTGS）、钽酸锂（$LiTaO_3$）等类型。光检测器是利用材料受光照射后，由于导电性能的变化而产生信号，最常用的光检测器有锑化铟（InSb）、碲镉汞（MCT）等类型。

（2）工作原理

用一定频率的红外线聚焦照射被分析的试样，如果分子中某个基团的振动频率与照射红外线相同就会产生共振，这个基团就吸收一定频率的红外线，把分子吸收红外线的情况用仪器记录下来，便能得到全面反映试样成分特征的光谱，从而推测化合物的类型和结构。20 世纪 70 年代出现的傅里叶变换红外光谱仪是一种非色散型红外吸收光谱仪，其光学系统的主体是迈克尔逊干涉仪，干涉仪的结构如图 4-3 所示。

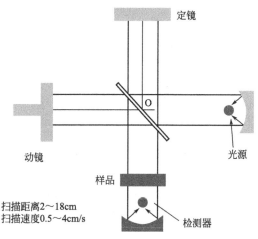

图 4-3　迈克尔逊干涉仪结构图

干涉仪主要由两个互成 90°角的平面镜（动镜和定镜）和一个分束器所组成。固定定镜、可调动镜和分束器组成了傅里叶变换红外光谱仪的核心部件——迈克尔逊干涉仪。动镜在平稳移动中要时时与定镜保持 90°角。分束器具有半透明性质，位于动镜与定镜之间并和它们成 45°角放置。由光源射来的一束光到达分束器时即被它分为两束，Ⅰ为反射光，Ⅱ为透射光，其中 50% 的光透射到动镜，另外 50% 的光反射到定镜。射向探测器的Ⅰ和Ⅱ两束光会合在一起已成为具有干涉光特性的相干光。动镜移动至两束光光程差为半波长的偶数倍时，这两束光发生相长干涉，干涉图由红外检测器获得，结果经傅里叶变换处理得到红外光谱图（图 4-4）。

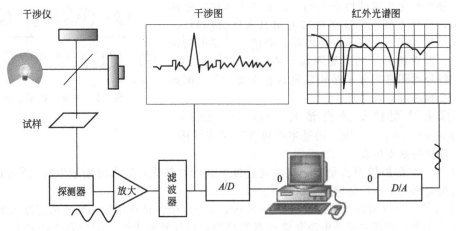

图 4-4　傅里叶变换红外光谱仪的工作原理

第二节　样品预处理技术

一、红外光谱样品制备方法及一般要求

红外光谱的优点是应用范围非常广泛。测试的对象可以是固体、液体或气体，单一组分或多组分混合物，各种有机物、无机物、聚合物、配位化合物，复合材料、木材、粮食、土壤、岩石等等。对不同的样品要采用不同的制样技术，对同一样品，也可以采用不同的制样技术，但可能得到不同的光谱。所以要根据测试目的和要求选择合适的制样方法，才能得到准确可靠的测试数据（图 4-5）。

$$
\left.\begin{array}{l}
压片法\\
糊状法\\
薄膜法\\
溶液法
\end{array}\right\} 固体样品
$$

液体池 ⟶ 液体样品

气体池 ⟶ 气体样品

图 4-5　样品分类及制备方法

二、固体样品的制备

1. 压模的构造

压模的构造如图 4-6 所示，它由压杆和压舌组成。压舌的直径为 13mm，两个压舌的表面光洁度很高，以保证压出的薄片表面光滑。因此，使用时要注意样品的粒度、湿度和硬度，以免损伤压舌表面的光洁度。

2. 压模的组装

将其中一个压舌放在底座上，光洁面朝上，并装上压片套圈，研磨后的样品放在这一压舌上，将另一压舌光洁面向下轻轻转动以保证样品平面平整，按顺序放压片套筒、弹簧和压杆，加压 10^4 kgf（1kgf=9.8N），持续 1min。

拆模时，将底座换成取样器（形状与底座相似），将上、下压舌及其中间的样品片和压片套圈一起移到取样器上，再分别装上压片套筒及压杆，稍加压后即可取出压好的薄片。

3. 样品的制备

(1) 压片法：是将 1～2mg 固体试样在玛瑙研钵中充分磨成细粉末后，与 200～400mg 干燥的纯溴化钾（AR级）研细混合，研磨至完全混匀，粒度约为 $2\mu m$（200 目），取出约 100mg 混合物装于干净的压模模具内（均匀铺洒在压模内），于压片机在 20MPa 压力下压制 1～2min，压成透明薄片，即可用于测定。在定性分析中，所制备的样品最好使最强的吸收峰透过率为 10％左右。压片模具及压片机如图 4-7、图 4-8 所示。

（2）糊状法：在玛瑙研钵中，将干燥的样品研磨成细粉末。然后滴 1～2 滴液体石蜡混研成糊状涂于 KBr 或 NaCl 窗片上测试。

（3）薄膜法：将样品溶于适当的溶剂中（挥发性的，极性比较弱，不与样品发生作用）滴在红外晶片上（溴化钾、氯化钾、氟化钡等），待溶剂完全挥发后就得到样品的薄膜。滴在溴化钾上是最好的方法，可以直接测定。而且，如果吸光度太低，可以继续滴加溶液；如果吸光度太高，可以加溶剂溶解掉部分样品。此法主要用于高分子材料的测定。

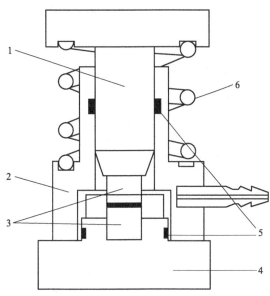

图 4-6　压模的构造示意图
1—压杆；2—套筒套圈；3—压舌；4—底座；
5—橡胶圈；6—弹簧

图 4-7　压片模具

图 4-8　压片机

（4）溶液法：把样品溶解在适当的溶液中，注入液体池内测试。所选择的溶剂应不腐蚀池窗，在分析波数范围内没有吸收，并对溶质不产生溶剂效应。一般使用 0.1mm 的液体池，溶液浓度在 10% 左右为宜。

三、液体样品的制备

1. 液体池的构造

如图 4-9 所示，液体池由后框架、窗片框架、垫片、后窗片、间隔片、前窗片和前框架 7 个部分组成。一般的后框架和前框架由金属材料制成，前窗片和后窗片为 NaCl、KBr、KRS-5 或 ZnSe 等晶体薄片，间隔片常由铝箔或聚四氟乙烯等材料制成，起着固定液体样品的作用，厚度为 0.01～2mm。

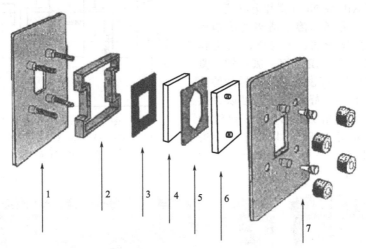

图 4-9　液体池组成示意图
1—后框架；2—窗片框架；3—垫片；4—后窗片；
5—聚四氟乙烯隔片；6—前窗片；7—前框架

2. 装样和清洗方法

吸收池应倾斜 30°，用注射器（不带针头）吸取待测样品，由下孔注入直到上孔看到样品溢出为止，用聚四氟乙烯塞子塞住上、下注射孔，用高质量的纸巾擦去溢出的液体后，便可测试。测试完毕后，取出塞子，用注射器吸出样品，由下孔注入溶剂，冲洗 2～3 次。冲洗后，用吸球吸取红外线灯附近的干燥空气吹入液体池内以除去残留的溶剂，然后放在红外线灯下烘烤至干，最后将液体池存放在干燥器中。

3. 液体池厚度的测定

根据均匀的干涉条纹数目可测定液体池的厚度，测定方法是将空的液体池作为样品进行扫描，如图 4-10 所示，由于两盐片间的空气对光的折射率不同而产生干涉。一般选定 1500～600cm^{-1} 的范围较好，计算公式如下：

$$b = \frac{n}{2}\left(\frac{1}{\nu_1 - \nu_2}\right) \tag{4-3}$$

式中，b 为液体池厚度，cm；n 为两波数间所夹的完整波形个数；ν_1 为起始波数，cm^{-1}；ν_2 为终止波数，cm^{-1}。

4. 液体样品的制备

（1）有机液体：最常用的是溴化钾和氯化钠，但氯化钠低频端只能到 650cm^{-1}，溴化钾可到 400cm^{-1}，所以最适合的是溴化钾。用溴化钾液体池，测试完毕后要用无水乙醇清洗，并用镜头纸或纸巾擦干，使用多次后，晶片会有划痕，而且样品中微量的水会溶解晶片，使之下凹，此时需要重新抛光。

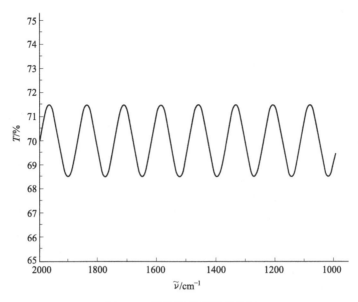

图 4-10　液体池的干涉条纹图

（2）水溶液样品：可用有机溶剂萃取水中的有机物，然后将溶剂挥发干，所留下的液体涂于 KBr 窗片上测试。应特别注意含水的样品不能直接注入溴化钾（KBr）或氯化钠（NaCl）液体池内测试。水溶性的液体也可选择其他窗片进行测试，最常用的是氟化钡（BaF$_2$）、氟化钙（CaF$_2$）晶片等。

（3）液膜法：样品的沸点高于 100℃ 可采用液膜法制样。黏稠的样品也采用液膜法。非水溶性的油状或黏稠液体，直接涂于溴化钾（KBr）窗片上测试。非水溶性的流动性大沸点低（≤100℃）的液体，可夹在两块溴化钾窗片之间或直接在两个盐片间滴加 1～2 滴未知样品，使之形成一个薄的液膜，然后在液体池内测试。流动性大的样品，可选择不同厚度的垫片来调节液体池的厚度。对强吸收的样品用溶剂稀释后再测定，测试完毕使用相应的溶剂清洗红外窗片。

四、样品测试的一般步骤

将样品压片装于样品架上放于 FTIR 的样品池处。先粗测透光率是否超过 40%，若达到 40% 以上即可进行扫谱，从 4000cm^{-1} 开始到 400cm^{-1} 为止。若未达到 40% 则重新压片。仪器的操作步骤如下。

1. 开机

按顺序开启红外光谱仪稳压电源、显示器、计算机主机及打印机等电源开关。

2. 启动软件

（1）开启计算机主机开关后，计算机会根据配置进入 Windows 或 Vista 操作系统。

（2）双击桌面【OMINIC】快捷键后进入 OMINIC 工作站。

3. 仪器初始化

进入 OMINIC 工作站界面后，仪器自动初始化，待其右上角出现"√光学台状态"，仪器预热 10min 左右即可进行测量。

4. 参数设定

点击【采集】菜单栏下"实验设置"，在【实验设置】窗口中，根据需要选择适当的参数。对于常规操作参数的设定如下。

（1）在【采集】标签栏中，设置：

扫描次数：选择"32 次"；

分辨率：选择"4.0"；

最终格式：选择"％透过率"；

校正：选择"无"；

背景处理：选择"采集背景在120min后"。

（2）在【光学台】标签栏中，设置：

推荐范围：选择"4000-400"。

5. 光谱测定

（1）采集背景的红外光谱：打开样品室盖，将空白对照放入样品室的样品架上，盖上样品室盖。点击【采集】菜单栏下"采集背景"，弹出对话框，点击【确定】，进行背景扫描。

（2）采集样品的红外光谱：打开样品室盖，取出空白对照，将经适当方法制备的样品放入样品室的样品架上，盖上样品室盖。点击【采集】菜单栏下"采集样品"，进行样品扫描。数据采集完成后，弹出"数据采集完成"窗口，点击"是"。

（3）保存样品光谱数据：然后选择【文件】菜单栏下"保存"，出现"另存为"窗口，下拉选择"保存类型"为"CSV文本（＊.CSV）"，输入保存文件名，点击"保存"。

（4）打印图谱：激活要打印的谱图，选择【文件】＞【打印】，出现弹出窗口，点击确定，在接下来的窗口中选择模板报告，点击打开，点击【打印】打印报告，打印前可选择【文件】＞【打印预览】预览打印报告。

（5）测定下一样品的红外光谱：重复（2）～（4）操作，如果长时间操作且采用同一背景，可以在上述"背景处理"设置"采集背景在120min后"时将时间延长。

6. 扫谱结束

扫谱结束后，取下样品池，松开螺钉，套上指套，小心取出盐片。先用软纸擦净液体，滴上无水乙醇，洗去样品，切忌用水洗。然后，再于红外线灯下用滑石粉及无水乙醇进行抛光处理。最后，用无水乙醇将表面洗干净，擦干，烘干，按要求将模具、样品架等擦净收好，两盐片收入干燥器中保存。

7. 关机

（1）选择【文件】→【退出】，退出程序。

（2）从计算机桌面的开始菜单中选择关机，出现安全关机提示。

（3）关闭计算机电源。

（4）关闭仪器电源。

（5）关闭稳压电源。

绘出其红外光谱进行对照，图谱相同，则肯定为同一化合物；标准图谱查对法是一个最直接、最可靠的方法，根据待测样品的来源、物理常数、分子式以及谱图中的特征谱带，查对标准图谱来确定化合物。

图谱的一般解析过程大致如下：

（1）先从特征频率区入手，找出化合物所含的主要官能团。

（2）指纹区分析，进一步找出官能团存在的依据。因为一个基团常有多种振动形式，所以，确定该基团就不能只依靠一个特征吸收，必须找出所有的吸收带才行。

（3）对指纹区谱带位置、强度和形状仔细分析，确定化合物可能的结构。

（4）对照标准图谱，配合其他鉴定手段，进一步验证。

（5）把扫谱得到的图谱与已知标准图谱进行对照比较，并找出主要吸收峰的归属。

五、仪器使用及图谱解析的一般要求

在用未知物图谱查对标准图谱时，必须注意：

（1）比较所有仪器与绘制的标准图谱在分辨率与精度上的差别，可能导致某些峰的细微结构差别。

（2）未知物的测绘条件须一致，否则图谱会出现很大差别。当测定液体样品时，溶剂的影响大，必须要求一致，以免得出错误结论。若只是浓度不同，只会影响峰的强度，而每个峰之间的相对强度是一致的。

（3）必须注意引入杂质吸收带的影响，应尽可能避免杂质的引入。如 KBr 压片可能吸水而引入了水的吸收带等。

（4）固体样品经研磨（在红外线灯下）后仍应随时注意防止吸水，否则压出的片子易沾在模具上。

（5）可拆式液体池的盐片应保持干燥透明，每次测定前后均应反复用无水乙醇及滑石粉抛光（在红外线灯下），但切勿用水洗。

（6）停水停电的处置：在测试过程中发生停水停电时，按操作规程顺序关掉仪器，保留样品。待水电正常后，重新测试。仪器发生故障时，立即停止测试，找维修人员进行检查。故障排除后，恢复测试。

第三节 红外光谱法在食品检测中的应用

随着傅里叶变换红外光谱技术的发展，远红外、近红外、偏振红外、高压红外、红外光声光谱、红外遥感技术、变温红外、拉曼光谱、色散光谱等技术也相继出现，这些技术的出现使红外成为物质结构和鉴定分析的有效方法。目前，红外技术已广泛应用于石油勘探-分析、地质矿物的鉴定、农业生物学、医学、法庭科学、气象科学、染织工业、原子能科学等方面的研究。本节对红外在食品领域中的应用做一简要介绍。

一、红外光谱技术在食品掺假检测中的应用

食品的掺假方式和种类多种多样，下面仅以油脂、肉类及蜂蜜产品为例，说明红外光谱在其掺假检测中的应用。

1. 检测油脂的掺假

市场中的橄榄油大致可分为特级纯、纯和精炼三个等级，高品质的橄榄油有其特有的风味，因而价格很高，特级纯橄榄油的价格约是其精炼产品的 2 倍。因此，向高品质油中掺杂较便宜的同类低档或不同种类价低的油，如葵花油、玉米油、菜籽油等便成为一种获利方式。根据油脂多次甲基链中的 C—H 和 C—O 在中红外光谱区振动方式和振动频率不同，因而反映油型信息不同的特性，从而判断掺假的有无。对固态脂肪样品采用衰减全反射中红外光谱，液态油样采用中红外光纤进行分析。根据不饱和脂肪酸含量的不同，从脂肪的一阶导数光谱所得的第一主成分，可将黄油和菜油区分开来；对于液态油样，根据亚麻酸含量的差异，光谱进行二阶导数处理，利用第一主成分，使橄榄油和花生油与菜籽油加以区别，进而可对其相关掺假产品进行检测。

2. 检测肉类的掺假

红外区提供了许多可利用的分析信息，个体组成的吸收频率对其物理、化学状态的敏感性及现代仪器的高信噪比，意味着即使低浓度的组分也能被检测出来，并同时测出多组分样品间的组成差异。肉类工业中国外已有用此分析方法对火鸡、小鸡和猪肉等产品进行质量监控。肉类掺假表现在：加入同种或不同种动物低成本部分、内脏、水或较便宜的动植物蛋白等。用中红外光谱检测掺有牛肾脏或肝脏的碎牛肉，根据脂肪和瘦肉组织中蛋白质、脂肪、水分含量的不同对肉类产品加以辨别。由于肝脏中所含的少量肝糖原，使其中红外光谱图在 $1200 \sim 1000 cm^{-1}$ 处有特征吸收，与其他类型样品（纯牛胸肉、牛颈肉、牛臀肉、牛肾）有明显可见的差异，因此很容易区分；并可分辨出牛肉、牛肝、牛肾以及牛的三个不同部位的分割肉——胸肉、颈肉、臀肉，能轻易区分出牛肉和内脏。

3. 检测蜂蜜的掺假

蜂蜜中掺入的物质多种多样，为其统一检测带来了一定的难度，而傅里叶转换红外光谱能快速、无损地获取样品的生物化学指纹。光谱分析前，将蜜样放于 50℃ 恒温水浴中以便将蔗糖晶

体溶化，然后混匀样品。混合样品采用 IS10 型衰减全反射傅里叶转换光谱仪进行扫描，选取 $1500\sim950cm^{-1}$ 处的光谱图谱，利用其"指纹"特性，可辨别出蜂蜜中是否掺假。

此外，在咖啡业中，它不仅可鉴别咖啡品种，还可检测速溶咖啡的掺假。随着计算机技术和化学计量学的发展，应用红外光谱的"指纹"特性，可在线无损检测、再现性好等优势对食品质量监控起到重要的作用。

二、红外光谱技术在地理标志食品检验中的应用

很多产品的品质与其生产产地有密切联系，当产地变更时，产品的品质有很大的变化，产地环境是这类产品品质保证的重要因素，习惯上将这类产品称为原产地产品。如贵州茅台酒、陕西苹果、金华火腿、阿让李子干、帕尔玛火腿等就是其中的典型代表。为保障品质具有产地关联性产品的质量，世界各国在这类产品质量控制中引入了"地理标志"以区别于其他雷同产品。该类产品的产区需要通过严格认定，认定后的产地习惯上称为注册指定原产地（registered designation of origin，RDO），该产地生产的该类产品在销售时可在包装上标注区别于其他雷同产品的标示，称为地理标志。WTO《与贸易有关的知识产权协议》将地理标志定义为：识别质量与品质、生产产地密切相关的货物来源于特定地理区域的标识。地理标志是一种与版权、商标、专利、商业秘密等并列的知识产权。我国在《地理标志产品保护规定》中将地理标志产品定义为：产自特定地域，所具有的质量、声誉或其他特性本质上取决于该产地的自然因素和人文因素，经审核批准以地理名称进行命名的产品。地理标志产品包括来自特定地区的种植、养殖产品及（部分）原料来自该地区且在当地按照特定工艺生产和加工的产品。

截至 2015 年 12 月，我国认证通过的地理标志产品共 1714 个，其中食品或农产品占 87.01%。但随着我国地理标志产品数量的急剧增多，地理标志保护技术的缺失越来越突出。开发能够鉴别地理标志产品真伪的技术是地理标志保护技术的重点。

1. 红外光谱技术对产地鉴定的原理

红外光是一种介于可见光区和微波区之间的电磁波，包括近红外光（NIR，$0.78\sim2.5\mu m$）、中红外光（MIR，$2.5\sim50\mu m$）和远红外光（FIR，$50\sim1000\mu m$）。红外光谱中振动峰的数目、位置、形状和强度与被测物质的组成、结构、性质有密切联系。研究表明，不同样品的红外光谱包含有不同的信息，即样品的红外光谱具有指纹性。在地理标志产品的检验中，通过对比不同产地的同类产品或其特定工艺条件下的提取物的红外光谱或其包含的信息，就可以实现对产品产地的鉴定。由于红外指纹图谱反映的是食品或农产品整体质量信息，是基于整体性和模糊性的判别方法。当样品的红外光谱图具有指纹性时，可作为一级图谱进行对比鉴定；当不同产地的同类产品的图谱相似时，可借助化学计量学消除背景干扰，分辨重叠波谱，揭示波谱数据中隐含的物质信息，建立判别模式，对食品或农产品的产地信息进行更为准确的分析，为地理标志食品的检验提供科学依据。常用的化学计量法有主成分分析（PCA）、偏最小二乘判别分析（PLS-DA）、聚类分析（CA）、线性判别分析（LDA）等。当样品量足够多时，可以采用多模式识别技术，以更准确地识别食品或农产品的产地及生境等。

2. 红外光谱在地理标志食品检验中的应用

（1）红外光谱在酒类产地检验中的应用

酒类属于发酵产品，其发酵过程的微生物区系与生产产地环境密切相关，因此，其质量与产地具有密切关联性。不同产地的酒，其口感和风味上有差异，主要体现在挥发性物质、多酚类物质、颜色、微量元素和同位素、花青素等物质含量的不同。红外光谱在地理标志酒类食品的产地检验中表现优越，尤其是近红外光谱。Cynkar 等将可见-近红外光谱结合化学计量学的方法用于区分产自澳大利亚和西班牙的市售 Tempranillo 葡萄酒。研究发现，两种葡萄酒的近红外光谱图无显著差异，但对获得的近红外光谱图进行 PCA，分别用 PLS-DA 和 LDA 建立判别模型，并对校正模型用全交叉验证法进行验证，发现 PLS-DA 模型对澳大利亚葡萄酒的鉴别准确率可达 100%，对西班牙葡萄酒的鉴别率则为 84.7%。相比之下，LDA 校准模型对澳大利亚葡萄酒的鉴别准确率只有 72%，对西班牙葡萄酒的鉴别率为 85%。于海燕等将近红外光谱技术用于区分产

于绍兴和嘉善的中国米酒。在全近红外波长范围内，两种米酒的光谱带几乎重叠。用 PCA 和偏最小二乘相关分析法（PLSR）建立判别模型进行区分时，该判别模型对绍兴和嘉善米酒的分辨准确率高达 100％。Cozzolino 等应用可见光-近红外光谱结合化学计量学的方法区分产自不同国家的市售 Riesling 葡萄酒。通过扫描可见光-近红外光谱，并在 PCA 基础上建立 PLS-DA 模型和逐步线性判别分析（SLDA）模型。结果表明 PLS-DA 模型对产自澳大利亚、新西兰和欧洲国家（法国和德国）的 Riesling 葡萄酒的鉴别正确率分别为 97.5％、80％和 70.5％。而 SLDA 模型对澳大利亚、新西兰、法国和德国的 Riesling 葡萄酒的鉴别正确率分别为 86％、67％、67％和 87.5％。

（2）红外光谱在奶酪产地检验中的应用

每个产地的奶酪生产工艺、原料奶的成分及奶酪成熟过程中发生的生物化学反应不同，致使各地产品的品质存在着差异。不同产地的奶酪在颜色及脂肪酸、总蛋白、水溶性氮等化学成分的含量上有差异。传统的奶酪产地鉴别技术是基于对认定产品独特化学成分分析，包括对奶酪脂肪分提物的气相色谱分析和蛋白质电泳分析等。这些方法虽然能有效地鉴别奶酪的产地，但存在耗时、分析成本高、操作过程复杂、不易实现在线检测等问题。红外光谱技术以其样品消耗量小、快速、经济等优点成为奶酪产地鉴别的新兴方法。研究近红外光谱、中红外光谱结合化学计量学方法鉴别源于不同欧洲国家 Em-mental 奶酪的可能性。采用 PCA、因子和判别分析（FDA）对光谱数据进行分析并对奶酪进行分类鉴定。采用 NIRS 技术时，样品的校准光谱数据集、验证光谱数据集的分辨率分别为 89％和 86.8％。使用 MIRS 技术时，鉴别率最高为 100％。Eric 等将中红外光谱、衰减全反射（ATR）与化学计量学方法相结合的方法用于鉴定 25 个产于瑞士不同海拔奶酪样品的地理来源。在 $3000 \sim 2800 cm^{-1}$ 和 $1500 \sim 900 cm^{-1}$ 内得到最好的鉴别率，分别为 90.5％和 90.9％。

（3）红外光谱在橄榄油产地检验中的应用

橄榄油是一种价值较高的植物油脂，为了维护橄榄油销售市场，欧洲的橄榄油被贴上一些质量标签如 RDO。橄榄油的产地不同，其口感和品质不同。这主要是因为不同产地的橄榄油品种、橄榄油萃取技术及调配技术等存在差异。传统的鉴定橄榄油产地的鉴定方法（如基于橄榄油的物理化学性质的高效液相色谱法）存在着复杂、费时等缺点。因此，开发快速、简便的橄榄油产地鉴别技术意义重大。根据欧盟地理标志保护的相关规定，法国共有 7 种 RDOs 橄榄油。Galtier 等利用近红外光谱技术对产于法国的橄榄油进行了产地检测。傅里叶变换近红外光谱（FT-NIR）结合 PCA、PLS-DA 对产品进行鉴定。该方法对法国橄榄油的鉴别率为 47％～55％。Hennessy 等在获取来自意大利 Ligurian 地区或非 Ligurian 地区的橄榄油的衰减全反射红外光谱（ATR-FT-IR）后进行 PCA。基于 PCA 的结果，研究者采用 PLS-DA 和 FDA 区分不同产地的橄榄油。而采用 PLS-DA 方法时需分别用校准和验证数据集构造和验证判别回归模型。实验结果为：PLS-DA 对数据集的灵敏性和选择性高于 FDA，分别为 0.80 和 0.70；39％Taggiasca 地区的橄榄油和 25％其他地区的橄榄油得到错误的分类。Tapp 等利用傅里叶变换红外光谱结合多元分析法区分源于不同欧洲国家的特级初榨橄榄油的地理来源。采用偏最小二乘线性判别分析（PLS-LDA）和遗传算法-线性判别分析（GA-LDA）分别对样品数据创建判别模型，以鉴别样品的地理来源。PLS-LDA 模型的交叉验证的成功率为 96％，而 GA-LDA 方法则达 100％。

3. 红外光谱技术在蜂蜜中的应用

蜂蜜是一种广受欢迎的食品，含有大量的葡萄糖和果糖。某些地区生产的蜂蜜尤其是贴有 PDO 等标签的地理标志蜂蜜价格昂贵。蜂蜜掺假能降低成本，对于销售者或生产厂家来说经济上是有利的。因此，必须严格控制蜂蜜的质量，保证蜂蜜的真实性，保护消费者的权利。在地理标志蜂蜜的检验中，经过以下步骤：样品制备，光谱采集，统计（化学计量学）分析。Hennessy 等运用傅里叶变换红外光谱法和化学计量学方法验证欧洲和南美洲的蜂蜜样本（$n=150$）的地理来源。实验中，样品被稀释至一个固体含量标准（70°Brix），且光谱区域为 $2500 \sim 12500 nm$。当使用小波段的光谱区域（$6800 \sim 11500 nm$）代替全波段（$2500 \sim 12500 nm$）时，鉴别率增大。PLS-DA 对蜂蜜的鉴别正确率达 93.3％，FDA 对蜂蜜的鉴别正确率则达 94.7％。Tzayhri 等利用傅里叶变换红外光谱结合 ATR 和软独立建模分类法（SIMCA）对不同产地的墨西哥蜂蜜进行鉴定。通过对每个样本进行 SIMCA 分析，建立了对源于 4 个不同产地的纯蜂蜜样品的分类模型。验证 4 种蜂蜜样本的鉴别率高达 100％。Woodcock 等验证了 NIRS 技术检测蜂蜜地理来源的可能性。采用 PCA 对光谱数据集进行初步检测后，再用判别偏最小二乘回归和 SIMCA 进行分类。对于 SIMCA 方法，采用四个主成分时最好的判别模型对阿根廷蜂蜜的鉴别率达 100％。

三、展望

红外光谱技术除了在地理标志食品检验方面的应用外，在食品掺杂、肉品新鲜度的评价、蜂蜜的花源检测和食品的化学成分预测等方面得到应用和研究。与传统的分析方法相比，红外光谱法具有不损害样品、快速、低成本、不需样品预处理或样品预处理少等优点，是一种理想的过程分析技术（PAT）。红外光谱技术是一种在食品质量控制领域逐渐兴起的技术。由于红外光谱技术的发展应用经历的时间仅有几十年及相关光谱分析技术的发展时间不长，其在检测方面的应用还不够完善。虽然红外光谱技术能测定任何状态（气、液、固）的样品，但由于数据预处理和数据分析方法还存在很多缺陷，如不能保证参与回归的主成分与样品的性质有关、建立的模型不精确、建模过程复杂等，使得其对地理标志食品的鉴别率不够高。复合光谱的使用能减少信噪比，进一步改善光谱信息的内容，提高鉴别率。

参 考 文 献

[1] 陆婉珍. 现代近红外光谱分析技术 [M]. 北京：中国石化出版社，2007.

[2] 翁诗甫，徐怡庄. 傅里叶变换红外光谱分析 [M]. 3 版. 北京：化学工业出版社，2016.

[3] 李卫华，严国兵，申慧彦，等. 强化生物除磷过程中污泥胞内糖原的红外光谱分析 [J]. 环境科学学报，2015，35（3）：705-712.

[4] 聂凤明，朱锐钿，张鹏，等. PLA/PCL 共混物的红外光谱和拉曼光谱分析 [J]. 合成树脂及塑料，2015（1）：59-62.

[5] 李普玲，陈建红，刘慧，等. 栀子不同炒制饮片的红外光谱分析 [J]. 中国实验方剂学杂志，2015（22）：82-85.

[6] 吴瑾光. 近代傅里叶变换红外光谱技术及应用 [M]. 北京：科学技术文献出版社，1994.

[7] 吴迪，何勇，冯水娟，等. 基于 LS-SVM 的红外光谱技术在奶粉脂肪含量无损检测中的应用 [J]. 红外与毫米波学报，2008，27（3）：180-184.

[8] 周子立，张瑜，何勇，等. 基于近红外光谱技术的大米品种快速鉴别方法 [J]. 农业工程学报，2009，25（8）：131-135.

[9] 吴汉福. 红外光谱技术的应用 [J]. 六盘水师范学院学报，2006，18（3）：51-54.

[10] 张小青，徐智，凌晓锋，等. 红外光谱技术在医学中的应用 [J]. 光谱学与光谱分析，2010，30（1）：30-34.

[11] 余静，张云，庞松颖，等. 红外光谱技术在物证鉴定中的应用 [J]. 光谱学与光谱分析，2016，36（9）：2807-2811.

[12] 张进，何鑫，万瑞英. 漫反射傅里叶变换红外光谱技术在定量分析中的应用 [J]. 理化检验-化学分册，2015，51（9）：1347-1352.

[13] 孙海军，徐莉，蒋玲. 红外光谱技术在我国木材科学领域的应用研究进展 [J]. 江苏林业科技，2016，43（2）：44-47.

[14] 宋英华. 红外光谱技术在环境安全领域中的应用与展望 [J]. 能源与节能，2015（8）：104-105.

[15] 张小青，孙小亮，潘庆华，等. 衰减全反射傅里叶变换红外光谱技术的临床应用研究进展 [J]. 光谱学与光谱分析，2017，37（2）：408-411.

[16] 左云，刘畅，方炎明. 傅里叶变换红外光谱技术在植物学中的应用 [J]. 安徽农业科学，2017（23）：6-8.

[17] 刘豪，马淑红，李陈钦，等. 红外光谱技术在植物抗氧化研究中的最新应用进展 [J]. 光谱学与光谱分析，2016（s1）：91-92.

第五章 >>>>
核磁共振技术

核磁共振谱（nuclear magnetic resonance spectroscopy，NMR）是鉴定有机化合物结构最重要的波谱分析方法，可以提供有机分子碳-氢骨架的重要信息。NMR与IR和质谱配合，几乎可以完成任何复杂分子结构的测定。二维核磁共振技术的出现，可以测定用X射线技术无法测定的类似体内生物分子行使功能状态下的结构。

第一节　核磁共振的基本结构与原理

一、核磁共振简介

核磁共振是电磁波与物质相互作用的结果，是吸收光谱的一种形式，即在适当的磁场条件下，样品能吸收射频（RF）区的电磁辐射而被激发，而且所吸收的辐射频率取决于样品的特性；待射频消失后，由激发状态返回平衡状态弛豫过程中，记录产生核磁共振光谱。核磁共振的原理如图5-1所示。

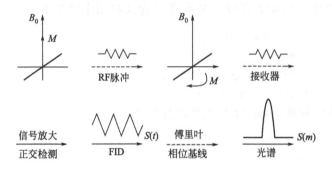

图 5-1　核磁共振的原理

自从最初观察到水和石蜡中质子有核磁共振现象开始，核磁共振这门学科作为一种分析手段，经历了前所未有的发展，迄今为止相关研究成果已获得5次诺贝尔奖。核磁共振好似一棵常青树，枝繁果硕，正以不同的形式被应用到化学、生物学、医学、药学、食品和地质学等领域，其为现代有机化学的发展提供了基础。现代核磁共振谱学是一个已经高度发展、仍在继续发展的学科，不但继续在药物分析中扮演着重要的角色，而且还被赋予了新的使命，即在蛋白质组学（proteomics）和代谢组学（metabonomics）领域发挥着不可替代的重要作用。

（1）原子核的磁矩

核磁共振的研究对象为具有磁矩的原子核。原子核是带正电荷的粒子，由于旋转便产生一定的磁场，称为磁矩。磁矩与核的角动量成正比关系。但并非所有同位素的原子核都有自旋运动，只有存在自旋运动的原子核才具有磁矩。

原子核的自旋运动与自旋量子数 I 相关。$I=0$ 的原子核没有自旋运动。$I \neq 0$ 的原子核有自旋运动。

原子核可按 I 的数值分为以下三类。

① 中子数、质子数均为偶数，则 $I=0$，如 ^{12}C、^{16}O、^{32}S 等。

② 中子数与质子数其一为偶数，另一为奇数，则 I 为半整数，如：

$I = \dfrac{1}{2}$，^{1}H、^{13}C、^{15}N、^{19}F、^{31}P、^{77}Se、^{113}Cd、^{119}Sn、^{195}Pt、^{199}Hg 等；

$I = \dfrac{3}{2}$，^{7}Li、^{9}Be、^{11}B、^{23}Na、^{33}S、^{35}Cl、^{37}Cl、^{39}K、^{63}Cu、^{65}Cu、^{79}Br、^{81}Br 等；

$I=\dfrac{5}{2}$，^{17}O、^{25}Mg、^{27}Al、^{55}Mn、^{67}Zn 等；

$I=\dfrac{7}{2}$、$\dfrac{9}{2}$ 等。

③ 中子数、质子数均为奇数，则 I 为整数，如：^{2}H、^{6}Li、^{14}N 等，$I=1$；^{58}Co，$I=2$；^{10}B，$I=3$。

由上述可知，只有②、③类原子核是核磁共振的研究对象。

（2）核的自旋与核磁共振

核磁共振是无线电波与强磁场中的自旋核相互作用，引起核自旋能级跃迁而产生的吸收光谱。质量数为奇数具有磁矩的原子核（自旋量子数 $I>0$）如 ^{1}H、^{13}C、^{19}F、^{15}N、^{31}P 等原子都具有核自旋的特性。化学家最感兴趣的是 ^{1}H 和 ^{13}C，因为碳和氢是构成有机化合物最重要的元素。氢核（质子）可以被看作是一个球形的旋转着的带电质点，自旋产生一个小的磁矩，自旋量子数 I 为 $+1/2$ 或 $-1/2$。类似一个小磁铁。当质子被置于外加磁场时，其磁矩相对于外加磁场有两种取向，与外加磁场同向的是稳定的低能态，反向的是高能态，两种自旋状态的能量差与外加磁场的磁感应强度成正比：

$$\Delta E = r\,\frac{h}{2\pi}B_0 = h\nu \tag{5-1}$$

$$\nu = \frac{rB_0}{2\pi} \tag{5-2}$$

式中，r 为磁旋比，其值为 26750；h 为 Plank 常数；B_0 为外加磁场的感应强度；ν 为电磁波的辐射频率。

如果用能量为 $\Delta E = h\nu$ 的电磁波照射处于磁场中的氢核，质子就会吸收能量，从低能态跃迁到高能态，即发生"共振"，并在 NMR 仪中产生吸收信号。从理论上讲，无论是改变外加磁场的磁感应强度（扫场），或者是改变辐射的无线电波的频率（扫频），都会达到质子翻转的目的。能量的吸收可以用电的形式测定得到，并以峰谱的形式记录下来，这种由氢核吸收能量所引起的共振现象，称为氢核磁共振（^{1}H NMR）。由于频率差更易准确地测定，实际工作中通常采用扫频的方法。

图 5-2 表明了外加磁场的磁感应强度与质子自旋态改变能量差之间的关系。可以看出，能量差与 B_0 成正比，外加磁场的磁感应强度愈大，保持同向的倾向愈强，质子转向所需的能量愈高。

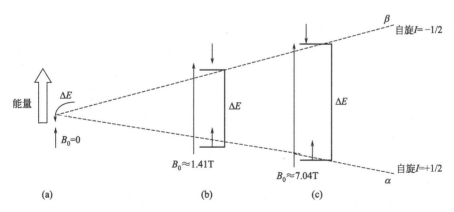

图 5-2　质子两种自旋态能量差与外加磁场强度的关系

（a）外加磁场 $B_0=0$，$\Delta E=0$；（b）外加磁场 $B_0=1.41$T，能量差对应的辐射频率为 60×10^4Hz（0.6MHz）；

（c）外加磁场 $B_0=7.04$T，能量差对应的辐射频率为 300×10^4Hz（3MHz）

核磁共振仪如图 5-3 所示。被测样品溶解在 CCl_4、$CDCl_3$、D_2O 等不含质子的溶剂中，置于磁铁之间并不停旋转，使样品受到均匀磁场的作用。固定辐射频率，调节磁强度，当满足上式所

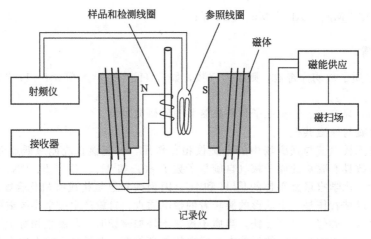

图 5-3　核磁共振波谱仪示意图

示的共振条件时，核磁矩的方向发生改变，产生共振信号。

图 5-4 为乙醇的^{1}H NMR 谱图。谱图中的信号可以给出如下信息：

① 信号的数目即分子中质子的种类；

② 信号的位置即分子中每种质子的类型；

③ 信号的强度即每种质子的数目；

④ 信号的裂分即每种质子相对于其他邻近质子的环境的情况。

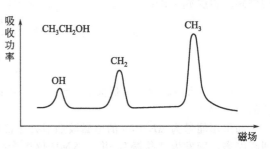

图 5-4　乙醇的^{1}H NMR 谱图

（3）信号的数目等价和不等价质子

在一个分子中，环境相同的质子在相同的外加磁场强度下发生吸收；环境不同的质子在不同的外加磁场强度下发生吸收。我们把环境相同的质子说成是等价的。在核磁共振谱中，信号的数目表示一个分子中包含着几种等价质子，即多少种类的质子。如图 5-4 所示，乙醇分子中包含着 a、b、c 三种等价质子，产生三组吸收信号。

等价是指化学上的等价，我们可以用寻找异构体的方法判断质子是否等价。例如 2-甲基-2-丁烯分子中 10 个质子均是不等价的。存在着三种不同类型的甲基和一个乙烯型质子，可产生四种不同的取代产物，见图 5-5，故在^{1}H NMR 谱中有四种不同的信号。

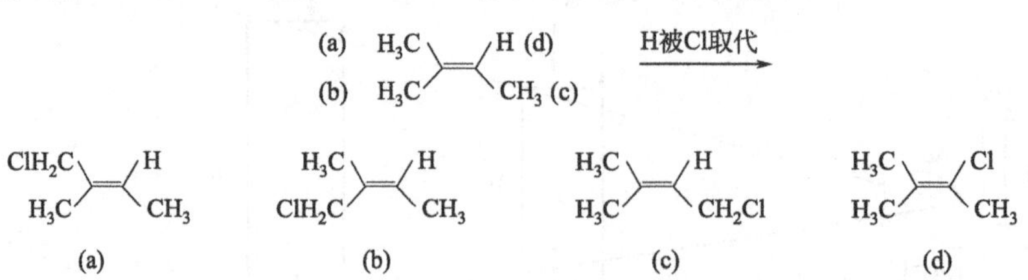

图 5-5　2-甲基-2-丁烯与氯原子的取代反应

（4）化学位移

原子核是被外部电子所包围的，这些核外电子由于不停地转动而产生一种环电流，并产生一个与外加磁场方向相反的次级磁场。这种对外加磁场的作用称为电子屏蔽效应。由于电子屏蔽效应，原子核受到的磁场强度不完全等于外加磁场强度，实际上受到的磁场强度等于外加磁场强度减去次级磁场强度。在分子中处于不同化学环境的原子核，其核外电子云的分布也各不相同，因此，原子核受到的屏蔽作用也就不同。核外电子云的密度越大，屏蔽作用也就越大。若固定照射频率，受到屏蔽作用大的核，其共振信号将出现在外加磁场较高的部位，反之亦然，这种现象称为化学位移。因此，化学位移反映了原子核所处的特定化学环境。化学位移能够帮助化学家获得关于电负性、键的各种异性及其他一些基本信息，对确定化合物的结构起到了很大的作用。

由于次级磁场非常小，只有外加磁场的百万分之几，化学位移的精确值很难测定。实际操作中一般都选用适当的化合物，如四甲基硅烷——$(CH_3)_4Si$（tetramethylsilane，TMS），得出相对的化学位移值。选用四甲基硅烷是由于：它有12个等价氢，很小量的TMS即可产生相对强的单一信号；由于Si的电负性比C低，屏蔽效应强，大部分有机分子中氢的共振吸收都出现在它的低场，信号不会相互重叠；沸点低（27℃），测定后很容易从样品中除去。

化学位移用δ来表示，其定义为：

$$\delta = \frac{\nu_{样} - \nu_{标}}{\nu_0} \times 10^6 \tag{5-3}$$

式中，$\nu_{样}$ 和 $\nu_{标}$ 分别为样品和TMS的共振频率，Hz；ν_0 为仪器所用的频率，Hz。

化学位移的大小与外加磁场强度及相匹配的射频成正比，所用仪器的磁场和频率越高，化学位移值越大，仪器的分辨率越高。由于化学位移是用外加磁场的分数来表示的，故只是与质子化学环境有关的常数。一些常见基团氢原子的化学位移值见表5-1。

表 5-1　常见基团氢原子的化学位移

氢原子类型	化学位移(δ)	氢原子类型	化学位移(δ)
$(CH_3)_4Si$	0	$\overset{X}{\underset{\|}{-}}\!-H$	2.5～4.0
$-CH_3$	0.7～1.3	$-C-O-H$	2.5～5.0(可变)
$-CH_2-$	1.2～1.6	$-O-C-H$	3.3～4.5
$-\overset{\|}{C}-H$	1.4～1.8	$\overset{H}{C=C}$	4.5～6.5
$C=C-C-H$	1.6～2.2	$Ar-H$	6.5～8.0
$\overset{O}{C}\!-CH_3$	2.0～2.4	$\overset{O}{-C}-H$	9.7～10
$Ar-CH_3$	2.4～2.7	$\overset{O}{-C}-O-H$	11.0～12.0
$-C\equiv C-H$	2.5～3.0		

（5）自旋耦合与裂分

自旋量子数不为零的核在外磁场中会存在不同能级，这些核处在不同的自旋状态，会产生小磁场，产生的小磁场将与外磁场产生叠加效应，使共振信号发生分裂干扰。这种核的自旋产生的相互干扰称为自旋-自旋耦合（spin-spin coupling），简称自旋耦合。

在外磁场 H_0 的作用下，自旋的质子产生一个小的磁矩（磁场强度为 H_1），通过成键价电子的传递，对邻近的质子产生影响。质子的自旋有两种取向，自旋时与外磁场取顺向排列的质子，使受它作用的邻近质子感受到的总磁场强度为 (H_0+H_1)；自旋时与外磁场取逆向排列的质子，使邻近质子感受到的总磁场强度为 (H_0-H_1)。因此，当发生核磁共振时，一个质子发出的信号就被邻近的另一个质子裂分成了两个，这就是自旋裂分。

（6）原子核的弛豫

由高能态通过非辐射途径恢复到低能态的过程称为弛豫。弛豫过程决定了自旋核处于高能态的寿命，而NMR信号峰自然宽度与其寿命直接相关。根据 Heisenberg 不确定性原理，有

$$\Delta\tau \times \Delta\upsilon \geqslant 1 \tag{5-4}$$

式中，$\Delta\tau$ 为自旋核高能态寿命。

自旋核总是处在周围分子的包围之中，一般将周围分子统称为晶格。在晶格中，核处于不断的热运动中，产生了一个变化的局部磁场。处于高能态的核可以将能量传递给相应的晶格，从而完成弛豫过程，称为自旋-晶格弛豫，其特征寿命为 T_1。自旋-晶格弛豫的速度随被测物质的热运动速度的增加而加快。例如，在绝缘性较好的固体物质中，自旋晶格弛豫难以发生，T_1 较大；在黏性较小的液体中，T_1 则较小。弛豫发生在自旋核之间，称为自旋-自旋弛豫，其特征寿命为 T_2。自旋-自旋弛豫是使自旋体系内部出现的不平衡状态恢复到平衡状态，并保持系统内部平衡的一种相互作用机制。

(7) 傅里叶变换 NMR

傅里叶变换 NMR 谱仪又称脉冲傅里叶变换 NMR 仪（PFT-NMR, pulse Fourier transform NMR），是一种获取 NMR 信号的仪器。在 PFT-NMR 中，不是通过扫描频率的方法找到共振条件，而是在恒定的磁场中，在整个频率范围内施加具有一定能量的脉冲，使自旋取向发生改变而跃迁到高能态。高能态的核经一段时间后又重新返回到低能态，通过收集这个过程产生的感应电流，即可获得时域上的波谱图。一种化合物具有多种吸收频率时，所得的图像将十分复杂，称为自由感应衰减（free induction decay, FID），其信号产生于激发态的弛豫过程。FID 信号经傅里叶变换后即可获得频域上的波谱图，即常见的 NMR 谱图。

(8) NMR 成像

经典力学模型认为，对于一个具有非零自旋量子数的核，由于核带正电荷，所以在其旋转时会产生磁场。当这个自旋核置于磁场中时，核自旋产生的磁场与外加磁场相互作用，就会产生回旋，称为进动。进动频率与外加磁场的关系可以用 Larmor 方程表示，即

$$\nu = rB \tag{5-5}$$

式中，ν 为电磁波的辐射频率；r 为磁旋比；B 为磁感应强度。

NMR 成像需要在外磁场上再加上一个线性磁场梯度，质子进动频率则与其所在位置相关。因为频率可以通过测量得出，并且根据已知磁场的空间变化，便可确定共振核的位置。典型的傅里叶成像需要使用一个与原磁场方向相同的磁场梯度，同一磁场梯度的点则成为一个曲面。信号的频率在 X 轴方向上编码，相位也在 Y 轴方向上编码。在二维傅里叶转换后，可获得一个编码 NMR 信息的矩阵。此矩阵经过软件进行处理后，能在显示器上显示或打印出来，便成为可视化的图像。

二、核磁共振采集参数与后处理

核磁共振实验根据观测核的种类和实验目的的不同选择不同的脉冲程序（pulprog），设置不同的实验参数。

采样时间（acquisition time, AQT），即每次脉冲激发后，信号接收器的采集时间。核磁共振实验检测得到的是时间域信号，这个信号称为自由感应衰减（FID）信号。FID 信号经过傅里叶变换才能转换成频域信号。若 AQT 小于信号完全衰减成噪声的时间，FID 将被截尾（truncation），导致谱线畸变；若 AQT 大于信号完全衰减成噪声的时间，则会因为采集到更多的噪声而使信噪比降低，并且延长实验时间。合适的采样时间可以保证 FID 信号能够衰减完全，从而提高分辨率。

时间域（time domain, TD）是指采集自由感应衰减（FID）信号文件的采样点数。TD 直接关系到所得谱图的分辨率，其数值一般为 k 的整数倍，如 16k、32k 等。若 TD 过小，会引起峰截尾，即峰变钝，分辨率下降；若 TD 过大，除改变数字分辨率以外并无实际意义。

谱宽（sweep width, SW），即观测核共振频率扫描的宽度。SW 要能覆盖需检测的频率区间，应包含所有谱线，一般以比覆盖所有谱线的区域宽约 20% 为宜。若 SW 设定过小而致使信号处于所选的范围之外，则会引起峰折回现象（fold back），并且相位也会发生畸变，从而导致与其他信号产生混淆；若 SW 太宽，则会采集过多有效信号以外的噪声而浪费数据点，导致分辨率的下降，并且可能因射频（RF）场不均匀而引起单位质子峰面积的不一致。TD、SW 与 AQT 三者之间存在这样的关系：AQT=TD/(2SW)。TD 在保证分辨率的同时，不宜过大，以免浪费

采集时间。

激发偏置（transmitter frequency offset，TFO）以保证谱图位于谱宽的正中央为宜，至少不要偏离中心频率太远，只有把谱图置于中心位置时才能减小谱宽，从而提高数字分辨率。在射频场比较均匀的情况下，发射偏置对积分面积的影响不大。此外，脉冲程序为溶剂压制程序时，TFO 为所欲压制峰的共振频率。此时 TFO 设置尤为重要，以避免错误的峰压制。

扫描次数（number of scans，NS），即重复采样的次数。NS 过小会造成数据重现性差。NS较大会使谱图稳定、重现性好，并且能提高信噪比，使谱线更加平滑，但同时也会延长实验时间。一般 NS 取 2 的整数次幂。NS 的开方与信噪比成正比关系，一般样本摩尔浓度不足时，可采取增加 NS 的方法获取更好的信噪比。

信噪比（signal to noise ratio，S/N），即谱图关注信号与噪声的比值。S/N 与诸多因素有关，如观测核的种类、仪器的频率、探头的构造、样品的浓度、采集温度、扫描次数等。一般定量试验中 S/N 比较重要，其应满足至少 150 以上，以保证积分定量结果的准确。

弛豫过程是核磁共振现象发生后得以保持的必要条件。因此，实验中应选取合适的弛豫延迟时间（pre-scan delay，D_1），保证谱峰强度不会被饱和，这样才有利于对谱峰进行正确的积分，得到正确的结果。在定量实验中，D_1 设置尤为重要，其直接关系到定量原子核是否能够完全弛豫，直接决定定量结果的准确性。D_1 设置宜同时考虑激发脉冲的角度（P_1）与观测核的纵向弛豫时间（T_1）。若 P_1 为 30°，D_1 应满足大于 $7/3T_1$；若 P_1 为 90°，D_1 应满足大于 $5T_1$。若 D_1 过小，则引起定量失真；若 D_1 过大，则会不必要地延长实验时间。一般分步长设置 D_1 值累计多次实验，按照 D_1 从小到大进行采样，然后对选择的被测样品和内标物的定量特征峰进行积分，选择二者的积分面积比不再明显变化的 D_1 值。

激发脉冲宽度（pulse width，P_1），即激发脉冲的长度或称激发脉冲角度。一般 P_1 采用 30°或 90°激发脉冲宽度。P_1 必须设置恰当，不可超过或接近信号达到饱和的数值。若 P_1 过大，弛豫就难以在短时间内恢复到平衡状态，这将引起信号的减弱或 D_1 过长。一般实验以 30°的 P_1为宜。

预饱和脉冲宽度（power level for presaturation，PLP）即溶剂峰预饱和压制的强度。其在溶剂压制脉冲中应用，如 zgpr 等。在溶剂压制试验中，PLP 设定较为重要，若其压制脉冲过小则达不到溶剂峰压制的目的；若过大则引起激发偏置附近无关信号的压制，损失原始谱图的信息量。一般 PLP 设定宜逐步长设定变化值，选取适当的压制强度。

FID 文件经傅里叶转化后，需仔细调整相位，使峰形左右对称，成正态分布的标准吸收型峰形，减少色散型信号对积分结果的影响。谱图基线最好在全部质子化学位移范围内成水平直线，积分时应进行基线校正，积分曲线两端应水平。初步处理完的图谱，以溶剂峰或内标峰化学位移进行校正，然后对关注共振信号依次标注其化学位移，以供解析。积分峰面积时一般选择关注共振信号起始手动积分即可，通过积分面积可知原子核的数目。在定量试验中，以上处理过程直接影响定量结果的准确度，必须严格操作。其中峰面积积分的确定尤为关键。界定峰积分面积直接影响准确性与重现性；应将信号放大，取峰形轮廓线与基线重合处为其起、止点，且每一组峰的积分范围要固定，这样才能使积分面积重现性良好。

第二节　核磁共振技术分类及
在食品检测中的应用

核磁共振技术是基于原子核磁性的一种技术，20 世纪中期由荷兰物理学家 Goveter 最先发现，后由美国物理学家 Bloch 和 Purell 加以完善。NMR 技术可快速定量分析检测样品，对样品不具破坏性，而且简便、灵敏度高。另外，利用该技术可在短时间内同时获得样品中多种组分的弛豫时间曲线图谱，从而能准确地对样品进行分析鉴定。它的应用很广泛，例如在食品加工中，可用于测定物料的温度和水分含量及状态；在水果无损检测中，可用于水果的分级和内外部品质鉴定。

一、NMR 技术及其分类

NMR 即在静磁场中，具有磁性的原子核存在不同能级，用特定频率的电磁波照射样品，当电磁波能量等于能级差时，原子核吸收电磁能发生跃迁，产生共振吸收信号。NMR 现象来源于原子核的自旋角动量在外加磁场作用下的进动，而自旋角动量的具体数值是由原子核的自旋量子数决定的。迄今为止，只有自旋量子数等于 1/2 的原子核的核磁共振信号才能够被人们利用，常被利用的原子核有 ^1H、^{11}B、^{13}C、^{17}O、^{19}F、^{31}P 和 ^{23}Na 等。其中，氢核（^1H）只有一个质子，具有很强的磁矩。食品中的水、淀粉、糖和油中都有氢核，所以质子核磁共振技术（即 ^1H NMR）常用于食品成分的非破坏性检验。

NMR 技术主要有两个学科分支：核磁共振波谱法（nuclear magnetic resonance spectroscopy）和核磁共振成像技术（magnetic resonance imaging，MRI）。

核磁共振波谱法是基于化学位移理论发展起来的，根据所使用的射频场频率的高低，其又可分为高分辨率 NMR 波谱法和低分辨率 NMR 波谱法。前者主要用于研究化合物的分子结构，目前应用最广的是 ^1H NMR 和 ^{13}C NMR。由于食品结构复杂，该技术还只限于非常简单的食品模型。后者是通过 NMR 谱信号来分析食品的理化性质，信号的最初强度与样品中的原子核数量直接相关。由于价格相对低廉，仪器相对较小，低分辨率 NMR 法已成为食品工业应用较为广泛的技术。

核磁共振成像技术诞生于 1973 年，它是一种无损检测技术。对于食品品质的检测，NMR 显像可以使 NMR 波信号在样品中定位，为进行食品内部结构的直观透视研究提供强有力的手段，对食品加工和贮藏过程中的生化反应以及化学变化进行跟踪研究。

二、对食品成分的分析

1. 对食品中水分的分析

食品中水分含量的高低以及结合状态直接对食品的品质、加工特性、稳定性等有重要影响。NMR 的一个重要应用就是研究食品中水分的动力学和物理结构，它可以测定能反映水分子流动性的氢核的纵向弛豫时间 T_1 和横向弛豫时间 T_2。当水和底物紧密结合时，T_2 会降低，而游离水的流动性好，有较大的 T_2。这样就可以推测食品的相关特性。

（1）水分分布

Engelsen 等的试验结果表明，在焙烤过程中 T_2 曲线显示了多相性，并可分为 3 种变化（轻度结合水上升，牢固结合水下降，水相饱和），还观察到淀粉糊化的主要转变过程。Margit 等利用低频率 NMR 法研究冻藏肉时发现：冷冻温度越低、冻藏时间越长，肉在解冻、烹饪时的水分损失越多；高 pH 的新鲜肉比正常 pH 值的肌原纤维中水分分布更均匀（图 5-6、图 5-7）。

（2）水分含量

在 $-40\sim-20℃$ 下贮藏的牛肉、橘汁和面团等样品，利用 NMR 技术进行非冻结水分含量分析时发现：随着温度的降低，产品中水分不断冻结，导致非冻结水分含量显著减少，由单点斜面图像可以描绘出产品水分分布的一维、二维图像，从而为样品在冻藏过程中如何保证品质提供了依据。利用 3 种方法即（FID）曲线法、自旋-回波（spin-echo）法、高分辨率 NMR 波谱法对食品含水量进行了对比分析。

（3）水分性质

范明辉等利用 NMR 技术分析研究了与食品品质密切相关的水分子的流动性、持水力、水结合、水化等性质。Esselink 等通过流变学、NMR、电子显微镜发现生面团被挤成片状后其中的麸质网状结构形成并被打断，同时水分子的流动性增加，生面团成型之后网状结构恢复，水分子的流动性下降。Ruth 等利用 NMR 技术对经不同处理的新鲜奶酪进行快速检测，得出处理方式不同，产品的黏性、硬度以及脱水收缩的能力也不一样的结论。施高压、加辅料等处理也可能改变样品中水的结构和分子性质。

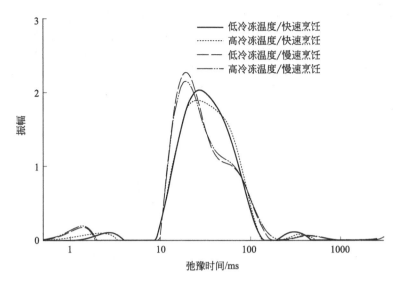

图 5-6　不同冷冻温度、不同烹饪速率下新鲜肉的弛豫时间 T_2 分布

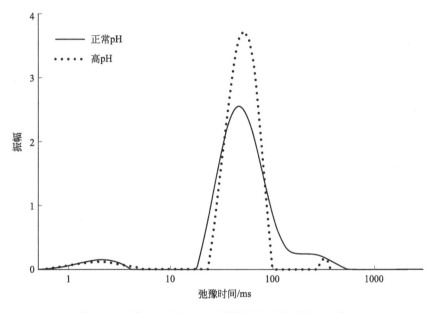

图 5-7　正常 pH 和高 pH 下新鲜肉的弛豫时间 T_2 分布

2. 对食品中淀粉的分析

NMR 技术用于淀粉研究，主要是利用体系中不同质子的不同弛豫时间来研究淀粉的糊化、回生或玻璃化转变。分子运动是多聚体玻璃化转变的基础，因此，利用脉冲 NMR 研究糖类和蛋白质在玻璃化转变过程中与刚性成分的自旋-自旋弛豫时间（T_2）的关系。当聚合物处于玻璃态时，T_2 不随温度而变，表现出刚性晶格的性质，玻璃化转变后，突破刚性晶格的限制，T_2 随温度升高而增大。由 T_2 和温度曲线可求得 T_g。利用 NMR 及其成像技术对大米蒸煮过程中淀粉糊化、水分含量及分布等进行了量化。用 ^{13}C NMR 谱图的信号强度之比来分析直链淀粉、支链淀粉以及酸水解和酶水解后的支链淀粉样品的分支程度。采用元素分析法、电泳技术和 NMR 波谱法对表氯醇作用下面粉与 NH_4OH 形成的交联化合物进行了含量、流动性以及结构特性的分析。

在淀粉及其衍生物中，有许多产物的化学结构十分类似，仅仅是重复单元数不同或原子排列次序不同，这些相似物用红外光谱或其他一些分析手段无法加以区别，而用 ^{13}C NMR 就能明确区别其结构的微小差异。在淀粉双螺旋结构的研究中,^{13}C NMR 更凸显它的优势。

　　不同生物来源的天然淀粉,它的核磁共振图谱轮廓上存在相似之处,都产生了 4 个主要的信号强度区域,分别为 C1 区域,C4 区域,C2、C3、C5 区域及 C6 区域。但 A-型淀粉在 C1 区域表现为特有的三重峰特征,这主要是由其螺旋对称排列中的 3 个葡萄糖残基所致;B-型淀粉则由其对称排列中的 2 个葡萄糖残基形成了特有的双重峰特征。天然玉米淀粉的 NMR 图谱见图 5-8,天然马铃薯淀粉的 NMR 图谱见图 5-9。

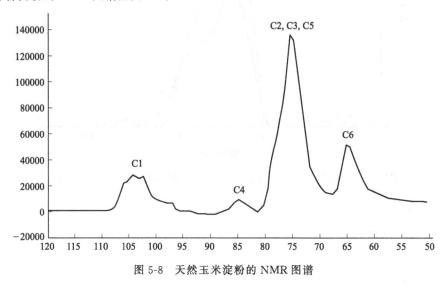

图 5-8　天然玉米淀粉的 NMR 图谱

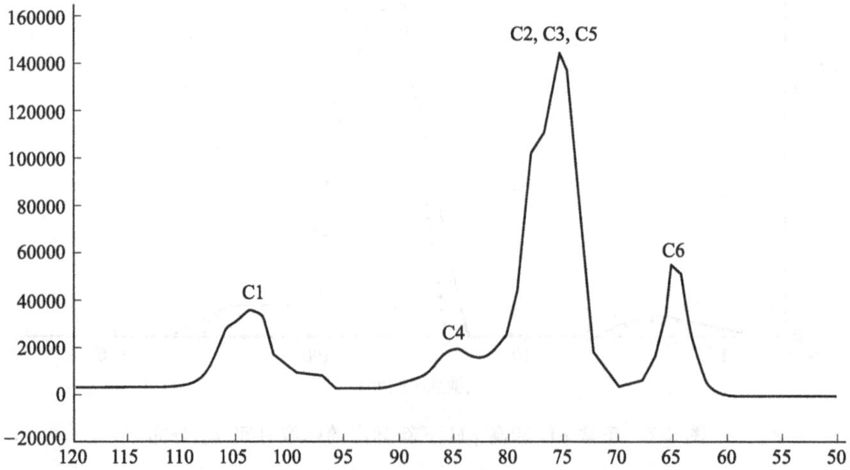

图 5-9　天然马铃薯淀粉的 NMR 图谱

3. 对食品中脂质物质的分析

　　油脂因为其生理、营养、风味功能和广泛的工业用途而受到高度重视,单一的 NMR 方法是取代油脂质量控制中采用固体脂肪指数(SRI)分析方法唯一可行的、有潜在用途的仪器分析方法,从而为改进食品加工工艺和质量打下了良好的基础。Ballerini 利用 MRI 法可以对比牛肉中不同质构(脂肪、瘦肉、连接组织)的差异,易于分析肉的切面,测得真实的脂肪含量(而非仅表面可见部分)。Mabaleha 等通过 GC 分析和 NMR 检测对精炼的西瓜籽油的各项质量指标进行对比评价,以确认它的可食用性以及能否在市场上作为后备商业食用油推广。

　　Bertam 等人以两种长链脂肪酸含量不同的奶酪作为研究对象(图 5-10,图 5-11),在奶酪连续冷却过程中测量弛豫时间 T_2,用以判断乳脂肪球的晶型转变,结果发现在 17℃ 和 22℃ 时两种

奶酪的 T_2 都发生了明显的突变，而运用 DSC 分析得出这些突变正好对应脂肪的结晶峰值，从而得出用 ^{1}H NMR 可以测定奶酪的相转变，并快速准确地得到结晶温度，如图 5-12 所示。

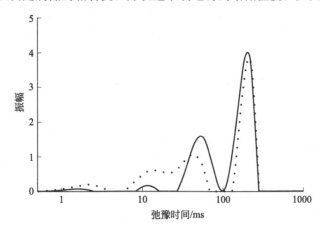

图 5-10　弛豫时间在样品奶油 1 中的分布

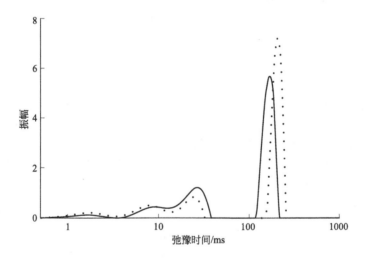

图 5-11　弛豫时间在样品奶油 2 中的分布

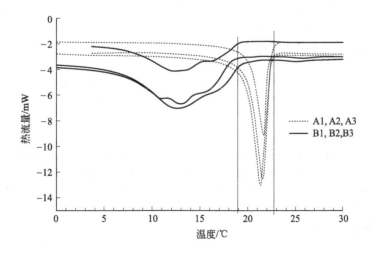

图 5-12　六种奶油样品的差示扫描量热放热剂（DSC）

4. 对食品中其他成分的分析

食品中钠元素的含量与分布在很大程度上影响着食品的口感和质地。NobuakiI 等采用 ^{23}Na NMR 成像技术对食品中的钠进行研究以期为食品的贮藏加工提供有效的帮助。结果表明，NMR 信号强度和食品中的 Na^+ 浓度成比例关系，并且在很大程度上取决于 Na^+ 的流动性。Hideki 等利用 ^{1}H NMR 法研究了单萜内酯类化合物与食品风味的关系。

三、对食品成分分子结构的测定

1. 糖的结构的测定

糖的化学结构十分相似，仅仅是重复单元数不同或原子排列次序不同，这些相似物用红外光谱或其他一些分析手段无法加以区别，而用 ^{13}C NMR 就能明确区别其结构的微小差异。据祝耀初等报道，NMR 技术在食品中糖的分析测定中常用 D_2O 作溶剂，有时亦用氘代二甲亚砜（DMSO-d_6）作溶剂，其测定结果代表了结晶态时糖的构型和纯度。此外，糖的各羟基都与同碳质子相偶合而产生裂分的双峰。WangYajun 等使 (1→3)-β-D-葡聚糖与硫酸在 $-6℃$ 进行异化作用制得 (1→3)-β-D-葡聚糖硫酸盐，^{1}H NMR 检测结果证实了该物质是葡聚糖的磺酸酯化合物，并且发现经磺酸化的多糖物质在形态上变得松散了。

2. 蛋白质和氨基酸的结构的测定

过去几十年由于二维核磁共振波谱技术及其相应计算方法的发展，核磁共振波谱学已成为研究蛋白质和氨基酸的结构、空间构型以及动力学的重要工具。Niccolai 等在研究 MNEI（一种含 96 种氨基酸的甜蛋白）时，用带顺磁探头的梯度 NMR 图谱仪研究其表面结构，以确定该甜蛋白可能的络合部位及与水的络合情况。张猛等综述了甜蛋白的化学位移、偶合常数、核间奥氏（NOE）效应以及同位素交换等确定蛋白质或多肽的二级结构的方法。Joachim 等对乳清和鸡蛋中的特定蛋白质的热变性过程以及变性之后的性质进行了低频率 NMR 检测。

另外，刘兴前等获得了 19 种氨基酸的 ^{1}H NMR 图谱，以《Handbook of proton-NMR spectra and data》中相应的氨基酸图谱为对照进行比较，其中 L-Ala、D-Ala、L-Leu、L-Pro 等 6 种氨基酸完全一致，其余 13 种非常相似；首次获得 L-丝氨酸和 L-色氨酸的 ^{1}H NMR 谱。

四、对水果品质的无损检测

1. 内部品质及成熟度

核磁共振技术（NMR）是探测浓缩氢核及被测物油水混合团料状态下的响应变化，能显示果实内部组织的高清晰图像，因此在测定含油水果如苹果、香蕉的糖度和含油成分方面有潜在价值。Chaughule 等用自由感应衰减（FID）谱测定人心果中的可溶性糖类，成熟与未成熟果实的 ^{13}C NMR 谱显示：前者的葡萄糖和果糖各有一个峰，而后者只有一个蔗糖峰。用 ^{1}H NMR 对人心果果实中的水分进行检测，结果发现在水果生长的早期，波峰较宽，说明水分的活动性受到限制；在成熟果实的波谱中，糖峰处于水峰的右边且稍低，峰形不对称，说明水与可溶性糖类之间具有相互作用。因此，观察人心果的 ^{13}C NMR 谱和 ^{1}H NMR 谱，可从其峰的特点推测其水和糖类的组成和状态。另外，桃、橄榄等水果核内含有富含水和油脂的种子，利用 NMR 法可以观察到暗色的圆圈中亮色的种子，利用此法可保证加工过程中果核剔除干净，使未加工果实及时分离出来。

2. 内部缺陷及损伤

庞林江等在利用 NMR 技术对不同贮藏温度下苹果内部褐变引起果实成分变化的检测和监控方面也有报道。Chen 等人利用 NMR 技术来测定桃和梨，结果发现在 NMR 图像中，果实的受损伤部分比邻近区域更亮，有虫害的部分比没有虫害的部分要暗，干枯的部分比正常部分要暗淡，有空隙的部分要显得暗淡。

3. 贮藏过程中的变化

Barreiro 等运用 MRI 图像技术对苹果和桃子在不同贮藏条件下的变化进行了研究，结果表明，CA 贮藏明显优于冷藏。Kerr 等运用 MRI 技术观察了猕猴桃在 $-40℃$ 流动空气中冷冻时冰形成的动态过程。这些都将为水果贮藏提供有效的依据。

五、核磁共振技术的发展趋势与前景

  NMR 技术在食品分析中的应用远不止本文中所列举的，包括在食品污染物的分析和农药残留、肉中同化剂的作用、氨基酸的测定、食品中的 pH 及氧化还原反应以及乳制品中微生物的测定等方面的研究都开始迅速发展。但是，NMR 技术也存在仪器造价昂贵和信号分析具有专门性与复杂性等缺点，且在实际应用中也还存在一些问题，有待于进一步深入研究，这些都限制了此种仪器在食品领域中的普及和新仪器的开发。因此，在今后的相关研究中，应该集中解决这些限制条件，进一步完善 NMR 技术，不断开发仪器的新功能，并进一步降低成本。NMR 技术将在食品分析检测研究中得到更为广泛的应用和发展。

参 考 文 献

[1] Ballerini L. Determination of fat content in NMR images of meat [C]. //International Symposium on Optical Science and Technology. International Society for Optics and Photonics, 2000: 680-687.

[2] Banci L, Bertini I, Luchinat C, et al. NMR in structural proteomics and beyond [J]. Prog Nucl Mag Res Sp, 2010, 56 (3): 247-266.

[3] Barreiro P, Ortiz C, Ruiz-Altisent M, et al. Mealiness assessment in apples and peaches using MRI techniques [J]. Magnetic Resonance Imaging, 2000, 18 (9): 1175.

[4] Bertram H C, Wiking L, Nielsen J H, et al. Direct measurement of phase transitions in milk fat during cooling of cream--a low-field NMR approach [J]. International Dairy Journal, 2005, 15 (10): 1056-1063.

[5] Bharti SK, Roy R. Quantitative ^{1}H NMR spectroscopy [J]. Trac-Trend Anal Chem, 2012, 35: 5-26.

[6] Chaughule R S, Mali P C, Patil R S, et al. Magnetic resonance spectroscopy study of sapota fruits at various growth stages [J]. Innovative Food Science & Emerging Technologies, 2002, 3 (2): 185-190.

[7] Chen P, Mccarthy M J, Kauten R. NMR for internal quality evaluation of fruits and vegetables [J]. Analytica Chimica Acta, 1989, 32 (5): 1747-1753.

[8] Claridge TDW. 有机化学中的高分辨 NMR 技术 [M]. 北京：科学出版社，2010.

[9] Cohen Y, Avram L, Frish L. Diffusion NMR spectroscopy in supramolecular and combinatorial chemistry: an old parameter—New insights [J]. Angew Chem Int Edit, 2005, 44: 520-554.

[10] Engelsen S B, Jensen M K, Pedersen H T, et al. NMR-baking and multivariate prediction of instrumental texture parameters in bread [J]. Journal of Cereal Science, 2001, 33 (1): 59-69.

[11] Goetz J, Koehler P. Study of the thermal denaturation of selected proteins of whey and egg by low resolution NMR [J]. LWT - Food Science and Technology, 2005, 38 (5): 501-512.

[12] Holzgrabe U, Malet-Martino M. Analytical challenges in drug counterfeiting and falsification--the NMR approach [J]. J Pharm Biomed Anal, 2011, 55 (4): 679-687.

[13] Ishida N, Kobayashi T, Kano H, et al. ^{23}Na-NMR imaging of foods (analytical chemistry) [J]. Agricultural & Biological Chemistry, 1991, 55 (9): 2195-2200.

[14] Kasai M, Lewis A, Marica F, et al. NMR imaging investigation of rice cooking [J]. Food Research International, 2005, 38 (4): 403-410.

[15] Kerr W L, Clark C J, Mccarthy M J, et al. Freezing effects in fruit tissue of kiwifruit observed by magnetic resonance imaging [J]. Scientia Horticulturae, 1997, 69 (3-4): 169-179.

[16] Mabaleha M B, Mitei Y C, Yeboah S O. A comparative study of the properties of selected melon seed oils as potential candidates for development into commercial edible vegetable oils [J]. Journal of the American Oil Chemists Society, 2007, 84 (1): 31-36.

[17] Malz F, Jancke H. Validation of quantitative NMR [J]. Pharm Biomed Anal, 2005, 38 (5): 813-823.

[18] Mortensen M, Andersen H J, Engelsen S B, et al. Effect of freezing temperature, thawing and cooking rate on water distribution in two pork qualities [J]. Meat Science, 2006, 72 (1): 34-42.

[19] Niccolai N, Spadaccini R, Scarselli M, et al. Probing the surface of a sweet protein: NMR study of MNEI with a paramagnetic probe [J]. Protein science : a publication of the Protein Society, 2001, 10 (8): 1498.

[20] Tateba H, Mihara S. Structure-Odor Relationships in Monoterpenelactones [J]. Journal of the Agricultural Chemical Society of Japan, 1990, 54 (9): 2271-2276.

[21] Thuduppathy GR, Hill RB. Applications of NMR spin relaxation methods for measuring biological motions [J]. Methods Enzymol, 2004, 384 (12): 243-264.

［22］ Wang Y J, Yao S J, Guan Y X, et al. A novel process for preparation of (1 to 3)-β-D-glucan sulphate by a heterogeneous reaction and its structural elucidation [J]. Carbohydrate Polymers, 2005, 59 (1): 93-99.

［23］ 蔡宏浩. 核磁共振新技术在食品科学研究中的应用 [D]. 厦门: 厦门大学, 2015.

［24］ 陈卫江, 林向阳, 阮榕生, 等. 核磁共振技术无损快速评价食品水分的研究 [J]. 食品研究与开发, 2006, 27 (4): 125-127.

［25］ 范明辉, 范崇东, 王淼. 利用脉冲 NMR 研究食品体系中的水分性质 [J]. 食品与机械, 2004, 20 (2): 45-48.

［26］ 高艺书, 范大明, 王丽云, 等. 基于^{1}H NMR 的大米淀粉与马铃薯淀粉水合过程的水状态及分布差异研究 [J]. 食品与发酵工业, 2017, 43 (5): 93-98.

［27］ 黄东雨, 黄雪莲, 卢雪华, 等. 核磁共振技术在食品工业中的应用 [J]. 食品研究与开发, 2010, 31 (11): 220-223.

［28］ 李欣. 核磁共振技术在食品检测中的应用 [J]. 食品安全导刊, 2017 (10): 76-77.

［29］ 刘纯友, 马美湖, 王庆玲, 等. 核磁共振技术在食品脂质研究中的应用新进展 [J]. 食品工业科技, 2017, 38 (12): 342-346.

［30］ 刘兴前, 胡娟, 苏甫, 等. ^{1}H NMR 技术在氨基酸分析和 ATM 降解产物检测中的应用 [J]. 西南国防医药, 2002, 12 (3): 247-248.

［31］ 刘延奇, 吴史博, 毛自荐. 固体核磁共振技术在淀粉研究中的应用 [J]. 农产品加工: 学刊, 2008 (7): 9-11.

［32］ 吕玉光, 宋笛, 于莉莉, 等. 现代核磁共振技术教学研究及其在分析检测中的应用 [J]. 分析仪器, 2016 (2): 58-62.

［33］ 庞林江, 王允祥, 何志平, 等. 核磁共振技术在水果品质检测中的应用 [J]. 农机化研究, 2006 (8): 176-180.

［34］ 彭树美, 林向阳, 阮榕生, 等. 核磁共振及成像技术在食品工业中的应用 [J]. 食品科学, 2008, 29 (11): 712-716.

［35］ 齐恒玄. 核磁共振技术在致密砂岩气中的应用 [J]. 地下水, 2013, 35 (2): 48-49.

［36］ 齐银霞, 成坚, 王琴. 核磁共振技术在食品检测方面的应用 [J]. 食品与机械, 2008 (6): 117-120.

［37］ 孙明慧, 张小蒙, 卓微伟, 等. 代谢组学在中医药研究中的应用 [J]. 江苏科技信息, 2017 (9): 44-45.

［38］ 田靖, 王玲. 核磁共振技术在农业中的应用研究进展 [J]. 江苏农业科学, 2015, 43 (1): 12-16.

［39］ 王娜, 张锦胜, 金志强, 等. 核磁共振技术研究淀粉及其抗性淀粉中水分的流动性 [J]. 食品科学, 2009, 30 (17): 20-23.

［40］ 王志强, 张凌. 核磁共振技术在食品检测方面的应用分析 [J]. 中国科技投资, 2017 (23): 326.

［41］ 肖蕊. 核磁共振技术在食品分析检测中的应用 [J]. 黑龙江科学, 2015 (19): 116.

［42］ 张猛, 杨频. 核磁共振研究蛋白二级结构的方法 [J]. 化学通报, 2000, 63 (12): 26-33.

［43］ 周凝, 刘宝林, 王欣. 核磁共振技术在食品分析检测中的应用 [J]. 食品工业科技, 2011, 32 (1): 325-329.

第六章 »»»
原子吸收分光光度法

第一节　概述

一、原子吸收分光光度法的发展历程

原子吸收分光光度法又称原子吸收光谱法或简称原子吸收法，它是一种基于蒸气相中待测元素的基态原子对特征谱线的吸收而建立的一种定量分析方法。

原子吸收法的三个发展阶段：

1. 原子吸收现象的发现

1802 年，Wollaston 发现太阳光谱的暗线；1859 年，Kirchhoff 和 Bunson 解释了暗线产生的原因，是大气层中的钠原子对太阳光选择性吸收的结果。

2. 空心阴极灯的发明

1955 年，Walsh 发表了一篇论文——"Application of atomic absorption spectrometry to analytical chemistry"，解决了原子吸收光谱的光源问题，20 世纪 50 年代末，PE 公司和 Varian 公司推出了商品化仪器。

3. 电热原子化技术的提出

1959 年，里沃夫提出电热原子化技术，大大提高了原子吸收的灵敏度。

二、原子吸收光谱法的特点

1. 原子吸收分析的主要优点

① 测定灵敏度高：检出限可达 $10^{-12} \sim 10^{-9}$ g。

② 应用范围广：可以测定 70 多种元素，不仅可以测定金属元素，也可以用间接的方法测定非金属化合物及有机化合物；既能用于微量分析，又能用于超微量分析。

③ 选择性强：样品不需经烦琐的分离，可以在同一溶液中直接测定多种元素。

④ 仪器较简单，操作方便，分析速度快，测定一种元素只需数分钟。

⑤ 测量精度好：火焰原子吸收法测定中等和高含量元素的相对标准偏差可小于 1%，测量精度已接近经典化学方法。石墨炉原子吸收法的测量精度一般为 3%～5%。

2. 原子吸收分析的不足之处

原子吸收分析法测定某种元素需要该元素的光源，不利于同时测定多种元素；对一些难熔元素测定的灵敏度和精密度都不很高；无火焰原子化法虽然灵敏度高，但是精密度和准确度不够理想，有待进一步改进提高。

第二节　原子吸收分光光度计的基本结构与分类

一、原子吸收分光光度计的基本结构

原子吸收分光光度计（原子吸收光谱分析仪）包括四大部分：光源、原子化系统、分光系统、检测系统，如图 6-1 所示。

1. 光源

光源的作用是辐射待测元素的特征光谱（实际辐射的是共振线和其他非吸收谱线），以供测量用。为了获得较高的灵敏度和准确度，所使用的光源必须满足如下要求：

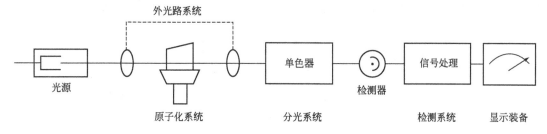

外光路系统

光源　　　原子化系统　　分光系统　　　单色器　　检测器　　信号处理　　检测系统　　显示装备

图 6-1　原子吸收分光光度计基本构造示意图

（1）能辐射锐线，即发射线的半宽度要比吸收线的半宽度窄得多，否则测出的不是峰值吸收系数。

（2）能辐射待测元素的共振线。

（3）辐射的光强度必须足够大，稳定性要好。

空心阴极灯（hollow cathode lamp）能够满足上述要求，是一种理想的锐线光源，应用最广泛。普通空心阴极灯是一种气体放电管，它包括一个阳极（钨棒）和一个空心圆筒形阴极，两电极密封于充有低压惰性气体、带有石英窗（或玻璃窗）的玻璃管中。其结构见图 6-2。

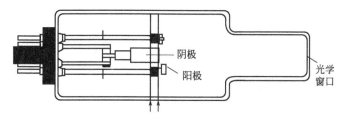

阴极
阳极
光学窗口

图 6-2　空心阴极灯

其阴极用金属或合金制成阴极衬套，用以发射所需的谱线，空穴内再衬入或熔入所需金属（待测元素）。当阴极材料只含一种元素时为单元素灯，含多种元素的物质可制成多元素灯。当给空心阴极灯适当电压时，可发射所需特征谱线。为了避免光谱干扰，制灯时必须用纯度较高的阴极材料或选择适当的内充气体。

空心阴极灯的光强度与灯的工作电流有关。增大灯的工作电流，可以增加发射强度。但工作电流过大，会产生自蚀现象而缩短灯的寿命，还会造成灯放电不正常，使发射光强度不稳定。但如果工作电流过低，又会使灯光强度减弱，导致稳定性、信噪比下降。因此，使用空心阴极灯时必须选择适当的工作电流。最适宜的工作电流随阴极元素和灯的设计不同而变化。

空心阴极灯在使用前应经过一段时间预热，使灯的发射强度达到稳定。预热的时间长短视灯的类型和元素的不同而不同，一般在 5～20min 范围内。空心阴极灯具有下列优点：只有一个操作参数（即电流），发射的谱线稳定性好、强度高而谱线宽度窄，并且灯容易更换。其缺点是每测一种元素，都要更换相应的待测元素的空心阴极灯。

2. 原子化系统

原子化系统是原子吸收光谱仪的核心。原子化系统的作用是将试样中的待测元素转变成基态原子蒸气。原子化过程是待测元素由化合物离解成基态原子的过程。

目前，使试样原子化的方法有火焰原子化法和无火焰原子化法两种。火焰原子化法具有简单、快速、对大多数元素有较高的灵敏度和检测极限等优点，因而至今使用仍是最广泛的。无火焰原子化技术具有较高的原子化效率、灵敏度和检测极限，因而发展很快。

（1）火焰原子化装置

例如要测定样品液中镁的含量（图 6-3），先将试液喷射成雾状进入燃烧火焰中，含镁盐的雾滴在火焰温度下，挥发并离解成镁原子蒸气。再用镁空心阴极灯作光源，它辐射出具有波长为 285.2nm 的镁特征谱线的光，当通过一定厚度的镁原子蒸气时，部分光被蒸气中的基态镁原子吸收而减弱。通过单色器和检测器测得镁特征谱线光被减弱的程度，即可求得试样中镁的含量。

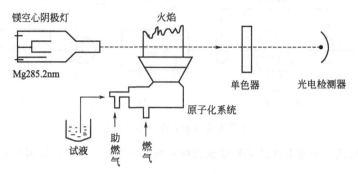

图 6-3　火焰原子化装置示意图

火焰原子化装置包括雾化器和燃烧器两部分。

① 雾化器：雾化器的作用是将试液雾化，其性能对测定的精密度及测定过程中的化学干扰等产生显著影响。因此要求喷雾稳定、雾滴微小而均匀和雾化效率高。目前普遍采用的是气动同轴型雾化器，其雾化效率可达 10% 以上。图 6-4 为一种雾化器的示意图。

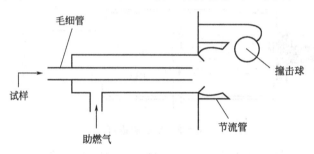

图 6-4　雾化器

在毛细管外壁与喷嘴构成的环形间隙中，由于高压助燃气（空气、氧、氧化亚氮等）以高速通过，造成负压区，从而将试液沿毛细管吸入，并被高速气流分散成溶胶（即成雾滴）。为了减小雾滴的粒度，在雾化器前几毫米处放置一撞击球，喷出的雾滴经节流管碰在撞击球上，进一步分散成细雾。

② 燃烧器：图 6-5 为预混合型燃烧器的示意图，试液雾化后进入预混合室（也称雾化室），与燃气（如乙炔、丙烷、氢等）在室内充分混合，其中较大的雾滴凝结在壁上，经预混合室下方的废液管排出，而最细的雾滴则进入火焰中。

③ 火焰原子吸收光谱分析：测定的是基态原子，而火焰原子化法是使试液变成原子蒸气的一种理想方法。化合物在火焰温度的作用下经历蒸发、干燥、熔化、离解、激发和化合等复杂过程。在此过程中，除产生大量游离的基态原子外，还会产生很少量的激发态原子、离子和分子等不吸收辐射的粒子，这些粒子是需要尽量设法避免的。关键是控制好火焰的温度，只要能使待测元素离解成游离的基态原子即可，如果超过所需温度，激发态原子将增加，基态原子减少，使原子吸收的灵敏度下降。但如果温度过低，对某些元素的盐类不能离解，也使灵敏度下降。

一般易挥发或电离电位较低的元素（如 Pb、Cd、Zn、碱金属及碱土金属等），应使用低温且燃烧速度较慢的火焰；与氧易生成耐高温氧化物而难离解的元素（如 Al、V、Mo、Ti 及 W 等），应使用高温火焰。表 6-1 列出了几种常用火焰的温度。

如表 6-1 所示，火焰温度主要取决于燃料气体和助燃气体的种类，还与燃料气与助燃气的流量有关。火焰有三种状态：中性火焰（燃气与助燃气的比例与它们之间化学反应计量相近时）、贫燃性火焰（又称氧化性火焰，助燃气大于化学计算量时形成的火焰）、富燃性火焰（又称还原性火焰，燃气量大于化学计算量时形成的火焰）。一般富燃性火焰比贫燃性火焰温度低，由于燃烧不完全，形成强还原性，有利于易形成难离解氧化物的元素的测定；燃烧速度指火焰的传播速度，它影响火焰的安全性和稳定性。要使火焰稳定，可燃混合气体的供气速度应大于燃烧速度，但供气速度过大，会使火焰不稳定，甚至吹灭火焰，过小则会引起回火。

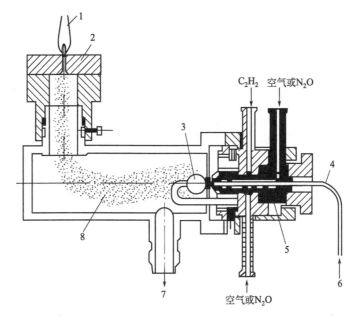

图 6-5　预混合型燃烧器

1—火焰；2—喷头；3—撞击球；4—毛细管；5—雾化器；6—试液；7—废液；8—预混合室

表 6-1　火焰温度及燃烧速度

燃料气体	助燃气体	最高温度/K	燃烧速度/(cm/s)
煤气	空气	2110	55
丙烷	空气	2195	82
氢气	空气	2320	320
乙炔	空气	2570	160
氢气	氧气	2970	900
乙炔	氧气	3330	1130
乙炔	氧化亚氮	3365	180

火焰的组成关系到测定的灵敏度、稳定性和干扰等，因此，对不同的元素应选择不同而恰当的火焰。常用的火焰有空气-乙炔、氧化亚氮-乙炔等。

a. 空气-乙炔火焰：这是用途最广的一种火焰。最高温度约 2600K，燃烧速度稳定、重复性好、噪声低，能用以测定 35 种以上的元素，但测定易形成难离解氧化物的元素（例如 Al、Ta、Ti、Zr 等）时灵敏度很低，不宜使用。这种火焰在短波长范围内对紫外光的吸收较强，易使信噪比变坏，因此应根据不同的分析要求，选择不同特性的火焰。

b. 氧化亚氮-乙炔火焰：火焰温度高达 3300K，具有强还原性，使许多离解能较高的难离解元素氧化物原子化，原子化效率较高。由于火焰温度高，可消除在空气-乙炔火焰或其他火焰中可能存在的某些化学干扰。

对于氧化亚氮-乙炔火焰的使用，火焰条件的调节，例如燃气与助燃气的比例、燃烧器的高度等，远比用普通的空气-乙炔火焰严格，甚至稍微偏离最佳条件，也会使灵敏度明显降低，这是必须注意的。由于氧化亚氮-乙炔火焰容易发生爆炸，因此在操作中应严格遵守操作规程。

c. 氧屏蔽空气-乙炔火焰：一种新型高温火焰，温度可达 2900K 以上，它为用原子吸收法测定铝和其他一些易生成难离解氧化物的元素提供了一种新的可能性。这是一种用氧气流将空气-乙炔焰与空气隔开的火焰。由于它具有较高的温度和较强的还原性，氧气又较氧化亚氮价廉而易得，因而受到重视。

火焰原子化的方法，由于重现性好、易于操作，已成为原子吸收分析的标准方法。

（2）无火焰原子化装置

火焰原子化方法的主要缺点是，待测试液中仅有约 10％被原子化，而约 90％的试液由废液管排出。这样低的原子化效率成为提高灵敏度的主要障碍。无火焰原子化装置可以提高原子化效率，使灵敏度增加 10～200 倍，因而得到较多的应用。

无火焰原子化装置有多种：电热高温石墨炉、石墨坩埚、石墨棒、钽舟、镍杯、高频感应加热炉、空心阴极溅射、等离子喷焰、激光等。

① 电热高温石墨炉原子化器（atomization in graphite furnace）：这种原子化器将一个石墨管固定在两个电极之间，管的两端开口，安装时使其长轴与原子吸收分析光束的通路重合。如图 6-6 及图 6-7 所示，石墨管的中心有一进样口，试样（通常是液体）由此注入。为了防止试样及石墨管氧化，需要在不断通入惰性气体（氮或氩）的情况下用大电流（300A）通过石墨管。石墨管被加热至高温时使试样原子化，实际测定时分干燥、灰化、原子化、净化四步程序升温，由微机控制自动进行。

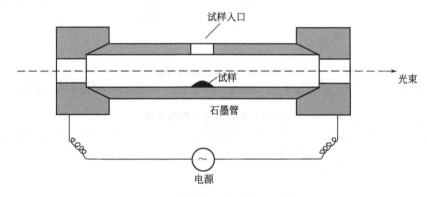

图 6-6　电热高温石墨炉原子化器

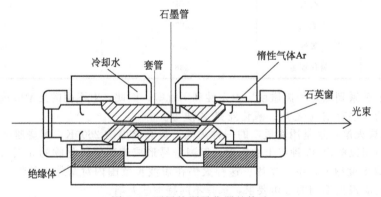

图 6-7　石墨炉原子化器的构造

a. 干燥：干燥的目的是在较低温度（通常为 105℃）下蒸发去除试样的溶剂，以免导致灰化和原子化过程中试样飞溅。

b. 灰化：灰化的作用是在较高温度（350～1200℃）下进一步去除有机物或低沸点无机物，以减少基体组分对待测元素的干扰。

c. 原子化：原子化温度随被测元素而异（2400～3000℃）。

d. 净化：净化的作用是将温度升至最大允许值，以去除残余物，消除由此产生的记忆效应。

石墨炉原子化方法的最大优点是注入的试样几乎可以完全原子化。特别是对于易形成耐熔氧化物的元素，由于没有大量氧存在，并由石墨提供了大量碳，所以能够得到较好的原子化效率。当试样含量很低或只能提供很少量的试样又需测定其中的痕量元素时，也可以正常进行分析，其检出极限可达 10^{-12} 数量级，试样用量仅为 $1\sim100\mu L$，可以测定黏稠或固体试样。

石墨炉原子化方法的缺点是精密度、测定速度不如火焰法高，装置复杂，费用高。

② 氢化物原子化装置（hydride atomization）：氢化物原子化法是另一种无火焰原子化法。主要是因为有些元素在火焰原子化吸收中灵敏度很低，不能满足测定要求，火焰分子对其共振线产生吸收，如 As、Sb、Ge、Hg、Bi、Sn、Se、Pb 和 Te 等元素，这些元素或其氢化物在低温下易挥发。例如砷在酸性介质中与强还原剂硼氢化钠（或钾）反应生成气态氢化物。其反应为：

$$AsCl_3 + 4NaBH_4 + HCl + 8H_2O == AsH_3\uparrow + 4NaCl + 4HBO_2 + 13H_2\uparrow$$

生成的氢化物不稳定，可在较低的温度（一般为 $700\sim900\degree C$）分解、原子化，其装置分为氢化物发生器和原子化装置两部分。

氢化物原子化法由于还原转化为氧化物时的效率高，且氢化物生成的过程本身就是个分离过程，因而具有高灵敏度（可达 $10^{-9}g$）、较少的基体干扰和化学干扰、选择性好等优点。但精密度比火焰法差，产生的氢化物均有毒，要在良好的通风条件下进行。

3. 分光系统

原子吸收分光光度计的分光系统又称单色器，它的作用是将待测元素的共振线与邻近谱线分开（要求能分辨开如 Ni 230.003nm、Ni 231.603nm、Ni 231.096nm）。单色器是由色散元件（可以用棱镜或衍射光栅）、反射镜和狭缝组成。为了阻止非检测谱线进入检测系统，单色器通常放在原子化器后边。该系统如图 6-8 所示。

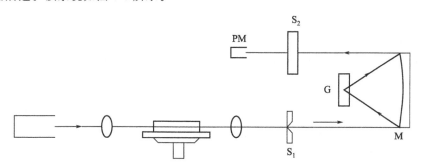

图 6-8　单色分光系统示意图

G—光栅；M—反射镜；S_1—入射狭缝；S_2—出射狭缝；PM—检测器

原子吸收所用的吸收线是锐线光源发出的共振线，它的谱线比较简单，因此对仪器的色散能力的要求并不是很高，同时，为了便于测定，又要有一定的出射光强度，因此，若光源强度一定，就需要选用适当的光栅色散率与狭缝宽度配合，构成适于测定的通带（或带宽）来满足上述要求。通带是由色散元件的色散率与入射及出射狭缝宽度（两者通常是相等的）决定的，其表示式如下：

$$W = DS \tag{6-1}$$

式中，W 为单色器的通带宽度，nm；D 为光栅倒线色散率，nm/mm；S 为狭缝宽度，mm。

由式(6-1) 可见，当光栅色散率一定时，单色器的通带可通过选择狭缝宽度来确定。

当仪器的通带增大即调宽狭缝时，出射光强度增加，但同时出射光包含的波长范围也相应加宽，使单色器的分辨率降低，这样，未被分开的靠近共振线的其他非吸收谱线，或者火焰中不被吸收的光源发射背景辐射亦经出射狭缝而被检测器接收，从而导致测得的吸收值偏低，使工作曲线弯曲，产生误差。反之，调窄狭缝可以改善实际分辨率，但出射光强度降低。因此，应根据测定的需要调节合适的狭缝宽度。

4. 检测系统

检测系统主要由检测器、放大器、读数和记录系统所组成。常用光电倍增管作检测器，把经过单色器分光后的微弱光信号转换成电信号，再经过放大器放大后，在读数器装置上显示出来。

二、原子吸收分光光度计的类型

原子吸收分光光度计按分光系统可分为单光束型和双光束型两种。

单光束型仪器构造简单，灵敏度较高，能满足一般的分析需要，应用广泛，但受光源强度变化的影响而导致基线漂移。单光束型的构造原理如图6-8所示。

双光束型可以克服基线漂移，其光学系统如图6-9所示，从空心阴极灯发射的辐射光被分为两束，试样光束通过原子化器，参比光束不通过原子化器，然后两束光会合到单色器。利用参比光束补偿光源辐射光强度变化的影响，其灵敏度和准确度都比单光束型好。但因为参比光束不通过火焰，故不能消除火焰背景的影响。

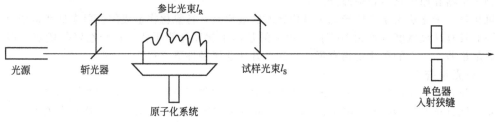

图6-9　双光束型光学系统示意图

三、原子吸收分光光度计的特点

(1) 锐线光源。

(2) 分光系统安排在火焰及检测器之间，可避免火焰对检测器的影响，一般分光光度计都放在样品之前。

(3) 为了区分光源（经原子吸收减弱后的光源辐射）和火焰发射的辐射（发射背景），仪器应采用调制方式进行工作。现在多采用的方法是光源的电源调制，即空心阴极灯采用短脉冲供电，此时光源发射出调制为400Hz或500Hz的特征光线。电源调制除了比机械调制能更好地消除发射背景的影响外，还能提高共振线发射光强度及稳定性，降低噪声。

第三节　原子吸收分析的基本原理

一、原子吸收光谱的产生

当辐射光通过待测物质产生的基态原子蒸气时，若入射光的能量等于原子中的电子由基态跃迁到激发态的能量，该入射光就可能被基态原子所吸收，使电子跃迁到激发态。

原子吸收光的波长通常在紫外和可见区。若入射光是强度为I_0的不同频率的光，通过宽度为b的原子蒸气时（图6-10），有一部分光将被吸收，若原子蒸气中原子密度一定，则透过光（或吸收光）的强度与原子蒸气宽度的关系同有色溶液吸收光的情况完全类似，服从朗伯（Lambert）定律，即：

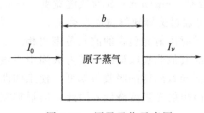

图6-10　原子吸收示意图

$$I_\nu = I_0 e^{-k_\nu b} \tag{6-2}$$

式中，I_0为入射光强度；I_ν为透过光强度；k_ν为原子蒸气对频率为ν的光的吸收系数；b为原子蒸气的宽度。

二、共振线与吸收线

原子可具有多种能级状态，当原子受外界能量激发时，其最外层电子可能跃迁到不同能级，因此可能有不同的激发态。电子从基态跃迁到能量最低的激发态（称为第一激发态）时要吸收一定频率的光。电子从基态跃迁至第一激发态所产生的吸收谱线称为共振吸收线（简称共振线）。各种元素的原子结构和外层电子排布不同，不同元素的原子从基态激发至第一激发态时，吸收的能量不同，因而各种元素的共振线不同，各有其特征性，所以这种共振线是元素的特征谱线。

这种从基态到第一激发态间的直接跃迁最易发生，因此，对大多数元素来说，共振线是元素的灵敏线。在原子吸收分析中，就是利用处于基态的待测原子蒸气吸收光源辐射而产生的共振线来进行分析的。

由于物质的原子对光的吸收具有选择性，对不同频率的光，原子对光的吸收也不同，故透过光的强度，随着光的频率不同而有所变化，其变化规律如图 6-11 所示，在频率 ν_0 处透过的光最少，即吸收最大，我们把这种情况称为原子蒸气在特征频率 ν_0 处有吸收线。如图 6-11 所示，电子从基态跃迁至激发态所吸收的谱线（吸收线）绝不是一条对应某一单一频率的几何线，而是具有一定的宽度，通常称之为谱线轮廓（line profile）。

谱线轮廓上各点对应的吸收系数 k_ν 是不同的，如图 6-12 所示，在频率 ν_0 处，吸收系数有极大值（k_0），又称为峰值吸收系数。吸收系数等于极大值的一半（$k_0/2$）处吸收线轮廓上两点间的距离（即两点间的频率差），称为吸收线的半宽度（half-width），以 $\Delta\nu$ 表示，其数量级为 $10^{-3} \sim 10^{-2}$ nm，通常以 ν_0 和 $\Delta\nu$ 来表征吸收线的特征值，前者由原子的能级分布特征决定，后者除谱线本身具有的自然宽度外，还受多种因素的影响。

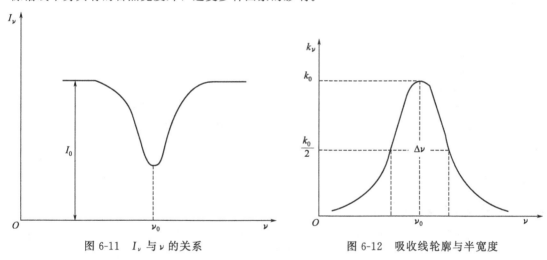

图 6-11 I_ν 与 ν 的关系　　　　　　图 6-12 吸收线轮廓与半宽度

在通常原子吸收光谱法条件下，吸收线轮廓主要受多普勒变宽（Doppler broadening）和劳伦兹变宽（Lorentz broadening）的影响。劳伦兹变宽是由于吸收原子和其他粒子碰撞而产生的变宽。当共存元素原子浓度很小时，吸收线宽度主要受多普勒变宽影响。

$$\Delta\nu_0 = 7.162 \times 10^{-7} \nu_0 \sqrt{\frac{T}{M}} \tag{6-3}$$

式中，ν_0 为谱线的中心频率；T 为热力学温度；M 为分子量。

由式(6-3) 中可以看出，待测原子的分子量越小，温度越高，则吸收线轮廓变宽越显著，导致原子吸收分析的灵敏度越低。

三、激发时基态原子与总原子数的关系

在原子化过程中，待测元素吸收了能量，由分子离解成原子，此时的原子，大部分都是基态原子，有一小部分可能被激发，成为激发态原子。而原子吸收法是利用待测元素的原子蒸气中基

态原子对该元素的共振线的吸收来进行测定的，所以原子蒸气中基态原子与待测元素原子总数之间的关系即分布情况如何，直接关系到原子吸收效果。

在一定温度下，达到热平衡后，处在激发态和基态的原子数的比值遵循玻尔兹曼（Bohzmann）分布：

$$\frac{N_j}{N_0} = \frac{P_j}{P_0} e^{-\frac{E_j - E_0}{KT}} \tag{6-4}$$

式中，N_j 为单位体积内激发态原子数；N_0 为单位体积内基态的原子数；P_j 为激发态统计权重，它表示能级的简并度，即相同能级的数目；E_j 为基态统计权重，它表示能级的简并度，即相同能级的数目；E_0 为激发态原子能级的能量；K 为玻尔兹曼（Boltzmann）常数；T 为热力学温度，K。

对共振线来说，电子是从基态（$E=0$）跃迁到第一激发态，因此，在原子光谱中，对一定波长的谱线，P_j/P_0 和 E_j（激发能）都是已知值，只要火焰温度 T 确定，就可求得 N_j/N_0。表6-2 列出了几种元素共振线的 N_j/N_0 值。

表 6-2　几种元素共振线的 N_j/N_0 值

共振线/nm		P_j/P_0	激发能/eV	N_j/N_0	
				$T=2000K$	$T=3000K$
Na	589.0	2	2.104	0.99×10^{-5}	5.83×10^{-4}
Sr	460.7	3	2.690	4.99×10^{-7}	9.07×10^{-5}
Ca	422.7	3	2.932	1.22×10^{-7}	3.55×10^{-5}
Fe	372.0	—	3.332	2.99×10^{-9}	1.31×10^{-6}
Ag	328.1	2	3.778	6.03×10^{-10}	8.99×10^{-7}
Cu	324.8	2	3.817	4.82×10^{-10}	6.65×10^{-7}
Mg	285.2	3	4.346	3.35×10^{-11}	1.50×10^{-7}
Pb	283.3	3	4.375	2.83×10^{-11}	1.34×10^{-7}
Zn	213.9	3	5.795	7.45×10^{-10}	5.50×10^{-10}

从表6-2 可看出，温度越高，N_j/N_0 值越大。在同一温度下，电子跃迁的能级 E_j 越小，共振线的波长越长，N_j/N_0 值也越大。常用的热激发温度一般低于3000K，大多数的共振线波长都小于600nm，因此，对大多数元素来说，N_j/N_0 值都很小（<1%），即热激发中的激发态原子数远小于基态原子数，也就是说，火焰中基态原子占绝对多数，因此，可以用基态原子数 N_0 代表吸收辐射的原子总数。

四、原子吸收法的定量基础

原子蒸气所吸收的全部能量，在原子吸收光谱法中称为积分吸收，理论上如果能测得积分吸收值，便可计算出待测元素的原子数。但是由于原子吸收线的半宽度很小，约为0.002nm，要测量这样一条半宽度很小的吸收线的积分吸收值，就需要有分辨率高达50万的单色器，这个技术直到目前也还是难以做到的。

而在1955年，瓦尔什（Walsh）从另一条思路考虑，提出了采用锐线光源测量谱线峰值吸收（peak absorption）的办法来加以解决。所谓锐线光源（narrow-linesource），就是能发射出谱线半宽度很窄的发射线的光源。

使用锐线光源进行吸收测量时，其情况如图6-13所示。根据光源发射线半宽度小于吸收线半宽度的条件，考察测量原子吸收与原子蒸气中原子密度之间的关系。若吸光度为 A，则：

$$A = KC \tag{6-5}$$

式中，C 为待测元素的浓度；K 在一定实验条件下是一个常数。

式（6-5）为比尔定律（Beer law），它表明在一定实验条件下，吸光度与待测元素的浓度成正比的关系，所以通过测定吸光度就可以求出待测元素的含量，这就是原子吸收分光光度分析的定量基础。

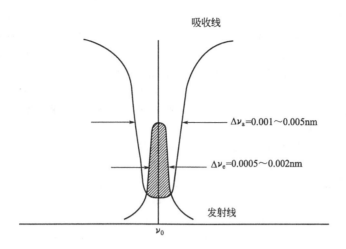

图 6-13　峰值吸收示意图

实现峰值吸收的测量，除了要求光源发射线的半宽度应小于吸收线的半宽度外，还必须使通过原子蒸气的发射线中心频率恰好与吸收线的中心频率 ν_0 相重合，这就是为什么在测定时需要使用一个与待测元素同种元素制成的锐线光源的原因。

第四节　原子吸收分光光度法的应用

一、重金属残留的危害

重金属超标不但会造成严重的环境污染，而且会累积于生物体内，当累积量达到一定程度时会对人体健康构成威胁。重金属在食品及食品加工过程中广泛存在，长期摄入含有超标重金属的食品会危害人类健康，甚至引起疾病。铅能够使人的造血系统、神经系统和血管产生病变，儿童体内铅超标会产生智能发育障碍和行为异常。镉能够对人体的消化系统和呼吸系统等产生严重损害，严重时能引发贫血和骨痛病，甚至癌症。铬在环境中广泛存在，其能够对人体皮肤、呼吸道、胃肠道等产生损伤。汞进入人体的重要渠道是通过饮食，尤以沿海地区更为严重，汞具有极强的毒性作用，多出现于鱼和水生哺乳动物中。砷能够引发恶性肿瘤和糖尿病等病症。国标中严格限定了食品中重金属的含量，其对于控制重金属超标具有重要意义。

二、原子吸收分光光度法在食品中重金属残留检测中的应用

目前有多种检测方法可用于食品中重金属的检测，如仪器中子活化分析、电感耦合等离子体质谱法、原子吸收光谱法等。原子吸收光谱法具有灵敏度高、分析精度好、选择性高、测定元素种类多等优点，作为微量金属元素测定的首选方法，近年来被广泛用于食品中重金属的检测。

1. 蔬果中重金属的检测

蔬菜和水果中重金属的来源主要为土壤污染、水污染、农药残留和大气沉降等。而土壤污染在农作物的污染中具有重要作用，因此，测定蔬果中重金属含量时常伴随测定其土壤中的重金属含量。Sharma 等用原子吸收光谱法测定了印度亚格拉地区的高速公路周围土壤和蔬菜样本中 Pb 和 Cd 的含量。结果表明，距离公路较近（0～5m）的土壤和蔬菜中 Pb 和 Cd 的含量高于距离公路较远的地区（5～10m 和 10～15m）。Markovic 等表明受燃煤污染地区的蔬菜中 Pb、Cd 和 Cu 的含量较高。刘浩等利用原子吸收光谱法测定了铁路周边脐橙种植园土壤中的 Pb、Cd、Mn、Cu 和 Zn 等多种重金属元素的含量，结果表明种植园土壤中 Pb 和 Mn 的含量明显高于对照土壤，而 Cd、Cu 和 Zn 的含量与对照土壤之间差别并不明显。蔬果中的重金属含量与其所在的土壤具有紧

密联系，而周围环境会影响土壤中的重金属含量，如汽车尾气、煤炭燃烧等因素都会增加土壤中的重金属含量，进而影响农作物中的重金属含量。王辉等用原子吸收光谱法测定了洛阳市蔬菜基地的土壤及蔬菜中的 Cr、Pb、Cd 和 Hg 含量，以单因子污染指数和综合污染指数方法评价了土壤污染状况和蔬菜质量。结果表明，洛阳市蔬菜基地土壤中 Cr 和 Pb 的含量均符合 GB 15618—1995《土壤环境质量标准》二级标准限值；蔬菜的主要污染元素是 Pb，如油菜和生菜中 Pb 含量超标。此外，叶类蔬菜重金属含量平均值超标，而根茎类蔬菜受污染程度较小，处于安全水平。

2. 粮食中重金属的检测

大气沉降、水污染、土壤污染、农药残留等是粮食中重金属污染的主要来源。重金属不仅能影响粮食作物的生长发育而导致减产，而且会通过富集作用对人类健康造成危害。Togores 等检测了西班牙 29 种婴儿食品中的铅和镉。无乳婴儿粮食中 Cd 和 Pb 的含量分别为 3.8～35.8ng/g 和 36.1～305.6ng/g，而含乳谷物含 Cd 量和含 Pb 量分别为 2.9～40.0ng/g 和 53.5～598.3ng/g。该研究建立了婴幼儿食品中 Cd 和 Pb 的检测方法，对于降低原料和生产加工过程中的 Cd 和 Pb 污染具有重要意义。Wen Xiaodong 等使用浊点萃取-电热蒸发原子荧光法（CPE-ETAFS）和浊点萃取-电热原子吸收法（CPE-ETAAS）测定了大米和水中 Cd 的含量。当萃取系统的温度高于表面活性剂曲拉通 X-114 的浊点温度时，Cd 与双硫腙复合物被定量地萃取到表面活性剂中，经离心后与水相分离。结果表明曲拉通 X-114 和双硫腙的浓度、pH 值、平衡温度和反应时间均对 CPE 过程有显著影响；对 CPE 条件进行优化后得到原子荧光和原子吸收方法的检测限分别为 0.01μg/L 和 0.03μg/L。Parengam 等使用仪器中子活化分析（INAA）和 GFAAS 方法测定了米类和豆类中的金属元素，实验表明 INAA 对于 Al、Ca、Mn、K 等金属元素的检测具有很好的准确性和精确性，相对误差和相对标准偏差（RSD）均小于 10%，且无须对样品进行消解或萃取，但 INAA 法对于 Pb 和 Cd 的测定灵敏度较低；GFAAS 法则更适合对 Pb 和 Cd 的检测，两种金属的测定回收率均高于 80%，相对误差分别仅为 1.54% 和 6.06%。检测结果表明，米类样品中均含有痕量的 As（0.029～0.181mg/kg）和 Cd（0.010～0.025mg/kg）；大豆和花生中的 Cd 含量较高，分别为 0.022mg/kg 和 0.085mg/kg。氢化物发生原子吸收光谱法（HGAAS）常用于 As、Se 和 Hg 的检测中，该法基于选择性的化学还原反应，将样品中的金属元素还原成氢化物而得以测定。Uluozlu 等使用 HGAAS 法测定了大米、小麦、鸡蛋和茶叶等食品中的 As 含量。结果表明该定量方法具有良好的精密度（RSD<8%）和灵敏度（LOD=13ng/L），为检测粮食中不同价态 As 的含量提供了有效的方法。孙汉文等提出了一种利用悬浮进样-HGAAS 直接测定面粉中微量 As 的新方法。该方法用于小麦和大米等 5 种谷物中 As 的测定，检出限为 0.239μg/L，回收率为 95.5%～108%，RSD 为 0.86%～3.02%。对 3 种标准参考物质进行分析，测定结果与标准参考值之间无显著性差异。

3. 海产品中重金属的检测

海产品是沿海地区居民饮食中主要的重金属来源，近海水域和其中生长的动物体内重金属含量往往较高。对 11 种普通食品进行重金属含量检测表明，鱼类等海产品相对于蔬菜、谷类、水果、蛋类、肉类、牛乳、油等具有较高的 As、Cd、Hg 和 Pb 含量。可见，海产品的重金属检测对食品安全是非常重要的。鱼类对污染物质十分敏感，通过测定鱼体内的金属含量，可以监测食品来源。鱼类的测定分为两种，一种是对罐装加工后鱼类食品的测定，金属元素来源为水源地和加工过程；另一种是对鲜鱼的测定，金属元素来源主要是水源地。Ashraf 等对罐装大马哈鱼、沙丁鱼和金枪鱼中的重金属进行了研究，采用 GFAAS 法测定 Pb 和 Cd 的含量，FAAS 法测定 Ni、Cu 和 Cr 的含量，回收率为 90%～110%，结果表明，沙丁鱼中 Pb 和 Ni 的含量分别比金枪鱼高出 4 倍和 3 倍。Shiber 等使用 GFAAS 法对购自美国肯塔基州东部的罐装沙丁鱼中 As、Cd、Pb 和 Hg 的含量进行了测定。样品直接用 HNO_3 和 H_2O_2 进行消解，测定结果为每克样品（湿质量）中平均含 As 1.06μg、Cd 10.03μg 和 Pb 0.11μg。研究发现罐装鱼中的金属含量和配料具有一定的相关性，包装在番茄配料中的沙丁鱼含 Cd 较高，包装在溶液中的沙丁鱼含 As 较高，而包装在油中的沙丁鱼含 Pb 较高。

双壳贝类属滤食性生物，对重金属具有很强的富集能力，目前很多国家都已经把贻贝和牡蛎等贝类作为重金属污染的指示生物。贝类产品的污染不仅影响其出口，还直接影响消费者的身体健康。因此，贝类养殖水体中重金属的安全限量监测对保证消费者食用贝类的安全十分必要。Jeng 等对台湾西海岸水域出产的贻贝类水产品中的金属元素含量进行了研究，分别使用 FAAS 法和 GFAAS 法对 Cu、Zn 和 Pb、Cd、Hg、As 进行了测定。结果表明，伴随着工业增长所带来的环境污染，台湾香山区牡蛎中 Cu 和 Zn 的含量呈逐年递增趋势，其中采自二仁溪河口的牡蛎中 Cu 的含量在 10 年间增长了 60 多倍。Kwoczek 等利用原子吸收光谱法对虾、贻贝和蟹等海产品中的 15 种人体必需金属元素和有害金属元素进行了测定。将可食部分从贝类体内分离出来，经过烘干和微波消解等处理过程后，以 FAAS 法测定 Cu、Zn、Fe、Mn、Co、Ni、Cr、Mg 和 Ca，以 GFAAS 法测定 Cd 和 Pb，以 HGAAS 法测定 Se 和 Hg，并将贝类的金属元素水平与鳕鱼、鲱鱼、猪肉、牛肉、鸡肉和蛋类中的金属元素水平进行了比较。对重金属元素每周耐受摄入量（PTWI）的分析结果表明，在所有测定的贝类产品中，Hg、Cd 和 Pb 的含量均不会对人体产生危害。Strady 等利用 GFAAS 法和 ICP-MS 法对牡蛎中的 Cd 进行了研究。通过测定海水、藻类和牡蛎组织中的 Cd 含量，发现牡蛎的 Cd 污染主要来自海水的直接污染，而通过食物链产生的污染量仅占 1％。郑伟等采用原子吸收光谱法测定连云港海州湾池塘的四角蛤蜊中 Cd、Cr、Pb、Ni、Cu 和 Zn 等 6 种金属元素的含量。分别对四角蛤蜊外套膜、鳃、斧足、闭壳肌和内脏团 5 种组织进行检测，结果表明内脏团是重金属选择性富集的主要器官。单因子指数评价结果表明 5 种组织中主要重金属污染物为 Ni，污染指数为 0.87（斧足）～10.73（内脏团）；其次为 Pb 和 Zn；Cd 仅在内脏团中呈轻度污染；未受 Cr 和 Cu 污染。

4. 饮料中重金属的检测

近年来，随着大量新品种、新口味和具有新功能的饮料不断涌现，消费者对饮料质量与安全的要求日益提高，其中有害金属元素的检测成为一项重要内容。饮品中重金属的来源不仅与所用原料的种类有关，还与加工过程、包装和产地等因素相关。Grembecka 等使用 FAAS 法对市售咖啡中 Ni、Cu、Cr、Cd 和 Pb 等 14 种金属元素的含量进行了测定。对测得的咖啡样品中所有金属元素的浓度数据进行了因素分析，结果表明咖啡中的部分金属元素含量呈现明显的相关性；不同种类咖啡（如研磨咖啡、速溶咖啡和咖啡浸液等）中的金属元素含量分布不同，这为分辨咖啡品种提供了依据。王硕等对饮料中的 Cu 含量进行了分析，样品在酸性条件下经吡咯烷二硫代氨基甲酸铵-二乙氨基二硫代甲酸钠-甲基异丁酮（APDC-DDTC-MIBK）体系萃取，然后使用 GFAAS 法对 Cu 元素含量进行测定。得到了方法的检出限为 $0.265\mu g/L$，线性范围为 $1.5\sim10\mu g/L$，相关系数为 0.9993，加标回收率为 95.79％～100.74％，相对标准偏差为 3.13％～5.06％。该方法为碳酸饮料中重金属的检测提供了新的途径。

不但葡萄酒中的金属元素对其感官风味有一定影响，而且 Pb 等重金属元素在葡萄酒中的含量是否符合安全标准还关系到广大消费者的健康。Moreno 等使用 GFAAS 法测定了 54 种市售红酒中 Pb 和 Ni 的含量，并使用电感耦合等离子体原子发射光谱（ICP-AES）法测定了 Cu、Al 和 Fe 等元素的含量。对测定结果分别进行了线性判别分析（LDA）和概率神经网络（PNN）分析，通过得到金属含量和葡萄酒品种之间的正确判别分类达到 90％和 95％的水平。郭金英等使用 GFAAS 法对红葡萄酒中的痕量 Pb 进行了分析。通过对测定条件进行优化，以 0.15mol/L 的硝酸调节红葡萄酒，磷酸二氢铵作基体改进剂，灰化温度 700℃，原子化温度 1800℃，建立了葡萄酒中 Pb 的快速分析方法。该方法的加标回收率为 98％，测定结果的相对标准偏差为 3％。

5. 乳制品中重金属的检测

牛乳是日常生活中的重要饮品，但其中除了含有对人体有益的钙等元素外，还可能含有重金属元素如 As、Pb、Hg 和 Cd 等。尤其是在近几年乳制品安全事故频发的情况下，牛乳中的重金属含量成为乳制品检验的一个重要指标。Qin Liqiang 等利用原子吸收光谱法、等离子体发射光谱法和原子荧光光谱法测定了牛乳中的微量元素，比较了国产牛乳和日本进口牛乳中重金属含量的差异。结果表明，国产牛乳中 Cr、Pb 和 Cd 的含量虽符合国家标准的限定值，但高于日本牛乳中的含量。李勋等通过电化学氢化物发生与原子吸收光谱联用的方法，对鲜牛奶中无机砷进行了形态分析。结果表明，在电流为 0.6A 和 1A 的条件下，As^{3+} 和 As^{5+} 在 $0\sim40\mu g/L$ 质量浓度范围内均成良好的线性关系；As^{3+} 和 As^{5+} 的检出限分别为 $0.3\mu g/L$ 和 $0.6\mu g/L$；样品加标回收率为 $96\%\sim104\%$。该方法避免了 As^{5+} 的预还原步骤，不仅缩短了分析时间，还降低了样品的污染。

原子吸收光谱法测定食品中的重金属具有灵敏、高效、准确等优点。根据待测金属种类和浓度的不同，实验中需要选择石墨炉、火焰和氢化物发生等原子吸收光谱，并结合适当的预处理手段，其中消解设备、改进剂、消解试剂和消解温度等均直接影响测定结果的准确性。但是，由于食品种类繁多，相关标准和法规的制定需要借助更大量的检测实验和更先进的检测手段。可见，食品检测还有很多有待探索的未知领域。为了可以更准确和快速地测定样品中的金属元素，原子吸收光谱还经常与其他检测手段，比如原子吸收光谱与高效液相色谱、气相色谱、毛细管电泳等技术联用。原子吸收光谱法的应用、完善和创新必将带动食品安全的监管以及相关检测标准的完善。

参 考 文 献

[1] 林新花. 仪器分析 [M]. 广州：华南理工大学出版社，2002.

[2] 郭旭明，韩建国. 仪器分析 [M]. 北京：化学工业出版社，2014.

[3] 郁桂云，钱晓荣. 仪器分析实验教程 [M]. 上海：华东理工大学出版社，2015.

[4] 吴谋成. 仪器分析 [M]. 北京：科学出版社，2003.

[5] 张青，李业军. 原子吸收分光光度法测定水中的重金属铅和镉 [J]. 当代化工，2015 (5)：1188-1190.

[6] 任兰，杜青，陆喜红. 石墨炉原子吸收分光光度法测定固体废物中铍和钼 [J]. 化学分析计量，2016，25 (6)：75-79.

[7] 李雪峰，欧阳玉祝，张晓旭，等. 火焰原子吸收分光光度法测定野葛根中 5 种金属元素含量 [J]. 应用化工，2015 (5)：963-966.

[8] 冯如朋，唐妙红. 原子吸收分光光度法在矿石矿物分析中的应用 [J]. 科技创新导报，2012 (6)：444-445.

[9] 刘冬华. 浅谈原子吸收分光光度法在水质分析中常见的异常现象及处理方法 [J]. 黑龙江科学，2014，5 (6)：120.

[10] 范健. 原子吸收分光光度法：理论与应用 [M]. 长沙：湖南科学技术出版社，1981.

[11] 李昌厚. 原子吸收分光光度计仪器及应用 [M]. 北京：科学出版社，2006.

[12] 陈峰. 锰元素含量测定中火焰原子吸收分光光度法的应用分析 [J]. 世界有色金属，2017 (15)：216-217.

[13] 马双，王芳，李乐. 原子吸收分光光度法在环境水样重金属监测中的应用 [J]. 中国化工贸易，2015，7 (25)：255.

[14] 张秋梅，张秋荣. 原子吸收分光光度法在矿石矿物分析中的应用 [J]. 神州，2017 (16)：196.

[15] 田笠卿，王吉德，蒋玉琴，等. 原子吸收分光光度法在有机分析中的应用 [C]. 中国分析测试协会科学技术奖发展回顾，2015.

[16] 杨志伟，张云鹏. 土壤中应用原子吸收分光光度法测定铁的分析 [J]. 工程技术：全文版，2016 (9)：310.

[17] 武开业. 原子吸收分光光度计原理及分类 [J]. 山东工业技术，2013 (11)：47.

[18] 吴华文，杨晓. 原子吸收分光光度法在环境分析领域中的应用 [J]. 中国石油和化工标准与质量，2011，31 (4)：41.

第七章 ▶▶▶
PCR技术

聚合酶链反应（polymerase chain reaction，PCR）是20世纪80年代中期由美国PE-Cetus公司人类遗传研究室的Mullis等发明的体外核酸扩增技术。Mullis也因此贡献而获得了1993年诺贝尔化学奖。PCR具有敏感度高、特异性强、产率高、简便快速、重复性好、易自动化等优点，可使人们在一支试管内将所要研究的目的基因或某一DNA片段于数小时内扩增至十万乃至百万倍，已成为分子生物学研究领域中应用最为广泛的方法。PCR技术的建立使很多以往难以解决的分子生物学问题得以解决，极大地推动了生命科学研究的发展，是生命科学领域中的一项革命性创举和里程碑。

第一节 PCR技术的检测原理与特点

PCR是在试管内进行DNA合成的反应，基本原理类似于细胞内DNA的复制过程。但反应体系相对简单，包括拟扩增的DNA模板、特异性引物、dNTP以及合适的缓冲液。其反应过程以拟扩增的DNA分子为模板，以一对分别与目的DNA互补的寡核苷酸为引物，在DNA聚合酶的催化下，按照半保留复制的机制合成新的DNA链，重复这一过程可使目的基因得到大量扩增。

一、反应五要素及作用

1. 引物

PCR反应成功扩增的一个关键条件是正确设计寡核苷酸引物。引物设计一般遵循以下原则：①引物长度：一般为15～30bp，常用为20bp左右，引物太短，就可能同非靶序列杂交，得到不需要的扩增产物。②引物扩增跨度：以200～500bp为宜，特定条件下可扩增至10kb。③引物碱基：G+C含量以40%～60%为宜，G+C太少扩增效果不佳，G+C过多易出现非特异条带。A、T、G、C最好随机分布，避免5个以上的嘌呤或嘧啶核苷酸成串排列。④避免引物内部出现二级结构：避免两条引物间互补，特别是3′端的互补，否则会形成引物二聚体，产生非特异的扩增条带。⑤引物量：每条引物的浓度为0.1～0.5μmol/L，以最低引物量产生所需要的结果为好；引物浓度偏高会引起错配和非特异性扩增，且可增加引物之间形成二聚体的机会。⑥引物的特异性：引物应与同一基因组中其他核酸序列无明显的同源性，即只与目标DNA区段有较高的同源性。

引物的作用有两个：①按照碱基互补的原则，与模板DNA上的特定部位杂交，决定扩增目的序列的特异性；②两条引物结合位点之间的距离决定最后扩增产物的长度。

2. 模板

PCR反应是以DNA为模板（template）进行扩增，DNA可以是单链分子，也可以是双链分子；可以是线状分子，也可以是环状分子，通常来说，线状分子比环状分子的扩增效果稍高。模板的数量和纯度是影响PCR的主要因素。在反应体系中，模板数量一般为$10^2 \sim 10^5$拷贝，1ng的大肠杆菌DNA就相当于这一拷贝数。PCR甚至可以从一个细胞、一根头发、一个孢子或一个精子中提取的DNA为分析目的序列。模板量过多则可能增加非特异性产物。尽管模板DNA的长短不是PCR扩增的关键因素，但当用高分子量的DNA（>10kb）作模板时，可用限制性内切酶先进行消化（此酶不应切割其中的靶序列），扩增效果会更好。例如，用腺病毒载体（大小约为30kb）为模板时，先用特异的限制性内切酶（Pac I）消化处理后，PCR扩增效果会明显提高。

单、双链DNA和RNA都可作为PCR的模板，如果起始模板为RNA，需先通过逆转录得到第一条cDNA链后才能进行PCR扩增。

3. DNA聚合酶

DNA聚合酶（DNA polymerase）是推动PCR反应进行的机器，如果没有它的存在，PCR

反应就不可能进行。耐热 DNA 聚合酶包括 Taq DNA 聚合酶、Tth DNA 聚合酶、Vent DNA 聚合酶、Sac DNA 聚合酶以及修饰 Taq DNA 聚合酶等，以 Taq DNA 聚合酶的应用最广泛。Taq DNA 聚合酶是 1988 年由 Saiki 从水栖嗜热菌（*Thermus aquaticus*）中分离提纯的耐热 DNA 聚合酶，分子量为 94000，由 832 个氨基酸残基组成，热稳定性好，在 75～80℃条件下每个酶分子每秒钟可聚合约 150 个核苷酸，是目前 PCR 中最为常用的聚合酶。一般 Taq DNA 聚合酶的活性半衰期为：92.5℃ 130min，95℃ 40min，97℃ 5min。酶的活性单位定义为 74℃下 30min 掺入 10nmol/L dNTP 到核酸中所需的酶量。目前人们又发现许多新的耐热 DNA 聚合酶，这些酶的活性在高温下可维持更长时间。

4. dNTP

脱氧核苷酸是 DNA 的基本组成元件，为 DNA 合成所必需。PCR 中使用脱氧核苷酸通常是 4 种脱氧核苷酸的等摩尔混合物，即 dATP（腺嘌呤脱氧核糖核苷三磷酸）、dGTP（鸟嘌呤脱氧核糖核苷三磷酸）、dCTP（胞嘧啶脱氧核糖核苷三磷酸）和 dTTP（胸腺嘧啶脱氧核糖核苷三磷酸），通常统称为 dNTP。

PCR 扩增效率和 dNTP 的质量与浓度有密切关系，dNTP 干粉呈颗粒状，如保存不当易变性失去生物学活性。dNTP 溶液呈酸性，使用时应配成高浓度，以 1mol/L NaOH 或 1mol/L Tris-HCl 的缓冲液为宜，pH 调节到 7.0～7.5，小量分装，－20℃冰冻保存。多次冻融会使 dNTP 降解。在 PCR 反应中，dNTP 的浓度应为 50～200μmol/L，尤其注意 4 种 dNTP 的浓度要相等（等物质的量配制），如其中任何一种浓度不同于其他几种时（偏高或偏低），就会增加错配概率。dNTP 浓度过低又会降低 PCR 产物的产量。dNTP 能与 Mg^{2+} 结合，使游离的 Mg^{2+} 浓度降低。

5. Mg^{2+}

反应体系中游离 Mg^{2+} 的浓度对 PCR 反应中耐热 DNA 聚合酶的活性、PCR 扩增的特异性和 PCR 产物量有显著的影响。反应体系中 Mg^{2+} 浓度低时，会降低 Taq DNA 聚合酶的催化活性，得不到足够的 PCR 反应产物；过高时，非特异性扩增增强。此外，Mg^{2+} 浓度还影响引物的退火、模板与 PCR 产物的解链温度、产物的特异性、引物二聚体的生成等。在标准的 PCR 反应中，Mg^{2+} 的适宜浓度为 1.5～2.0mmol/L。值得注意的是，由于 PCR 反应体系中的 DNA 模板、引物和 dNTP 磷酸基团均可与 Mg^{2+} 结合从而降低游离 Mg^{2+} 的实际浓度，因此，Mg^{2+} 的总量应比 dNTP 的浓度高 0.2～2.5mmol/L。如果可能的话，制备 DNA 模板时尽量不要引入大剂量的螯合剂（即 EDTA）或负离子（如 PO_4^{3-}），因为它们会影响 Mg^{2+} 的浓度。

二、PCR 反应技术的特点

1. 特异性强

决定 PCR 反应特异性的因素有：①引物与模板 DNA 特异分子的正确结合；②碱基配对原则；③Taq DNA 聚合酶合成反应的忠实性；④靶基因的特异性与保守性。其中引物与模板的正确结合是关键，它取决于所设计引物的特异性及退火温度。在引物确定的条件下，PCR 退火温度越高，扩增的特异性越好。Taq DNA 聚合酶的耐高温性质使反应中引物能在较高的温度下与模板退火，从而大大增加 PCR 反应的特异性。

2. 灵敏度高

从 PCR 的原理可知，PCR 产物的生成是以指数形式增加的，即使按 75% 的扩增效率计算，单拷贝基因经 25 次循环后，其基因拷贝数也在一百万倍以上，即可将极微量（皮克级）DNA 扩增到紫外光下可见的水平（微克级）。

3. 简便快速

现已有多种类型的 PCR 自动扩增仪，只需把反应体系按一定比例混合，置于仪器上，反应便会按所输入的程序进行，整个 PCR 反应在数小时内就可完成。扩增产物的检测也比较简单：可用电泳分析，不用同位素，无放射性污染，易推广。

4. 对标本的纯度要求低

不需要分离病毒或细菌及培养细胞，DNA 粗制品及总 RNA 均可作为扩增模板。可直接用各种生物标本（如血液、体腔液、毛发、细胞、活组织等）的 DNA 粗制品扩增检测。

三、反应步骤

PCR 全过程包括三个基本步骤，即双链 DNA 模板加热变性成单链（变性）；在低温下引物与单链 DNA 互补配对（退火）；在适宜温度下 Taq DNA 聚合酶以单链 DNA 为模板，利用 4 种脱氧核苷三磷酸（dNTP）催化引物引导的 DNA 合成（延伸）。这三个基本步骤构成的循环重复进行，可使特异性 DNA 扩增达到数百万倍。该过程见图 7-1。

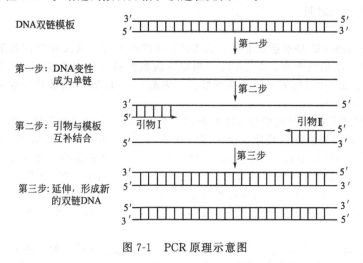

图 7-1　PCR 原理示意图

1. 变性

90～94℃的高温处理可使模板 DNA 双链间氢键断裂，解离成单链但不改变其化学性质，变性的时间一般为 30s，如果模板的 G+C 含量较高，变性时间可能延长。

2. 退火

退火的温度一般降低至 25～65℃。在退火过程中，引物分别与待扩增的 DNA 片段的两条链的 3′端互补配对。退火的温度取决于引物的 T_m 值，并通过预备试验来最后确定。一般引物越短，其 T_m 也越低，对于 10bp 左右的随机引物，退火温度在 37℃左右，反之则高。退火温度越高，引物与模板结合的特异性增强，非特异性的扩增概率降低，但扩增效率也随之降低。相反，随着温度的降低，引物与模板非特异性结合的概率提高。引物的长度越长，其退火温度则越高，否则会发生非特异性结合，降低 PCR 产物对模板的忠实程度。退火时间一般为 30s。

3. 延伸

Taq DNA 聚合酶的最适温度为 70～74℃，在此温度下 Taq DNA 聚合酶以单链 DNA 链为模板，将单核苷酸逐个加入到引物的 3′端，使引物不断延长，从而合成新的 DNA 链。新合成的引物延伸链在下一轮循环时就可以作为模板。反应步骤的温度和时间可以根据实验要求自行设定，一般要经过 20～30 个循环，扩增产物需要经琼脂糖凝胶电泳进行鉴定。

第二节　PCR 技术分类

随着 PCR 技术的发展，通过对 PCR 技术的大量改进派生出了一些新的相关技术和改良方法，开发了 PCR 技术的许多新用途。

一、逆转录 PCR

RT-PCR（reverse transcriptase PCR，RT-PCR）是一种 RNA 逆转录和 PCR 结合起来建立的

RNA 的聚合酶链反应。RT-PCR 使 RNA 检测的敏感性提高了几个数量级 [较 Northern 印迹杂交敏感 $(3\sim6)\times10^3$ 倍]，也使一些极微量 RNA 样品分析成为可能。

RT-PCR 的关键步骤是 RNA 的逆转录，要求 RNA 模板必须是完整的，不含 DNA、蛋白质等杂质。用于该反应的引物可以是随机六聚核苷酸或寡聚脱氧胸苷酸（oligo dT），还可以是针对目的基因设计的特异性引物（GSP）。研究提示，使用随机六聚引物延伸法的结果较为恒定，并能引起靶序列的最大扩增。一般而言，$1\mu g$ 细胞 RNA 足以用于扩增所有 mRNA 序列（$1\sim10$ 拷贝/细胞）。一个典型的哺乳动物细胞含约 10pg RNA。$1\mu g$ RNA 相当于 10 万个细胞的 RNA 总量。

1. 逆转录反应

①$20\mu L$ 反应体系包括：1mmol/L dNTP；100mmol/L Tris-HCl，pH 8.4；50mmol/L KCl，2.5mmol/L $MgCl_2$；100mg/mL BSA；100pmol 随机六聚寡核苷酸或 oligo dT 引物；$1\sim9\mu L$ RNA 样品，$80\sim200$U 逆转录酶（M-MLV 或 AMV）。②混匀后，置室温 10min，然后置 42℃，$30\sim60$min。③若需重复一次逆转录反应，则 95℃ 3min，然后补加 50U 逆转录酶后重复第②步。④95℃ 10min 灭活逆转录酶，并使 RNA-cDNA 杂交体解链。

2. PCR 操作

①将 $20\mu L$ 逆转录物加入 $80\mu L$ 含上、下游引物各 $10\sim50$pmol 的 PCR 缓冲液 [100mmol/L Tris-HCl（pH 8.4）；50mmol/L KCl；2.5mmol/L $MgCl_2$；100mg/mL BSA] 中混匀。②加 $1\sim2$U Taq DNA 聚合酶和 $100\mu L$ 石蜡油。③根据待分析 RNA 的丰度决定循环数的多少。④用 $200\sim300\mu L$ TE 缓冲液饱和的氯仿抽提去除石蜡油。⑤离心，取上层水相 $5\sim10\mu L$，用凝胶电泳分析 PCR 产物。

RT-PCR 也可以在一个系统中进行，称为一步法扩增（one step amplification），它能检测低丰度 mRNA 的表达。即利用同一种缓冲液，在同一体系中加入逆转录酶、引物、Taq 酶、4 种 dNTP，直接进行 mRNA 逆转录与 PCR 扩增。由于发现 Taq 酶不但具有 DNA 聚合酶的作用，而且具有逆转录酶活性，因此，在同一体系中直接使用 Taq 酶，以 mRNA 为模板进行逆转录和其后的 PCR 扩增，使 mRNA-PCR 步骤更为简化，所需样品量减少到最低限度，对临床少量样品的检测非常有利。用一步法扩增可检测出总 RNA 中小于 1ng 的低丰度 mRNA。该法还可用于低丰度 mRNA 的 cDNA 文库的构建及特异 cDNA 的克隆，并有可能与 Taq 酶的测序技术相结合，使得自动逆转录、基因扩增与基因转录产物的测序在一个试管中进行。

二、定量 PCR

随着 PCR 技术的发展与广泛应用，利用 PCR 的定量技术也取得了长足的发展。早期主要采用外参照的定量 PCR 方法，这种方法因影响因素较多，现已逐渐被内参照物定量方法和竞争 PCR 定量方法所取代，并在此基础上发展了荧光定量 PCR 方法，使 PCR 定量技术提升到新的水平。

1. 利用参照物的定量方法

参照物是在定量 PCR 过程中使用的一种含量已知的标准品模板。按其性质的不同可分为内参照和外参照。外参照是序列与检测样品相同的标准品模板，外参照物与待检样本的扩增分别在不同的管内进行。通过一系列不同稀释度的已知含量外参照的扩增，建立外参照扩增前含量与扩增产物含量之间的标准曲线，以此用于未知样品的定量。因此，外参照定量 PCR 属非竞争性定量 PCR。

利用内参照物的定量方法与上述方法不同，它是将参照物与待检样本加入同一反应管中，参照物作为标准品模板与待检样品共用或不共用同一对引物，进行 PCR 扩增。按照内参照在扩增中是否与待检样品共用同一对引物，根据两个模板的扩增是否存在竞争性，内参照又可分为竞争性内参照和非竞争性内参照。

若内参照与待检样本共用同一对引物，两模板的扩增存在竞争性，则称为竞争性内参照，在这种条件下进行的定量 PCR 称竞争性定量 PCR。理想的竞争性内参照应具备以下特点：①竞争性内参照模板与检测样品能共用同一对引物；②内参照与待检样品长度相近，扩增效率相同；

③内参照扩增产物能方便地与待检样本扩增产物分开。在竞争性 PCR 中，首先通过一系列不同稀释度的已知含量的检测样品与已知含量的内参照混合共扩增，做出扩增前检测样品含量和内参照含量的比例与检测样品扩增产物含量的相关曲线，以此作为标准曲线用于待检样本的定量。若内参照与待检样本不共用同一对引物，两模板的扩增不存在竞争性，这时内参照又称为非竞争性内参照。这种 PCR 因其不存在竞争性，因而属于非竞争性 PCR。

2. 竞争性定量 PCR

采用内参照竞争性定量方法，在准确性方面优于外参照的定量方法，是目前较理想的一种定量方法。其产物分析可采用探针杂交法、电泳法、HPLC 和荧光法等。由于采用内参照的竞争性定量，克服了常规 PCR 扩增效率不稳定的缺陷，各管间的差异得以避免。

竞争性 PCR 方法的总策略是采用相同的引物，同时扩增靶 DNA 和已知浓度的竞争模板，竞争模板与靶 DNA 大致相同，但其内切酶位点或部分序列不同，用限制性内切酶消化 PCR 产物或用不同的探针进行杂交即可区分竞争模板与靶 DNA 的 PCR 产物，因竞争模板的起始浓度是已知的，通过测定竞争模板与靶 DNA 二者 PCR 产物便可对靶 DNA 进行定量。

利用竞争 PCR 亦可进行 mRNA 的定量。先以 mRNA 为模板合成 cDNA，再用竞争 PCR 对 cDNA 定量。但当逆转录效率低于 100% 时，通过测定样品中 cDNA 进行 mRNA 定量，则测定结果会偏低。

3. 荧光定量 PCR

荧光定量 PCR（FQ-PCR）是新近出现的一种定量 PCR 检测方法，可采用外参照的定量方法，也可采用内参照的定量方法。荧光定量 PCR 采用各种方法用荧光物质标记探针，通过 PCR 显示扩增产物的量。由于荧光探针标记方法的不同，可分为不同的方法，并可借助专用的仪器实时监测荧光强度的变化。因此，这种方法可以免除标本和产物的污染，且无复杂的产物后续处理过程，因而该方法准确、高效、快速。

早期荧光定量 PCR 有许多局限性，如不能准确定量或由于太灵敏而容易交叉污染，产生假阳性。直到最近，荧光能量传递技术（fluorescence resonance energy transfer，FRET）应用于 PCR 定量后，上述问题才得到较好的解决。FRET 是指通过供、受体发色团之间偶极-偶极相互作用，能量从供体发色团转移至受体发色团，使受体发光。以下介绍两种常用的测定方法。

（1）TaqMan 技术

TaqMan 是由 PE 公司开发的荧光定量 PCR 检测技术，它在普通 PCR 原有的一对引物基础上，增加了一条特异性的荧光双标记探针（TaqMan 探针）。TaqMan 技术的工作原理：PCR 反应系统中加入的荧光双标记探针，可与两引物包含序列内的 DNA 模板发生特异性杂交，探针的 5' 端标以荧光发射基团 FAM（6-羧基荧光素，荧光发射峰值在 518nm 处），靠近 3' 端标以荧光猝灭基团 TAMRA（6-羧基四甲基罗丹明，荧光发射峰值在 582nm 处），探针的 3' 末端被磷酸化，以防止探针在 PCR 扩增过程中被延伸。当探针保持完整时，猝灭基团抑制发射基团的荧光发射。发射基团一旦与猝灭基团发生分离，抑制作用即被解除，518nm 处的光密度增加而被荧光探测系统检测到。复性期探针与模板 DNA 发生杂交，延伸期 Taq 酶随引物延伸沿 DNA 模板移动，当移动到探针结合的位置时，发挥其 5'→3' 外切酶活性，将探针切断，猝灭作用被解除，荧光信号释放出来。荧光信号即被特殊的仪器接收。PCR 进行一个循环，合成了多少条新链，就水解了多少条探针，释放了相应数目的荧光基团，荧光信号的强度与 PCR 反应产物的量成对应关系。随着 PCR 过程的进行，重复上述过程，PCR 产物成指数形式增长，荧光信号也相应增长。如果以每次测定 PCR 循环结束时的荧光信号与 PCR 循环次数作图，可得一条"S"形曲线。如果标本中不含阳性模板，则 PCR 过程不进行，探针不被水解，不产生荧光信号，其扩增曲线为一水平线。

TaqMan 技术中对探针有特殊要求：①探针长度应在 20～40 个碱基，以保证结合的特异性；②GC 含量在 40%～60%，避免单核苷酸序列的重复；③避免与引物发生杂交或重叠；④探针与模板结合的稳定程度要大于引物与模板结合的稳定程度，因此，探针的 T_m 值要比引物的 T_m 值至少高出 5℃。

TaqMan 技术在基因表达分析、血清病毒定量分析、人端粒酶 mRNA 定量分析及基因遗传突变分析等领域有广泛应用。但也存在缺陷，主要包括：①采用荧光猝灭及双末端标记技术，因此猝灭难以彻底，本底较高；②利用酶外切活性，因此定量时受酶性能影响；③探针标记的成本较高，不便普及应用。

（2）分子信标技术

分子信标技术也是在同一探针的两末端分别标记荧光分子和猝灭分子。通常，分子信标探针长约 25 核苷酸，空间上呈茎环结构。与 TaqMan 探针不同的是，分子信标探针的 5′ 和 3′ 末端自身形成一个 8 个碱基左右的发夹结构，此时荧光分子和猝灭分子邻近，因此不会产生荧光。当溶液中有特异模板时，该探针与模板杂交，从而使探针的发夹结构打开，于是溶液便产生荧光。荧光的强度与溶液中模板的量成正比，因此可用于 PCR 定量分析。该方法的特点是采用非荧光染料作为猝灭分子，因此荧光本底低。

常用的荧光猝灭分子对是 5′-(2′-氨乙基氨基萘-1-磺酸)（EDANS）和 4′-(4′-二甲基氨基叠氮苯) 苯甲酸 (DAB-CYL)，采用 DAB-CYL 作猝灭剂是由于它对多种荧光素都有很强的猝灭效率。当受到 336nm 紫外光激发时，EDANS 发出波长为 490nm 的亮蓝荧光；DAB-CYL 的是非荧光分子，但其吸收光谱与 EDANS 的发射荧光光谱重叠。只有分子信标时，EDANS 和 DAB-CYL 的距离非常接近，足以发生 FRET，EDANS 受激发产生的荧光转移给 DAB-CYL 并以热的形式散发，不能检测到荧光；相反，当有靶核酸存在时才可检测到荧光。

分子信标技术的不足之处是：①杂交时探针不能完全与模板结合，因此稳定性差；②探针合成时标记较复杂。分子信标技术结合不同的荧光标记，可用于基因多突变位点的同时分析。

三、重组 PCR

重组 PCR（recombinant PCR，R-PCR）可用 PCR 法在 DNA 片段上进行定点突变，突变的产物（即扩增物）中含有与模板核苷酸序列相异的碱基，用 PCR 介导产生核苷酸的突变包括碱基替代、缺失或插入等。

如图 7-2 所示，重组 PCR 操作需要 2 对引物："左方" PCR 的一对引物为 a 和 b′，b′ 中含有一个 "突变碱基"；"右方" PCR 的一对引物为 b 和 c，b 中含有一个和引物 b′ 中的 "突变碱基" 相互补的碱基。先用 2 对引物分别对模板进行扩增。除去引物后将 2 种扩增产物混合，变性并复性后进行延伸，然后再加入外侧引物 a 和 c，经常规的 PCR 循环后，便能得到中间部位发生特定突变的 DNA 片段。重组 PCR 造成 DNA 片段的插入或缺失与其造成特定碱基的置换在操作上类似。重组 PCR 可制备克隆突变体，用作研究基因的功能。

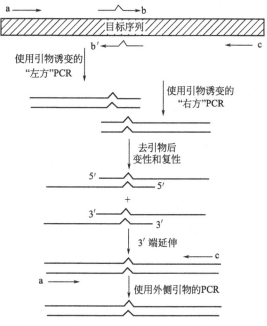

图 7-2　重组 PCR 造成特定碱基置换示意图

四、反向 PCR

常规 PCR 是扩增两引物之间的 DNA 片段，反向 PCR（reverse PCR）是用引物来扩增两引物以外的 DNA 片段。一般先用限制性内切酶酶解 DNA（目的基因中不存在该酶的酶切位点，且片段应短于 2～3kb），然后用连接酶使带有黏性末端的靶片段自身环化，最后用一对反向引物进行 PCR，得到的线性 DNA 将含有两引物外侧的未知序列。该技术可对未知序列扩增后进行分析，如探索邻接已知 DNA 片段的序列。反向 PCR 已成功地用于仅知部分序列的全长 cDNA 克隆，Picter 曾用此法扩增基因文库的插入 DNA。

五、不对称 PCR

不对称 PCR 的基本原理是采用不等量的一对引物，经若干次循环后，低浓度的引物被消耗尽，以后的循环只产生高浓度引物的延伸产物，结果产生大量的单链 DNA（ssDNA）。这两种引物分别称为限制性引物和非限制性引物，其最佳比例一般是 1/50～1/100，因为 PCR 反应中使用的两种引物的浓度不同，因此称为不对称 PCR。

不对称 PCR 主要为测序制备 ssDNA，其优点是不必在测序之前除去剩余引物，因为量很少的限制性引物已经耗尽。多数学者认为，用 cDNA 经不对称 PCR 进行 DNA 序列分析是研究真核 DNA 外显子的好方法。

除上述各种 PCR 以外，还有复合 PCR、着色互补 PCR、锚定 PCR、原位 PCR、膜结合 PCR、固着 PCR、增效 PCR 等。每种 PCR 都有其适应范围、优点和不足，因此，在实际实践过程中，根据需要选取最佳方法十分重要。

第三节　PCR 注意事项及解决方案

一、PCR 污染

PCR 技术的敏感性极高，极微量的污染即可导致假阳性的产生，因此，了解 PCR 污染的原因，采取相应的措施预防和消除 PCR 污染就十分重要。PCR 污染主要是随机污染，包括 PCR 反应前污染及反应后污染。

1. PCR 反应前污染

主要是样品 DNA 的交叉污染。提取 DNA 使用的仪器上残留的杂质 DNA 或反应管中残留的 PCR 产物、PCR 操作者皮肤或头发等均可引起样品污染。其中 PCR 产物的污染，也称残留污染（carryover），是引起样品交叉污染的主要因素。明胶、Taq DNA 聚合酶等 PCR 反应试剂等均有可能带有杂质 DNA，因此也可导致 PCR 反应前污染。

2. PCR 反应后污染

PCR 反应后污染主要来自于 PCR 产物检测过程，如电泳上样、点杂交点样时加样器吸头之间的污染等。

3. 潜在的 PCR 污染源

主要包括 3 个方面：①仪器设备的污染，样品收集器、微量加样器、点杂交器、离心管、离心机、切片机、pH 计、水浴锅、高压锅及 PCR 仪等的污染；②试剂污染，乙醇、液氮、氯仿、酶及其他生物制品（如明胶等）的污染；③操作者的污染，操作者的皮肤、头发等均可引起 PCR 污染。

二、污染的预防

进行 PCR 反应时，遵照下列规则有助于防止 PCR 的污染。

（1）PCR 的前处理和后处理在不同的房间或不同的隔离工作台上进行。即整个 PCR 操作要在不同的隔离区（标本处理区，PCR 扩增区，产物分析区）进行，特别是阳性对照需在另一个隔离环境中贮存、加入。

（2）试剂要分装，每次取完试剂后盖紧塞子。PCR 反应时将反应成分制备成混合液，然后再分装到不同的反应管中，这样可减少操作，避免污染。

（3）改进实验操作，戴一次性手套，PCR 实验应配置专用的微量可调加样器，这套加样器绝不能用于 PCR 反应产物的分析。用一次性移液器吸头、反应管，避免反应液的飞溅等。

（4）检查结果的重复性。

（5）经常处理仪器设备等潜在的 PCR 污染源，减少污染的可能。

三、实验中的对照

每一次试验都需要设置严格的对照。阳性模板作为阳性对照；阴性模板或不加模板作为阴性对照。

四、扩增反应为阴性结果（无产物）时应采取的措施

(1) 取 10μL 扩增混合液作模板再进行 PCR 扩增。
(2) 增加 Taq DNA 聚合酶的浓度。
(3) 增加靶 DNA 量。
(4) 若模板为粗制品，提纯样品。
(5) 增加扩增循环次数。

五、PCR 产物纯化

PCR 反应完成目标 DNA 的扩增后，PCR 产物可以用于进一步的研究，例如用于 DNA 测序、克隆、分析基因的功能和表达等。然而，通过 PCR 反应后体系中仍然存在具有活性的 DNA 聚合酶、剩余的 dNTP、引物以及反应缓冲体系中的各种金属离子等。因此，我们必须通过一定的方法从反应体系中提纯 PCR 反应的扩增产物，才有利于进一步的分析研究。然而，实验表明使用常规的苯酚/氯仿、乙醇沉淀等提取法并不能分离和灭活耐热 DNA 聚合酶。而这些存活的 DNA 聚合酶对后续的 PCR 产物的克隆等研究造成不同程度的影响，例如 DNA 聚合酶会使由限制性内切酶消化产生的 3′末端凹陷被重新填充，因此，耐热的 DNA 聚合酶的灭活分离一度成为多个实验室克隆 PCR 扩增产物中遇到的一大难题。常规的 PCR 产物纯化的基本过程如下：首先使用琼脂糖凝胶电泳分离除去反应体系中靶序列的非特异性扩增片段，然后使用蛋白酶 K 灭活耐热的 DNA 聚合酶，此后使用常规的苯酚/氯仿抽提法除去剩余的 dNTP，离心、乙醇洗脱后干燥，最后使用高效液相色谱或者凝胶电泳分离反应体系中剩余的引物和引物二聚体。通过琼脂糖凝胶电泳-溴化乙啶染色可以鉴定所提纯的 PCR 反应产物的纯度。

六、假阳性

假阳性是指出现的 PCR 扩增条带与目的靶序列条带一致，有时其条带更整齐，亮度更高。产生的原因有：①引物设计不合适：选择的扩增序列与非目的扩增序列有同源性，因而在进行 PCR 扩增时，扩增出的 PCR 产物为非目的序列；②靶序列太短或引物太短；③靶序列或扩增产物的交叉污染。解决方法有：操作轻柔，防止靶序列吸入加样枪内或溅出离心管外造成污染；除酶及不能耐高温的物质外，所有试剂或器材高压消毒；离心管及加样枪头等一次性使用。必要时，可在加标本前，将反应管和试剂用紫外光照射，以破坏存在的核酸。

七、假阴性

假阴性是指不出现特异扩增带，可能原因：引物设计不合理，酶失活或酶量不足，模板量太少，退火温度不合适，循环次数过少，产物未及时电泳检测等。解决方法有：重新设计引物，增加酶量或调换酶，增加模板量，调整退火温度，增加循环次数，及时检测扩增产物，一般在 48h 以内进行。

第四节　PCR 技术的应用

1. 遗传病的基因诊断

到目前为止已发现 4000 多种遗传病。以地中海贫血为例，其主要病因是由于基因的缺失，

单个或少数核苷酸的缺失、插入或置换而造成基因的不表达或表达水平低下，或导致 RNA 加工、成熟和翻译异常或无功能 mRNA，或合成不稳定的珠蛋白。用 PCR 进行诊断，由于其成本低、快速和对样品质量和数量要求不高等特点，使得可在怀孕早期取得少量样品（如羊水、绒毛）进行操作，发现异常胎儿可及早终止妊娠。用 PCR 对遗传病进行诊断的前提是对致病基因的结构必须部分或全部清楚。例如，利用 PCR-RFLP 或 Amp-FLP 对遗传病家系进行连锁分析，进而做出基因诊断。

2. 传染病的诊断

以乙型肝炎病毒（HBV）的 PCR 检测为例来说，荧光定量 PCR 方法多采用 TaqMan 探针，一般根据 HBV 基因中的保守序列来设计，能够检测至少 10 拷贝/mL 的 HBV DNA。检测范围为 $2.5 \times 10^2 \sim 2.5 \times 10^9$ 拷贝/mL。

3. 癌基因检测

与临床诊断有关的癌基因可分为 3 类，即肿瘤非特异性癌基因、肿瘤特异性癌基因和暂未证明临床意义的癌基因。用于临床诊断的癌基因主要为前两类，包括致癌基因与抗癌基因，转移基因和转移抑制基因。目前 PCR 的临床主要用于：①检测血液系统恶性肿瘤染色体易位，尤其是对微小残余病灶的检测，有助于判断白血病的疗效。②通过对活化的癌基因的监测，快速分析肿瘤的预后。③检测肿瘤相关病毒，发现与人类癌基因相关的病毒，并对其进行分析，以指导治疗。④检测肿瘤的抑制基因的改变，分析肿瘤发生机理及判断预后。⑤用于肿瘤的抗药性基因分析，为肿瘤的化疗提供选择方案。⑥通过对转移基因及转移抑制基因的检测，判断肿瘤有无转移，为手术治疗提供依据。

4. 法医学上的应用

由于 PCR 技术的高度灵敏性，即使是多年残存的痕量 DNA 也能够被检测出来。近年来，在 PCR 基础上，又发展出许多基因位点分型系统，用于法医物证的 DNA 分析，其中发展最为完善并得到公认的是 HLA-DQa 位点的分型系统，此系统成为国际上法医科学中应用 PCR 技术进行个人识别和亲子鉴定最为有效的方法。PCR 的应用，给法医学科带来了一场深刻的变革，展示出了广阔的前景。

5. DNA 测序

目前广泛采用的 DNA 测序方法有化学法和双脱氧法两种，它们对模板的需要量比较大。利用 PCR 方法可以比较容易地测定位于两个引物之间的序列。利用 PCR 测序有下列几种方法。

（1）双链直接测序

将 PCR 产物进行电泳回收或利用分子筛等方法除去小分子物质。采用热变性或碱变性的方法使双链 DNA 变成单链，与某一方向引物退火，在 PCR 系统中加入测序引物和 4 种中各有一种双脱氧核苷三磷酸（ddNTP）的底物，即可按 Sanger 的双氧链终止法测定 DNA 序列。用这种方法测序时，一次测定的距离较短，同时容易出现假带。

（2）双链克隆后测序

为避免双链直接测序的缺点，可以将 PCR 扩增产物直接克隆到 M_{13} 载体中，通过提取单链后进行序列测定。

（3）基因扩增转录序列

在 PCR 时，使用一个 5' 端带有 T_7 启动子的序列，扩增后在 T_7 RNA 酶作用下合成 mRNA 作为模板，可逆转录酶测序。

（4）不对称 PCR 产生单链测序

在 PCR 反应中加入不等量的一对引物，经过若干循环后，其中一种引物被消耗尽，在随后的循环里，只有一种引物参与反应，结果合成了单链。

6. 基因克隆

运用 PCR 技术、基因克隆和亚克隆比传统的方法具有更大的优点。由于 PCR 可以对单拷贝的基因放大上百万倍，产生微克（μg）级的特异 DNA 片段，从而可省略从基因组 DNA 中克隆某一特定基因片段所需要的 DNA 的酶切、连接到载体 DNA 上、转化、建立 DNA 文库及基因的筛选、鉴定、亚克隆等烦琐的实验步骤。

只要知道目的基因的两侧序列，通过一对和模板 DNA 互补的引物，可以有效地从基因组 DNA 中、mRNA 序列中或已克隆到某一载体上的基因片段中扩增出所需的 DNA 序列。与传统的 DNA 克隆方法相比，采用 PCR 的 DNA 克隆方法省时省力，但它需要知道目的基因两侧序列的信息。

7. 引入基因点突变

PCR 技术十分容易用于基因定位诱变。利用寡核苷酸引物可在扩增 DNA 片段末端引入附加序列，或造成碱基的取代、缺失和插入。设计引物时应使与模板不配对的碱基安置在引物中间或是 5′ 端，在不配对碱基的 3′ 端必有 15 个以上配对碱基。PCR 的引物通常总是在扩增 DNA 片段的两端，但有时需要诱变的部分在片段的中间，这时可在 DNA 片段中间设置引物，引入变异，然后在变异位点外侧再用引物延伸，此称为嵌套式 PCR（nested PCR）。

8. 基因融合

通过 PCR 反应可以比较容易地将两个不同的基因融合在一起。在两个 PCR 扩增体系中，两对引物分别有其中之一在其 5′ 末端和 3′ 末端引物带上一段互补的序列。混合两种 PCR 扩增产物，经变性和复性，两组 PCR 产物通过互补序列发生粘连，其中一条重组杂合链能在 PCR 条件下发生延伸反应，产生一个包含两个不同基因的杂合基因。

9. 基因定量

采用 PCR 技术可以定量监测标本中靶基因的拷贝数。这在研究基因的扩增等方面具有重要意义。它是将目的基因和一个单拷贝的参照基因置于同一个试管中进行 PCR 扩增。电泳分离后呈两条区带，比较两条区带的丰度；或在引物 5′ 端标记上放射性核素，通过检测两条区带放射性强度即可测出目的基因的拷贝数。利用差示 PCR 还可以对模板 DNA（或 RNA）的含量进行测定，在一系列 PCR 反应中，分别加入待测模板 DNA 和参照 DNA 片段。参照 DNA 片段基本上按待测 DNA 的方式进行构建，只是在其基因上增加了一小段内部连接顺序，这样使得两种 DNA 片段的 PCR 产物可在凝胶电泳上分开。由于这两种不同的 DNA 片段可以在同一种寡核苷酸引物的作用下同步扩增，因此可以避免因使用不同的引物所引起的可能误差。这两种扩增产物的相对量就反映了在起始反应混合物中的目的 DNA 和参照 DNA 的相对浓度。RQ-PCR 技术是在常规 PCR 基础上加入荧光染料或荧光标记探针然后通过荧光定量 PCR 仪检测 PCR 过程中荧光强度的变化，达到对样品靶序列进行定量检测的目的。

10. 其他

还可以鉴定与调控蛋白结合的 DNA 序列；转座子插入位点的绘图；检测基因的修饰；合成基因的构建以及构建克隆或表达载体等。

参 考 文 献

[1] 杨安钢，毛积芳，药立波. 生物化学与分子生物学实验技术 [M]. 北京：高等教育出版社，2001.

[2] 王镜岩. 生物化学（上、下册）. [M]. 3 版. 北京：高等教育出版社，2002.

[3] 屈伸，刘志国. 分子生物学实验技术 [M]. 北京：化学工业出版社，2008.

[4] 王廷华，刘佳，夏庆杰. PCR 理论与技术 [M]. 3 版. 北京：科学出版社，2013.

[5] 吴士良，钱晖，周亚军. 生物化学与分子生物学实验教程 [M]. 北京：科学出版社，2004.

[6] 黄诒森，张光毅. 生物化学与分子生物学. [M]. 2 版. 北京：科学出版社，2008.

[7] 刘新光，罗德生. 生物化学 [M]. 北京：科学出版社，2006.

[8] 周慧. 简明生物化学与分子生物学 [M]. 北京：高等教育出版社，2006.

[9] 杨建雄. 生物化学与分子生物学实验技术教程 [M]. 北京：科学出版社，2002.

[10] 赵亚华. 分子生物学教程 [M]. 北京：科学出版社，2003.

[11] 杨建雄. 分子生物学 [M]. 北京：化学工业出版社，2009.

[12] 吕文华. 生物化学 [M]. 武汉：华中科技大学出版社，2010.

[13] 常雁红. 生物化学 [M]. 北京：冶金工业出版社，2012.

第八章 »»»
免疫学检测技术

随着现代免疫学以及细胞生物学、分子生物学等相关学科的发展，免疫学检测技术也不断发展和更新，免疫学检测技术已在医学和生物学研究领域得到广泛应用，同时也是食品检测技术中一个重要的组成部分，尤其是三大标记免疫技术——荧光免疫技术、酶免疫技术、放射免疫技术在食品检测中得到了广泛应用。利用免疫学检测技术可检测细菌、病毒、真菌、各种毒素和寄生虫等，还可用于蛋白质、激素及其他活性物质、药物残留、抗生素等的检测。其检测方法简便、快速、灵敏度高、特异性强，特别是单克隆抗体技术的发展，使得免疫学检测方法的特异性更强，结果更准确。本章主要介绍免疫荧光技术、酶免疫技术、放射免疫技术和单克隆抗体技术在食品检测中的应用。

第一节　免疫学检测原理

抗原（antigen），是指能够刺激机体产生（特异性）免疫应答，并能与免疫应答产物抗体和致敏淋巴细胞在体内外结合，发生免疫效应（特异性反应）的物质。刺激机体产生抗体和致敏淋巴细胞的特性称为免疫原性（immunogenicity），与相应抗体结合发生反应的特性称为反应原性（reactionogenicity）或免疫反应性（immunoreactivity），二者统称为抗原性（antigenicity）。既具有免疫原性，又具有反应原性者称为完全抗原（complete antigen）；只有反应原性而没有免疫原性者称为不完全抗原（incomplete antigen），也称半抗原（hapten）。半抗原又有简单半抗原（simple hapten）和复合半抗原（complex hapten）之分。

抗体（antibody），是在抗原刺激下产生的，并能与之特异性结合的免疫球蛋白。抗体在体内存在的形式有许多种。体液性抗体是由 B 细胞系的抗体产生细胞所产生的，存在于组织液、淋巴液、血液和脑脊髓液等体液中，也称免疫球蛋白（immuno globulin，Ig）。

一、抗原、抗体检测原理

免疫学检测即根据抗原、抗体反应的原理，利用已知的抗原检测未知的抗体或利用已知的抗体检测未知的抗原。由于外源性和内源性抗原均可通过不同的抗原递呈途径诱导生物机体的免疫应答，在生物体内产生特异性和非特异性 T 细胞的克隆扩增，并分泌特异性的免疫球蛋白（抗体）。由于抗体-抗原的结合具有特异性和专一性的特点，这种检测可以定性、定位和定量地检测某一特异的蛋白（抗原或抗体）。

免疫学检测技术的用途非常广泛，它们可用于各种疾病的诊断、疗效评价及发病机制的研究。最初的免疫检测方法是将抗原或抗体的一方或双方在某种介质中进行扩散，通过观察抗原-抗体相遇时产生的沉淀反应，检测抗原或抗体，最终达到诊断的目的。这种扩散可以是蛋白的自然扩散，例如环状沉淀试验、单向免疫扩散试验、双向免疫扩散试验。

（1）单向免疫扩散试验（single immunodiffusion test）：就是在凝胶中混入抗体，制成含有抗体的凝胶板，将抗原加入凝胶板预先打好的小孔内，让抗原从小孔向四周的凝胶自然扩散，当一定浓度的抗原和凝胶中的抗体相遇时便能形成免疫复合物，出现以小孔为中心的圆形沉淀圈，沉淀圈的直径与加入的抗原浓度成正比。

（2）双向免疫扩散试验（double immunodiffusion test）：一种分析鉴定抗原、抗体纯度和抗原特异性的试验。即抗原和抗体分子在凝胶板上扩散，二者相遇并达到最适比例时形成沉淀线。利用蛋白在不同酸碱度下带不同电荷的特性，可以利用人为的电场将抗原、抗体扩散。例如：免疫电泳试验和双向凝胶电泳。

二、抗原、抗体检测方法

1. 免疫荧光技术

免疫荧光技术（immunofluorescence technique）是在生物化学、显微镜技术和免疫学基础上发展起来的一项检测技术，是用荧光标记的抗体或抗原与被检样品中相应的抗原或抗体结合，在显微镜下检测荧光，并对样品进行分析的方法。它把显微镜技术的精确性和免疫学检测的特异性、敏感性有机地结合在一起。这一方法的特点是特异性强、灵敏度高。根据荧光素标记的方式不同，可分为直标荧光抗体和间标荧光抗体。

① 直标免疫荧光技术：该方法是最早的免疫荧光技术，是用已标记了荧光素的特异性荧光抗体直接滴在含有相应抗原的载玻片上进行孵育，在荧光显微镜下观察检查结果。由于该方法的检测敏感性低，且每检查一种抗原都需要制备其特异的荧光抗体，应用并不广泛。反应式如下：

$$Ag+Ab\text{-荧光} \longrightarrow Ag \cdot Ab\text{-荧光}$$

② 间标免疫荧光技术：该方法是应用最广的免疫荧光技术。是用特异性的抗体与切片抗原结合后，作为第一抗体，再滴加荧光素化的第二抗体，在荧光显微镜下观察结果。通过二抗的结合，能将信号进行放大，因此能在一定程度上提高检测的灵敏度，但是随之带来的高背景也降低了检测的特异性，因而只需满足种属特异性，即可用于多种第一抗体的标记检测。反应式如下：

$$Ag+Ab \longrightarrow Ag \cdot Ab+G\text{-荧光} \longrightarrow Ag \cdot Ab \cdot G\text{-荧光}$$

③ 时间分辨荧光免疫分析法：该方法是同位素免疫分析技术。是用镧系元素标记抗原或抗体，根据镧系元素螯合物的发光特点，测量波长和时间两个参数进行信号分辨。该法可有效地排除非特异荧光的干扰，极大地提高了分析灵敏度。

④ 补体法：该方法是间接染色法的一种改良法。是将抗原和抗体及补体三者结合为复合物后，再与荧光素标记的抗补体进行反应，四者形成复合物，在荧光显微镜下观察结果。补体法不但有与间接法相同的优点，而且只需要一种标记抗补体抗体，就可实现各种抗原抗体系统的检测。该法虽敏感，但参加反应的因素较多，故特异性差。

2. 放射免疫检测技术

放射免疫检测技术（radioimmunoassay，RIA）是目前灵敏度最高的检测技术，利用放射性同位素标记抗原（或抗体），与相应抗体（或抗原）结合后，通过测定抗原-抗体结合物的放射性判断结果。放射性同位素具有皮克级的灵敏度，且利用反复曝光的方法可对痕量物质进行定量检测。但放射性同位素对人体的损伤也限制了该方法的使用。

3. 酶联免疫吸附测定技术

酶联免疫吸附测定技术（enzyme-linked immunosorbent assay，ELISA）是目前应用最广泛的免疫检测方法，是将二抗标记上酶，抗原抗体反应的特异性与酶催化底物的作用结合起来，根据酶作用底物后的显色颜色变化来判断试验结果，其敏感度可达纳克级水平。常见用于标记的酶有辣根过氧化物酶（HRP）、碱性磷酸酶（AP）等。由于酶联免疫法不需要特殊的仪器，检测简单，因此被广泛应用于疾病检测。常用的方法有间接法、夹心法以及 BAS-ELISA。

间接法是先将待测的蛋白包被在孔板内，然后依次加入一抗、标记了酶的二抗和底物显色，通过仪器（例如酶标仪）定量检测抗原。这种方法操作简单，但由于高背景而特异性较差，目前已逐渐被夹心法取代。反应式如下：

$$Ag+Ab\text{-}^{125}I \longrightarrow Ag \cdot Ab\text{-}^{125}I\text{(测定其放射性)或}Ag\text{-}^{125}I+Ab \longrightarrow Ag \cdot ^{125}I \cdot Ab$$

夹心法利用两种一抗对目标抗原进行捕获和固定，在确保灵敏度的同时大大提高了反应的特异性。

4. 免疫胶体金技术

免疫胶体金技术（immune colloidal gold technique）是以胶体金作为示踪标志物应用于抗原抗体的一种新型的免疫标记技术。胶体金是由氯金酸（$HAuCl_4$）在还原剂如白磷、抗坏血酸、枸橼酸钠、鞣酸等的作用下，聚合成为特定大小的金颗粒，并由于静电作用成为一种稳定的胶体状态，称为胶体金。胶体金在弱碱环境下带负电荷，可与蛋白质分子的正电荷基团形成牢固的结合，由于这种结合是静电结合，所以不影响蛋白质的生物特性。胶体金除了与蛋白质结合以外，还可以与许多其他生物大分子结合，如 SPA、PHA、ConA 等。根据胶体金的一些物理性状，如高电子密度、颗粒大小、形状及颜色反应，加上结合物的免疫和生物学特性，因而使胶体金广泛地应用于免疫学、组织学、病理学和细胞生物学等领域。此方法简单，快速，广泛应用于临床筛查。

第二节　免疫荧光技术

随着现代生活水平的提高，人们的食品安全意识也在不断增强，对食品的安全检测越来越重视。由于食品在生产、运输、销售过程中易受微生物污染，因此，微生物检测是食品安全检测中的一项重要指标。微生物的检测包括多种方法，免疫学检测就是其中的一种。免疫学检测方法是应用免疫学理论设计的一系列测定抗原、抗体、免疫细胞及其分泌的细胞因子的实验方法。

一、基本原理

免疫荧光技术（immunofluorescence technique，IFT）是利用化学方法将荧光色素与抗体或者抗原结合起来，这种结合荧光色素的抗体或者抗原的免疫活性并不因此发生变化。在特定的条件下着染标本，若标本中含有与其对应的抗原或者抗体，将不影响抗原抗体活性的荧光色素标记在抗体（或抗原）上。如果荧光色素标记抗体与相应抗原发生特异性结合反应，则在荧光显微镜下呈现一种特异性荧光反应，如果不发生特异性反应，则被荧光剂标记的抗体（或者抗原）被缓冲液冲掉，在显微镜下观察不到荧光。目前免疫荧光技术可用于沙门氏菌、李斯特菌、葡萄球菌毒素、*E. coli* O157 和单核细胞增生李斯特氏菌等的快速检测。该技术的主要特点有特异性强、敏感性高、速度快。缺点是非特异性染色问题尚未完全解决，结果判定的客观性不足，技术程序也还比较复杂。

二、抗体的荧光标记

荧光是指一个分子或者原子吸收了能量后，即刻发光；停止能量供给，发光也瞬间停止。荧光素是一种能吸收激发光的光能而产生荧光，并能作为燃料使用的有机化合物，也称荧光色素。

1. 常用的荧光素及其特性

目前用于标记抗体的荧光素主要有异硫氰酸荧光黄（fluorescein isothiocyanate，FITC）、四甲基异硫氰酸罗丹明（tetramethyl rhodamine isothiocyanate，TRITC）和藻红蛋白（phycoerthrin，PE），其中应用最广的是 FITC、TRITC 和 PE，常用于衬比染色或双标记染色。

① 异硫氰酸荧光黄（FITC）：纯品为橙黄色结晶粉末，分子量为 390，易溶于水和酒精等溶剂。FITC 的性质稳定，在低温条件下可保存多年，室温亦可保存 2 年。最大吸收光谱为 490～495nm，激发产生的荧光波长为 520～530nm，呈黄绿色。它有两种异构体，其中异构体 I 的荧光效率较高，与蛋白质结合更稳定。在碱性条件下，FITC 的异硫氰基（—N＝C＝S）与抗体蛋白的自由氨基经碳酰胺化而形成稳定的硫碳氨基键，成为荧光素抗体偶联物。一个 IgG 分子最多能偶联 15～20 个荧光素分子，FITC 是实验室最常用的荧光素。

② 四甲基异硫氰酸罗丹明（TRITC）：为罗丹明紫红色粉末，分子量为 443，性质较稳定。最大吸收光谱为 550nm，激发产生的荧光波长为 620nm，呈橙红色。TRITC 的荧光效率较低，但其激发峰与荧光峰的距离较大，易于选择滤光片；其分子中的异硫氰基（—N＝C＝S）易与蛋白质的氨基结合，使用较为方便。近年来多用于双标记示踪技术。

③ 藻红蛋白（PE）：是从红藻中提取的一种藻胆蛋白，系天然荧光色素。最大吸收光谱为 490～560nm，激发产生的荧光波长为 595nm，呈现红色荧光。PE 可与 FITC 同时对各种抗体或配体进行双标记，在流式细胞术（FCM）中较常用。

2. 荧光抗体的制备

荧光抗体是将抗体与荧光素结合而形成的偶联物。用于荧光素标记的抗体要求不含针对标本中正常组织的抗体，且特异性强、纯度高、效价满意，琼脂双向扩散的效价不低于 1：20（稀释抗体）或环状沉淀实验的效价高于 1：4000（稀释抗原）。一般是特异性抗血清或用抗（人或其他动物）Ig 的免疫血清提纯的 IgG，或相应的单克隆抗体都可用于荧光素标记。作为标记的荧光素应符合以下要求：

（1）具有能与蛋白质分子形成稳定共价键结合的化学基团，或易于转变为此类基团而不破坏其荧光结构。

（2）荧光效率高，与蛋白质结合的需要量很少。

（3）与抗体或抗原结合后，应不影响其免疫学特异性。

（4）偶联物产生的荧光颜色与背景组织的自发荧光对比鲜明、清晰，容易判断。

（5）荧光素与蛋白质结合的方法简便、快速，游离的荧光素及其降解产物容易去除。

（6）在一般贮存条件下，其结合物的性能稳定，可保存使用较长时间。

常用的标记蛋白质的方法有搅拌法和透析法两种。透析法的操作步骤为：将 1g 溶液（即待标记的蛋白溶液）装入透析袋，将上述透析袋放入含 0.1mg/mL FITC 的 pH＝9.4 的碳酸盐缓冲液中，4℃磁力搅拌 24h，取出透析袋，进行纯化、鉴定。透析法适用于蛋白质含量低、样品体积小的抗体溶液的标记，标记较均匀，非特异荧光较低。

以 FITC 为例，搅拌法的操作步骤为：将待标记的蛋白溶液加入到 pH＝9.0、0.5mol/L 的碳酸盐缓冲液中平衡，25℃磁力搅拌下，逐滴加入 FITC 溶液搅拌 1h，4℃下继续搅拌 4h，然后进行纯化、鉴定。搅拌法适用于蛋白质含量较高、样品体积较大的抗体溶液的标记，标记时间短、效率较高，荧光素用量少，但影响因素多，非特异荧光较强。

FITC 的标记原理与方法如下：

$$荧光素—N=C=S+NH_2—抗体$$

$$\downarrow$$

$$荧光素—\underset{H}{N}—\underset{S}{C}—\underset{H}{N}—抗体$$

3. 除去未结合荧光素、标记不适当的抗体以及非特异反应物质

除去未结合荧光素的方法主要有透析法和凝胶过滤法。透析法的操作步骤为：将标记后的抗体溶液装于透析袋，于流动的自来水中透析约 10min，然后移入 pH＝7.4 的磷酸盐缓冲液中，在 4℃下透析，直至透析外液在紫外线灯下不呈现荧光为止。凝胶过滤法的操作步骤为：葡聚糖凝胶 G25 或 G50，用 pH＝7.4 的 0.01％ PBS 溶胀后装柱，加入标记后的抗体溶液，然后用上述 PBS 洗脱，取洗脱液加入 20％三氯乙酸使蛋白沉淀后，上清液中的荧光素应低于 0.01μg/mL。

除去标记不适当的抗体的方法为：采用 DEAE 纤维素离子柱。将 DEAE 纤维素用 pH＝7.6 的 0.01mol/L 磷酸盐缓冲液平衡装柱，加入标记抗体溶液，进行分步洗脱。未结合荧光素的抗体，所带负电荷少，最先洗出。过量结合荧光素的抗体，所带负电荷多，最后洗出。

除去非特异反应物质的方法为：将荧光抗体用同一正常组织或同种动物其他组织的组织粉预先吸收。按 100mg 组织粉/mL 标记抗体比例混合，4℃磁力搅拌 1h，静置 1h，离心取上清液，重复一次。

4. 荧光抗体的鉴定

荧光抗体在使用前应加以鉴定。鉴定指标包括效价以及荧光素与蛋白质的结合比率。抗体效价可以用琼脂双扩散法进行测定，效价大于 1：16 者较为理想。荧光素与蛋白质结合比率（F/P）的测定和计算的基本方法是：将制备的荧光抗体稀释至 $A_{280}\approx 1.0$，分别测定 A_{280}（蛋白质特异吸收峰）和标记荧光素的特异吸收峰，按公式计算。

FITC：
$$F/P=\frac{2.87A_{495}}{A_{280}-0.35A_{495}}$$

RB200：
$$F/P=\frac{A_{515}}{A_{280}}$$

F/P 值越高，说明抗体分子上结合的荧光素越多，标记抗体的灵敏度就高，反之则越少。但 F/P 值过高，会增加荧光素标记抗体的负电荷，从而增加与组织细胞的非特异性吸附。一般

用于固定标本的荧光抗体以 $F/P=1.5$ 为宜，用于活细胞染色的以 $F/P=2.4$ 为宜。

抗体工作浓度的确定方法类似于 ELSIA 间接法中酶标抗体的滴定。将荧光抗体自 1∶4 至 1∶256 倍比稀释，对切片标本做荧光抗体染色。以能清晰显示特异荧光、且非特异染色弱的最高稀释度为荧光抗体的工作浓度。

荧光抗体的保存应注意防止抗体失活和防止荧光猝灭。最好小量分装，−20℃冻存，这样就可放置 3～4 年。在 4℃中一般也可存放 1～2 年。

三、标本的制作

免疫荧光技术在实际应用上主要有直接法和间接法。直接法是在检测样品上直接滴加已知特异性荧光标记的抗血清，经洗涤后在荧光显微镜下观察结果。免疫荧光直接法可清楚地观察抗原并用于定位标记观察。间接法是在检测样品上滴加已知的细菌特异性抗体，待作用后经洗涤，再加入荧光标记的第二抗体。如研制成的抗沙门氏菌荧光抗体，用于 750 例食品样品的检测，结果表明与常规培养法的符合率基本一致。

在食品卫生检疫中，荧光标记抗体检测标本的制作应力求保持抗原的完整性，并在洗涤和固定过程中不发生溶解或变性。此外，为了便于抗原和抗体接触形成抗原-抗体复合物，以及有利于观察和记录，要求制作的标本尽量薄，对标本中干扰抗原-抗体反应的物质应充分洗涤除去，以免影响标本的观察以及结果的判定。

荧光标记抗体检测标本的制作方法为：①涂片：先将载玻片通过火焰 3 次，冷却后，挑取被检材料涂布成直径约 1cm 的圆形涂片，如材料太浓，也可将生理盐水加入被检材料中，混匀后均匀涂片。涂好后，晾干或以电风扇吹干备用；②固定：不同的抗原采用不同的固定剂，一般常用的固定剂为 95%～100% 乙醇和丙酮，固定的条件温度为 37℃、时间为 3～15min，某些病毒最好以丙酮在 −40～20℃下，固定 30min，固定后应随即用 PBS 反复冲洗，干后即可用于染色。固定的目的是防止标本从玻片上脱落，以及去除组织中妨碍抗原抗体结合的类脂质。

四、荧光抗体染色方法

1. 直接法

直接法是指用特异荧光抗体直接滴加于待检的标本上，由荧光标记的抗体与抗原发生特异结合（图 8-1）。标本中如有相应的抗原存在，即与荧光抗体特异性结合，在镜下可见有荧光的抗原复合物。此法的优点是操作简单、特异性高。其缺点是检查每种抗原均需制备相应的特异性荧光抗体，且敏感性低于间接法。

图 8-1　直接法示意图

2. 间接法

间接法是根据抗球蛋白试验的原理，用荧光素标记抗球蛋白抗体（简称标记抗抗体）的方法（图 8-2）。间接法的检测过程分为两步：第一步，用未知未标记的抗体（待检标本）加到已知抗原标本上，在湿盒中在 37℃下保温 30min，使抗原抗体充分结合，然后洗涤，除去未结合的抗体；第二步，加上荧光标记的抗球蛋白抗体或抗 IgG、IgM 抗体。如果第一步发生了抗原抗体反应，标记的抗球蛋白抗体就会和已结合抗原的抗体进一步结合，从而可鉴定未知抗体。由于结合在抗原-抗体复合物上的荧光素抗体增多，发出的荧光亮度强，因而其敏感性强。此外，它只需制备一种荧光抗体就可以检出多种抗原，能用于检测多种动物的多种抗原-抗体系统，而且能解决一些不易制备动物免疫血清的病原体（如麻疹）等的研究和检查。此方法的缺点是易产生非特异性荧光，影响结果判断。

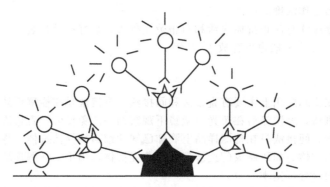

图 8-2　间接法示意图

五、荧光显微镜检查

标本经荧光抗体染色后，需要在荧光显微镜下观察。荧光显微镜是免疫荧光化学的基本工具。它是由光源、滤板系统和光学系统等主要部件组成，是利用一定波长的光激发标本发射荧光，通过物镜和目镜系统放大以观察标本的荧光图像。在荧光显微镜检查时，首先要选择好的光源或滤光片，滤光片的正确选择是获得良好荧光观察效果的重要条件。激发滤光片的作用是提供合适的激发光。根据光源和荧光色素的特点，可选用以下三类激发滤板，提供一定波长范围的激发光。紫外光激发滤板：此滤板可使 400nm 以下的紫外光透过，阻挡 400nm 以上的可见光通过；紫外蓝光激发滤板：此滤板可使 300～450nm 范围内的光通过；紫蓝光激发滤板：它可使 350～490nm 的光通过；最大吸收峰在 500nm 以上者的荧光素（如罗达明色素）可用蓝绿滤板激发。

荧光显微镜检查的注意事项：①应在暗室中进行检查，进入暗室后，接上电源，点燃超高压汞灯 5～15min，待光源发出的强光稳定后，眼睛完全适应暗室，再开始观察标本；②防止紫外光对眼睛的损害，在调整光源时应戴上防护眼镜；③检查时间每次以 1～2h 为宜，超过 90min，超高压汞灯的发光强度逐渐下降，荧光减弱；标本受紫外光照射 3～5min 后，荧光也明显减弱；所以，最多不得超过 2～3h；④荧光显微镜光源寿命有限，标本应集中检查，以节省时间，保护光源，天热时，应加电扇散热降温，新换灯泡应从开始就记录使用时间。灯熄灭后欲再用时，须待灯泡充分冷却后才能点燃。一天中应避免数次点燃光源；⑤标本染色后立即观察，因时间久了荧光会逐渐减弱。若将标本放在聚乙烯塑料袋中 4℃保存，可延缓荧光减弱时间，防止封裱剂蒸发；⑥荧光亮度的判断标准：一般分为四级，即"一"——无或可见微弱荧光，"＋"——仅能见明确可见的荧光，"＋＋"——可见有明亮的荧光，"＋＋＋"——可见耀眼的荧光。

六、免疫荧光技术在食品检验中的应用

食品免疫检测技术是食品分析检测领域的新热点，在残余药物、残余农药、有害微生物等的检测方面取得了显著进展。免疫检测技术是基于抗原-抗体反应的原理对待测物进行定量定性分析的检测方法，具有特异性强、灵敏度高、简便等优点。下文将以红细胞抗体混合荧光抗体染色法对食品中沙门氏菌的检测为例，说明免疫荧光抗体在食品检验中的应用。

1. 原理

将抗体球蛋白稀释成 2mg/mL，和 2％绵羊红细胞 1∶1 混合（混合后血球成 1％），再加依文斯兰 2 滴（0.1％）。这样的悬液里和血球表面带有沙门氏菌的抗体，加上增菌液，在湿的环境下使抗原和抗体结合，其余的杂质和非特异的物质不与抗体结合，不易固定在玻片上，易被水冲

击。因此，有特异性的抗原就能滞留在玻璃片上。

红细胞经过鞣化处理后有一定的吸附作用，能将抗体（包括荧光标记的抗体）吸附在血球上，使血球呈黄绿色（如在荧光血清中加依文斯兰可使血球呈红色），这样在玻璃片上呈现出清晰的背景，镜检时见到血球后可鉴定特异性细菌的存在。因为此法有吸附抗体的作用，所以抗原也不易漏去，这是荧光抗体的优点。

2. 方法

（1）取 10％戊二醛血球悬液 0.3mL 于 10mL 刻度离心管中用 2mL 生理盐水洗两次（2500r/min，5min）。将沉淀血球配成 2％血球悬液，以 1：20000 鞣酸生理盐水 1：1 混合，置 37℃水浴中 15min 鞣化。

（2）将提纯的伽马球蛋白稀释成 2mg/mL，和以上血球 1：1 混合。此时血球为 1％球蛋白，为 1mg/mL。

（3）将以上悬液涂于玻片上（每片 8 点），在酒精灯上用火焰干燥固定后，加被检的增菌液于涂片点上，37℃湿盒中 30min。

（4）冲洗玻片后加沙门氏菌荧光抗血清，37℃，30min 在湿盒染色。

（5）洗片：用间接法洗较好，待干后镜检。

3. 结果判定

亮度	菌量	判定	亮度	菌量	判定
♯	+++	+	++	+++	+
♯	++	+	++	++	+
♯	+	±	++	+	±
+++	+++	+	+	++	−
+++	++	+	+	++	−
+++	+	±			

亮度：
♯　表示菌形清晰，亮环显著，发闪亮黄绿色荧光。
+++　表示菌形清晰，亮环显著，亮度较强。
++　表示菌形成形，有亮环，亮度较差。
+　表示菌体可有些形态，亮环清楚，荧光微弱。
−　表示无荧光。
菌量：
♯　表示视野中菌体密布。
+++　表示视野中菌体较密。
++　表示视野中菌体稀散。
+　表示视野中仅见个别菌体或在数个视野中仅见个别少数菌体。
−表示无典型菌体。
判定：
+　表示阳性。
±　表示可疑，再做第二次染色如仍可疑做常规。
−　表示阴性。

第三节　酶免疫技术

酶联免疫检测技术自 20 世纪 70 年代问世以来，就因其高度的准确性、特异性、适用范围广、检测速度快以及费用低等优点，成为检验中广泛应用的方法之一，其中应用最多的是酶联免疫吸附法（ELISA）。由于 ELISA 的技术条件要求低，携带方便，操作简便和经济，常以试剂盒的形式出现且易商品化，它已成为一种应用最为广泛和发展最为成熟的生物检测与分析技术。

一、基本原理

酶联免疫技术和其他免疫技术一样，都是以抗体和抗原的特异性结合为基础的，其差别在于酶免疫方法以酶或者辅酶标记抗原或者抗体，用酶促反应的放大作用来显示初级免疫学反应，使检测水平接近放射免疫测定法。酶免疫测定法可分为非均相免疫测定法和均相免疫测定法，非均相法又有固相法和液相法之分。实践中，常用的是非均相酶固相免疫测定法即 ELISA 法，该法将抗原或抗体结合到固相载体表面，将抗原或抗体相关物质与酶交联成酶结合物，一方面保持了与相应抗原或抗体结合的免疫特性，另一方面还具有酶活性。当酶结合物同相应的抗原或抗体结合后，则形成酶标抗原-抗体复合物，复合物上的酶遇到相应底物时，可以催化产物水解、氧化或还原，从而产生有色物质。根据有色物质的有无及其浓度，即可间接推断被检样品中有无相应抗原或抗体存在、数量多少，从而达到定性和定量测定的目的。ELISA 测定原理见图 8-3。

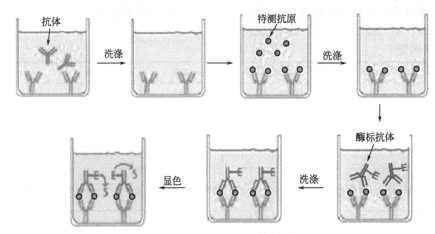

图 8-3　ELISA 测定原理示意图

二、ELISA 的种类

在实际应用中 ELISA 技术主要有直接法、间接法、双抗体夹心法、竞争法、捕获包被法、ABS-ELISA 法、PCR-ELISA 法、A 蛋白酶联法、斑点免疫吸附法和组织印迹法等几种类型，下面主要介绍几种常用的方法，分别是直接法、间接法、双抗体夹心法、竞争法、捕获包被法。

1. 直接法测抗原

（1）将受检抗原吸附于固相载体表面，洗涤除去其他未结合物质。

（2）加入酶标记的抗体，形成酶-抗体-抗原复合物，洗涤除去未结合的抗体及杂质。

（3）加底物显色，固相上的酶催化底物成为有色产物。通过比色，测知标本中抗原的量。

试验中的一抗都得用酶标记，但不是每种抗体都适合作标记，费用相对提高。

2. 间接法测抗体

（1）将特异性抗原与固相载体联结，形成固相抗原。洗涤除去未结合的抗原及杂质。

（2）加受检抗体。标本中的抗体与固相抗原结合，形成固相抗体-抗原复合物。洗涤除去其他未结合物质。

（3）加酶标二抗。固相免疫复合物上的受检抗体与酶标二抗结合。彻底洗涤未结合的酶标二抗。此时固相载体上带有的酶量与标本中受检抗体的量相关。

（4）加底物显色，固相上的酶催化底物成为有色产物。通过比色，测知标本中抗体的量。

间接法的优势为：二抗可以加强信号，而且有多种选择能做不同的测定分析。不加酶标记的一级抗体则能保留它最多的免疫反应性；缺点为交互反应发生的概率很高。

3. 双抗体夹心法检测抗原

（1）将特异性抗体与固相载体联结，形成固相抗体。洗涤除去未结合的抗体及杂质。

（2）加受检抗原。标本中的抗原与固相抗体结合，形成固相抗原-抗体复合物，洗涤除去其他未结合物质。

（3）加酶标抗体。固相免疫复合物上的抗原与酶标抗体结合，彻底洗涤未结合的酶标抗体，此时固相载体上带有的酶量与标本中受检抗原的量相关。

（4）加底物显色。固相上的酶催化底物成为有色产物。通过比色，测知标本中抗原的量。

这种双位点夹心法具有很高的特异性，常用于检测抗原。

4. 竞争法测定抗原

（1）将特异性抗体与固相载体联结，形成固相抗体，洗涤除去未结合的抗体及杂质。

（2）向待测管中加受检标本和一定量的酶标抗原的混合溶液，使之与固相抗体反应。如受检标本中无抗原，则酶标抗原能顺利地与固相抗体结合。如受检标本中含有抗原，则与酶标抗原以同样的机会与固相抗体结合，竞争性地占去了酶标抗原与固相载体结合的机会，使酶标抗原与固相载体的结合量减少。参考管中只加酶标抗原，酶标抗原与固相抗体的结合可达最充分的量，洗涤。

（3）加底物显色。参考管中由于结合的酶标抗原最多，故颜色最深。参考管颜色深度与待测管颜色深度之差，代表受检标本抗原的量。待测管颜色越淡，表示标本中抗原含量越多。

竞争法一般用于抗原中的杂质不容易去除，或者抗原的特异性差的情况下。

5. 捕获包被法测定抗体

血清中针对某些抗原的特异性 IgM 常和特异性 IgG 同时存在，后者会干扰 IgM 抗体的测定。因此，测定 IgM 抗体多用捕获法，先将所有血清 IgM（包括特异性 IgM 和非特异性 IgM）固定在固相上，在去除 IgG 后再测定特异性 IgM。

（1）将抗人 IgM 抗体连接在固相载体上，形成固相抗人 IgM，洗涤除去杂质。

（2）加入稀释的血清标本。血清中的 IgM 抗体被固相抗体捕获，洗涤除去其他免疫球蛋白和血清中的杂质成分。

（3）加入特异性抗原试剂。它只与固相上的特异性 IgM 结合，洗涤。

（4）加入针对特异性的酶标抗体，使之与结合在固相上的抗原反应结合，洗涤。

（5）加底物显色，如有颜色显示，则表示血清标本中的特异性 IgM 抗体存在，是为阳性反应。

三、抗体的酶标记

用于酶免疫技术的酶须具有下列特性：有高度的活性和敏感性；在室温下稳定；反应产物易于显现；能商品化生产。目前酶免疫技术检测中常用的酶为辣根过氧化物酶（horseradish peroxidase，HRP）和碱性磷酸酶（AP），其次还有葡萄糖氧化酶、β-半乳糖苷酶、溶菌酶和苹果酸脱氢酶等。

由于辣根过氧化物酶的比活性高，稳定，分子量小，纯酶容易制备，所以最常用。HRP 广泛分布于植物界，辣根中含量高，它是由无色的酶蛋白和棕色的铁卟啉结合而成的糖蛋白，糖含量 18%。HRP 由多个同工酶组成，分子量为 40000，等电点为 pH 3～9，酶催化的最适 pH 因供氢体不同而稍有差异，但多在 pH 为 5 左右。酶溶于水和 58% 以下饱和度的硫酸铵溶液。HRP 的辅基和酶蛋白的最大吸收光谱分别为 403nm 和 275nm。一般以 OD_{403nm} 与 OD_{275nm} 的比值 RZ（德文 Reinheit Zahl）表示酶的纯度。高纯度的酶 RZ 值应在 3.0 左右（最高可达 3.4）。RZ 值越小，非酶蛋白就越多。值得注意的是，纯度并不表示酶活性，如当酶变性后 RZ 值仍可不变。对于制备 HRP 结合物，可用戊二醛两步法和过碘酸盐法。

1. 戊二醛法

戊二醛为一种双功能试剂，通过其醛基分别与酶和免疫球蛋白上的氨基共价结合，形成酶-戊二醛-免疫球蛋白结合物。戊二醛交联法有一步法和两步法之分。一步交联法是把一定量的酶、抗体、戊二醛同时加入到溶液中，在一定温度下反应一段时间，然后用透析法或凝胶过滤法除去未结合的戊二醛即可得到酶结合物。在蛋白质与戊二醛交联反应中，蛋白质赖氨酸基团是戊二醛最可能反应的部位，组成辣根过氧化物酶的 300 多个氨基酸中只有 6 个赖氨酸。市售的 HRP 中，只有 1～2 个赖氨酸基团可供交联，而抗体分子中，赖氨酸基团的含量要大得多，因此，在一步交联中，HRP 的反应性不强，抗体分子在戊二醛作用下形成聚合物，因此交联反应后，必须用 50％的饱和硫酸铵沉淀或用凝胶过滤除去聚合物。一步法酶结合物的产率仅 6％～7％，其中 HRP 约占 5％。在正常情况下，HRP 只有一个戊二醛分子的一个醛基反应，而第二个醛基不能与同一个或其他酶反应，即不发生聚合，故可将戊二醛先与 HRP 反应。产生的酶结合物中，其酶和抗体的物质的量的比接近 1：1，标记活性的损失比一步法少，但该法的效率也不高，仅有 2％～5％的 HRP 标记在抗体分子上，标记的抗体只占 25％，酶结合物的产率仅为 10％～15％。在实际运用中，酶与抗体的物质的量的比在 1～2 之间为宜，但未标记的抗体严重干扰检测结果，常用聚丙烯酰胺-琼脂糖凝胶过滤法除去未标记的抗体。

2. 过碘酸盐氧化法

该法只用于 HRP 的交联。该酶含 18％的糖类，过碘酸盐将其分子表面的多糖氧化为醛基。用硼氢化钠（NaBH$_4$）中和多余的过碘酸。酶上的醛根很活泼，可与蛋白质结合，形成按物质的量比例结合的酶标结合物。该法的交联效果比戊二醛法好，结合物中 HRP 与抗体的物质的量的比在 2～3 之间，参与酶结合物中的 HRP 可达 70％，而抗体则可达 99％。但是在标记过程中，酶活性和抗体的免疫活性损失较多。

四、酶与底物

酶结合物是酶与抗原或者抗体、半抗原在交联剂作用下联结的产物，是 ELISA 成败的关键试剂。它不仅具有抗原抗体的特异性反应，还具有酶促反应的特性，最终产生生物放大的特性。酶免疫反应中，最常用的酶是辣根过氧化物酶，HRP 的催化反应需要底物过氧化氢（H$_2$O$_2$）和供氢体（DH$_2$）。供氢体多为无色的还原型染料，通过反应可生成有色的氧化型染料（D）。酶促反应的过程如下：

$$DH_2 + H_2O_2 \xrightarrow{HRP} D + 2H_2O$$

供氢体的种类很多，形成的产物特点不一。如 DAB（3,3-二氨基联苯胺）的反应产物为不溶性沉淀物，并有电子密度，故适宜做免疫酶染色或电镜观察。5-氨基水杨酸（5-AS）早期曾用于 ELISA，但其溶解度不够大，且空白孔不易控制到无色，现已很少应用。邻联甲苯胺（OT）的特点是能产生鲜艳的蓝绿色产物且灵敏度较高，但反应中受温度的影响较大，而且由于产物不稳定，需要在短时间内进行测定。HRP 最常用的色原底物（供氢体）有邻苯二胺（OPD）、四甲基联苯胺（TMB）以及 4-氨基安替比林等，其中 OPD 形成的产物为深橘黄色或棕色，但是因为具有致癌性，且显色不稳定，因此近年来人们更愿意用性质更稳定又无致癌作用的 TMB。TMB 产物为蓝绿色，可溶性较好，在避光处颜色稳定，空白可近于无色，灵敏度比 OPD 可高 4 倍以上。另外，还有一种供氢体称 2,2′-连氮基-双(3-乙基苯并噻吡咯啉-6-磺酸)(ABTS)，其反应产物呈蓝绿色，且灵敏度和稳定性均好。尤其是在致癌的潜在可能性方面，ABTS 与 TMB 皆是值得被优选的供氢体。

由于 HRP 的底物 H$_2$O$_2$ 本身又是酶的抑制剂，因此酶促反应中使用的 H$_2$O$_2$ 不能过量，应控制在经较短时间反应后呈色即达高峰（说明 H$_2$O$_2$ 已消耗殆尽）。这样即使再延长时间也不会增加反应产物的颜色。酶免疫技术常用的酶及其底物见表 8-1。

五、固相载体

可作 ELISA 固相载体的物质很多，最常用的是聚苯乙烯。聚苯乙烯具有较强的吸附蛋白质的性能，抗体或蛋白质抗原吸附其上后保留原来的免疫活性。聚苯乙烯为塑料，可制成各种形式，在测定过程中，它作为载体和容器，不参与化学反应，加之它的价格低廉，所以被普遍采用。

表 8-1　酶免疫技术常用的酶及其底物

酶	底物	显色反应	测定波长/nm
辣根过氧化物酶	OPD	橘红色	492①,460②
	TMB	黄色	450
	5-AS	棕色	449
	OT	蓝色	425
	ABTS	蓝绿色	642
碱性磷酸酯酶	4-硝基酚磷酸盐(PNP)	黄色	400
	萘酚-AS-Mx 磷酸盐＋重氮盐	红色	500
葡萄糖氧化酶	ABTS＋HRP＋葡萄糖	黄色	405,420
	葡萄糖＋甲硫酚嗪＋噻唑蓝	深蓝色	
β-D-半乳糖苷酶	4-甲基伞酮基-半乳糖苷(4MuG)	荧光	360,450
	硝基酚半乳糖苷(ONPG)	黄色	420

① 终止剂为 2mol/L H_2SO_4。

② 终止剂为 2mol/L 柠檬酸，不同的底物有不同的终止剂。

　　ELISA 载体的形状主要有三种：小试管、小珠和微量反应板。小试管的特点是能兼作反应的容器，最后放入分光光度计中比色。小珠一般为直径 0.6cm 的圆球，表面经磨砂处理后吸附面积大大增加。如用特殊的洗涤器，在洗涤过程中使圆珠滚动淋洗，效果更好。最常用的载体为微量反应板，专用于 ELISA 测定的产品也称为 ELISA 板，国际通用的标准板形是 8×12 的 96 孔式。为便于做少量标本的检测，有制成 8 联或 12 联孔条的，放入座架后，大小与标准 ELISA 板相同。ELISA 板的特点是可以同时进行大量标本的检测，并可在特定的比色计上迅速读出结果。现在已有多种自动化仪器用于微量反应板型的 ELISA 检测，包括加样、洗涤、保温、比色等步骤，对操作的标准化极为有利。

　　良好的 ELISA 板应该是吸附性能好，空白值低，孔底透明度高，各板之间和同一板各孔之间的性能相近。聚苯乙烯 ELISA 板由于配料的不同和制作工艺的差别，各种产品的质量差异很大。因此，每一批号的聚苯乙烯制品在使用前须检查其性能。常用的检查方法为：以一定浓度的抗人 IgG（一般为 10ng/mL）包被 ELISA 板各孔后，每孔内加入适当稀释的酶标抗人 IgG 抗体，保温后洗涤，加底物显色，终止酶反应后分别测每孔溶液的吸光度。控制反应条件，使各孔读数在 0.8 左右。计算所有读数的平均值。所有单个读数与平均读数之差应小于 10%。

　　与聚苯乙烯板类似的塑料为聚氯乙烯板。作为 ELISA 固相载体，聚氯乙烯板的特点为质软板薄，可切割，价廉，但光洁度不如聚苯乙烯板。聚氯乙烯对蛋白质的吸附性能比聚苯乙烯高，但空白值有时也略高。

　　除塑料制品外，固相酶免疫测定的载体还有两种材料：一是微孔滤膜，如硝酸纤维素膜、尼龙膜等；另一种载体是以含铁的磁性微粒制作的，反应时固相微粒悬浮在溶液中，具有液相反应的速率，反应结束后用磁铁吸引作为分离的手段，洗涤也十分方便，但需配备特殊的仪器。

六、最适工作浓度的选择

　　在建立某一 ELISA 测定中，应对包被抗原或抗体的浓度和酶标抗原或抗体的浓度予以选择，以达到最合适的测定条件和节省测定费用。下面以间接法测抗体和夹心法测抗原为例，介绍最适工作浓度的选择方法。

1. 间接法测抗体

　　(1) 酶标抗抗体工作浓度的选择

　　① 用 100ng/mL 抗人 IgG 进行包被，洗涤。

　　② 将酶标抗人 IgG 用稀释液做一系列稀释后分别加入已包被的孔中，保温、洗涤。

　　③ 加底物显色。加酸终止反应后，读取吸光度（A）。读取 A 值在 1.0 时的酶标抗体稀释度，作为酶标抗体的工作浓度。该酶标抗人 IgG 的工作浓度应为 1/1600。

　　(2) 棋盘滴定法选择包被抗原工作浓度

① 抗体免疫球蛋白用包被缓冲液稀释至蛋白浓度为 $10.0\mu g/mL$、$1.0\mu g/mL$ 和 $0.1\mu g/mL$，分别在 ELISA 板上进行包被，每一浓度包括 3 个纵行，洗涤。

② 在 1 个横行各包被孔中加入强阳性抗原液，第 2 个横行加入弱阳性抗原液，第 3 个横行加入阴性对照液，保温，洗涤。

③ 将酶标抗体用稀释液稀释成 3 个浓度，例如 1：1000、1：5000 和 1：25000。分别加入每个包被浓度的 1 个纵行中，保温、洗涤。

④ 加底物显色。加酸终止反应后，读取 A 值。

⑤ 以强阳性抗原的 A 值在 0.8 左右、阴性参考的 A 值小于 0.1 作最适条件，据此选择包被抗体和酶标抗体的工作浓度，从中选取包被抗体浓度和酶标抗体的稀释度作为工作浓度，从表 8-2 中可见 1：200 为最适工作浓度。

表 8-2　间接 ELISA 法包被抗原工作浓度的选择

各类血清	抗原稀释度				
	1：50	1：100	1：200	1：400	1：800
强阳性	1.20	1.04	0.84	0.68	0.42
弱阳性	0.64	0.41	0.30	0.22	0.19
阴性	0.23	0.13	0.08	0.66	0.05
稀释液	0.09	0.02	0.02	0.02	0.04

2. 夹心法测抗原

在夹心法 ELISA 法中可用棋盘滴定法同时选择包被抗体和酶标抗体的工作浓度，举例如下（表 8-3）。

表 8-3　夹心 ELISA 法包被抗体和酶标抗体工作浓度的选择

包被抗体的浓度	酶标抗体稀释度	参考抗原		
		强阳性(25ng/mL)	弱阳性(1.5ng/mL)	阴性
$10\mu g/mL$	1：1000	1.17	0.15	0.09
	1：5000	0.46	0.03	0
	1：25000	0.12	0	0
$1\mu g/mL$	1：1000	＞2	0.25	0.10
	1：5000	0.91	0.12	0.01
	1：25000	0.25	0.01	0
$0.1\mu g/mL$	1：1000	0.42	0.13	0.13
	1：5000	0.11	0.03	0.02
	1：25000	0.03	0	0

（1）抗体免疫球蛋白用包被缓冲液稀释至蛋白浓度为 $10\mu g/mL$、$1\mu g/mL$ 和 $0.1\mu g/mL$，分别在 ELISA 板上进行包被，每一浓度包括三个纵行，洗涤。

（2）在一个横行各包被孔中加入强阳性抗原液，另一横行加入弱阳性抗原液，第三横行加入阴性对照液，保温，洗涤。

（3）将酶标抗体用稀释液稀释成三个浓度，例如 1：1000、1：5000 和 1：25000。分别加入每一包被浓度的一个纵行中，保温，洗涤。

（4）加底物显色。加酸终止反应后，读取 A 值。

（5）以强阳性抗原的 A 值在 0.8 左右、阴性参考的 A 值小于 0.1 的条件作最适条件，据此选择包被抗体和酶标抗体的工作浓度。从表 8-3 可看出包被抗体浓度可选用 $1\mu g/mL$，酶标抗体的稀释度可选为 1∶5000。为了进一步节省试剂，可以此浓度为基点，缩小间距再做进一步的棋盘滴定。

七、ELISA 测定方法

ELISA 的基础是抗原或抗体的固相化及抗原或抗体的酶标记。结合在固相载体表面的抗原或抗体仍保持其免疫学活性，酶标记的抗原或抗体既保留其免疫学活性，又保留酶的活性。在测定时，受检标本（测定其中的抗体或抗原）与固相载体表面的抗原或抗体起反应。用洗涤的方法使固相载体上形成的抗原-抗体复合物与液体中的其他物质分开。再加入酶标记的抗原或抗体，也通过反应而结合在固相载体上。此时固相上的酶量与标本中受检物质的量成一定的比例。加入酶反应的底物后，底物被酶催化成为有色产物，产物的量与标本中受检物质的量直接相关，故可根据呈色的深浅进行定性或定量分析。

在 ELISA 测定过程中，每个步骤都应严格操作，从而保证测定结果的准确性，其操作过程主要包括加样、保温、洗涤、比色、结果判定几个步骤。下面以板式 ELISA 为例，介绍有关的注意事项。

1. 加样

在 ELISA 中，除了包被外，一般需要进行 4~5 次加样。加样吸嘴的洁净与否和吸量的准确性，直接影响检测结果。由于吸嘴的构造特殊，导致清洗困难，加大了交叉污染的机会。建议用一次性吸嘴。加样器也要经常清洗，定期校准。加样时应将所加物加在 ELISA 板孔的底部，避免加在孔壁上部，并注意不可溅出。

2. 保温

在建立 ELISA 方法时，实验表明，两次抗原抗体反应一般在 37℃经 1~2h，产物的生成可达顶峰。为避免蒸发，板上应加盖，也可用塑料贴封纸或保鲜膜覆盖板孔，反应板不宜叠放，以保证各板的温度都能迅速平衡。注意温育的温度和时间应按规定力求准确。试剂盒温育是在空气浴中完成的，采用水浴会造成值偏高或花板。另外，温育中还有边缘效应，边上的值会偏高，建议为了客观的判断结果，将质控放在非边缘位置。96 孔酶标板的结构特别，易产生边缘效应，抗原抗体结合及酶促反应对温度有严格的要求，酶标板周围与内部孔升降温度的速率不同，造成周边与内部孔的结果差异；干浴与水浴存在明显的差异，尽可能使用水浴，并要求固相板放入水中，减少受热不均，贴密封膜，防止污物浸入，待对照管显色适当时，即可终止酶反应。

3. 洗涤

洗涤在 ELISA 过程中虽不是一个反应步骤，但决定着实验的成败。ELISA 就是靠洗涤来达到分离游离的和结合的酶标记物的目的。通过洗涤以清除残留在板孔中没能与固相抗原或抗体结合的物质，以及在反应过程中非特异性地吸附于固相载体的干扰物质。聚苯乙烯等塑料对蛋白质的吸附是普遍性的，而在洗涤时应把这种非特异性吸附的干扰物质洗涤下来。可以说在 ELISA 操作中，洗涤是最主要的关键技术，应引起操作者的高度重视，操作者应严格按要求洗涤，不得马虎。

洗涤液多为含非离子型洗涤剂的中性缓冲液，各种试剂盒的洗液不要混用。聚苯乙烯载体与蛋白质的结合是疏水性的，非离子型洗涤剂既含疏水基团，也含亲水基团，其疏水基团与蛋白质的疏水基团借疏水键结合，从而削弱蛋白质与固相载体的结合，并借助于亲水基团和水分子的结合作用，使蛋白质回复到水溶液状态，从而脱离固相载体。洗涤液中的非离子型洗涤剂一般是吐温 20，其浓度可在 0.05%~0.2% 之间，高于 0.2% 时，可使包被在固相上的抗原或抗体解吸附而降低试验的灵敏度。洗液需要稀释，应按要求稀释。配制洗液应用新鲜的和高质量的纯化水，电导率小于 1.5μS/cm，洗液如果结晶应待其溶解后配制。洗涤条件的一致性较差，对结果的影响较大，防止洗液在孔内形成气泡。半自动与全自动洗板机使用不当也会影响结果，血清中残留的纤维蛋白丝或洗涤液析出的结晶易使洗板机针孔全阻塞或半阻塞，造成未结合标记酶洗脱不彻底，导致"花板"，造成假阳性或假阴性，所以操作洗板机的过程中要不时观察洗板机针孔内洗液的通畅状况，及时纠正，洗板机不用时应用去离子水清洗几遍。

ELISA 板的洗涤一般可采用以下方法：吸干孔内反应液；将洗涤液注满板孔；放置 2min，略做摇动；吸干孔内液，也可倾去液体后在吸水纸上拍干。洗涤的次数一般为 3～4 次，有时甚至需洗 5～6 次。

4. 比色

TMB 经 HRP 作用后，约 40min 显色达顶峰，随即逐渐减弱，至 2h 后即可完全消退至无色。TMB 的终止液有多种，叠氮钠和十二烷基硫酸钠（SDS）等酶抑制剂均可使反应终止。这类终止剂尚能使蓝色维持较长时间（12～24h）不褪，是目前判断的良好终止剂。此外，各类酸性终止液则会使蓝色转变成黄色，此时可用特定的波长（450nm）测读吸光度。酶标比色仪简称酶标仪，通常指专用于测读 ELISA 结果吸光度的光度计。酶标仪的主要性能指标有测读速度、读数的准确性、重复性、精确度和可测范围、线性等。优良的酶标仪的读数一般可精确到 0.001，准确性为 ±1%，重复性达 0.5%。酶标仪不应安置在阳光或强光照射下，操作时室温宜在 15～30℃，使用前先预热仪器 15～30min，测读结果更稳定。

测读数值时，要选用产物的敏感吸收峰，如 OPD 用 492nm 波长。有的酶标仪可用双波长式测读，即每孔先后测读两次，第一次在最适波长（W_1），第二次在不敏感波长（W_2），两次测定间不移动 ELISA 板的位置，最终测得的 A 值为两者之差（W_1-W_2）。双波长式测读可减少由容器上的划痕或指印等造成的光干扰。肉眼判断结果时，显色浅不易观察，影响结果的准确性，必须使用酶标仪检测，以保证结果的一致性。

5. 结果判定

（1）目测定性法：加入底物经酶解和终止反应后，肉眼观察阳性孔的颜色明显深于（竞争法则浅于）阴性对照；与阴性对照的颜色接近者，判定为阴性。

（2）直接以吸光度表示：吸光度越大，阳性反应越强，此数值是固定试验条件下得到的结果，而且每次都伴有参考标本。

（3）以 P/N 值（阳性孔 OD 值/阴性孔 OD 值）表示：P/N 大于或等于 2.1 为阳性；P/N 值小于 2.1 而大于 1.5 为可疑；P/N 小于 1.5 为阴性。

（4）定量测定结果可根据标准曲线计算样品中待测物的含量。

（5）以终点滴度表示：将标本稀释，最高稀释度仍出现阳性反应（即吸收值仍大于规定吸收值时），为该标本的滴度。

八、酶免疫检测技术在食品检测中的应用

随着生活水平的不断提高，现在人们不只是关注食品的口味和营养，还对食品的品质与安全更加重视。但近年来食品安全事故层出不穷，对食品安全检测方法的要求越来越高。对于兽药与农药残留等问题，国标中大部分采用高效液相或气相色谱法。这种方法准确，但速度慢，且对仪器的依赖程度大，不宜进行现场的检测。而免疫学方法克服了这些缺点，其将成为食品安全检测的重要方法。

酶免疫测定具有高度的敏感性和特异性，几乎所有的可溶性抗原抗体系统均可用以检测。它的最小值达纳克级甚至皮克级水平。与放射免疫分析相比，酶免疫测定的优点是标记试剂比较稳定，且无放射性危害。因此，酶免疫测定的应用日新月异，酶免疫测定的新方法、新技术不断发展。但酶免疫测定在食品检验中的应用，应归功于商品试剂盒和自动或半自动检测仪器的问世。酶免疫检测步骤复杂，试剂制备困难，只有用符合要求的试剂和标准化的操作，才能获得满意的结果。

基因工程和蛋白质工程的发展为生物酶标分析技术提供了新的技术思路和方法，弥补了其缺陷和技术局限，使其具有更广泛的检测范围、更高的灵敏度与特异性和更精确的定量能力，从而使 ELISA 技术以新的形式应用于食品检测领域。ELISA 由于结合应用了免疫学和酶学技术，使它具备自己的优点：敏感性高，特异性强，非特异性干扰的可能较 FA 少，重复性好，标本颜色不易消退，便于长期保存，设备简单，用普通显微镜便能观察，试剂量少，经济，且能预先配制，便于商品化生产。国产酶与进口酶效果相同。另外，依据 ELISA 反应原理，只要载体上吸

附有不同的抗原（抗体），即可检测不同的抗体（抗原），这就为在一个血清样品中同时检测 n 种病原感染提供了可能性。随着抗原、抗体纯化技术和酶标记技术的提高，在更灵敏的酶系统建立的基础上，ELISA 的正确性、快速性和简易性必将进一步增强，进而成为肉食品卫生检测的一种优良技术。

1. 食品中有毒有害物质的检测

ELISA 在食品微生物的检测中发挥了重要作用，目前传统的微生物学方法仍然是食品检测中常用的方法，但存在操作烦琐、工作量大等缺点。对大部分微生物来说，用传统方法检测至少需要 4～5 天的时间，有些致病微生物甚至无法进行人工培养。而使用 ELISA 方法，比常规培养法要提前 3～4 天出结果，不需要特殊的试验设备，肉眼即可观察结果，且样品易保存。

（1）食品中毒素的检测

目前发现的能引起人中毒的霉菌代谢产物至少有 150 种以上，常见的产毒性真菌有曲霉菌属、青霉菌属、镰刀菌属等，其中最常见且研究最多的是黄曲霉毒素、赭曲霉毒素等。

（2）食品中残留药物的检测

药物残留是药物使用后残存于食品原料与半成品食品及成品中的微量药物原体、有毒代谢物降解物以及杂质的总称。食品中残留的药物、抗生素等不仅直接危害到消费者的健康，而且也影响我国的农副产品出口。这一问题已引起人们的高度重视。传统的分析方法不仅需要昂贵的仪器设备，且操作烦琐，对药物中毒事件不能快速做出诊断。ELISA 在兽药残留检测中的应用，使这类检测变得简单、精确。

自 1983 年以来，ELISA 成为许多国际权威分析机构（如 AOAO）分析残留农药的首选方法。ELISA 技术已广泛用于有机磷类、有机氯类、除虫菊酯磺胺类等农药残留的检测。近几年，"瘦肉精"（盐酸克伦特罗）、三聚氰胺引起的食物中毒常见诸报端，ELISA 试剂盒是目前奶牛场和牛奶公司使用最广泛、快速、灵敏的检测抗生素残留的方法。

（3）食品中过敏原的检测

对于鱼类的过敏反应是严重的食物过敏反应之一，严重者能引起窒息死亡。为此世界上很多国家的食品机构要求在预包装食品的标签上强制实施鱼类成分标识。采用酶免疫法可成功检测多种鱼类过敏源，结果已经足以控制食品中的鱼蛋白含量，降低对鱼类过敏消费者发生过敏反应的风险。

2. 食品中生理活性物质的检测

食品中常含有一些生理活性物质，由于食品成分十分复杂，研究人员一直在寻找快速、准确地检测出这些活性物质的方法。乳铁蛋白是一种铁结合糖蛋白，具有多种生理活性。应用 ELISA 检测牛初乳中乳铁蛋白的含量，与通常采用的电泳法和免疫扩散法相比，具有快速、准确，可同时检查几十个甚至几百个样的优点。近来，Ig 被用作食品添加剂生产保健食品，如婴儿配方奶粉、乳珍等。常规的蛋白质分析方法无法检测 Ig 的含量和活性，应用酶免疫法可以成功地解决这个问题。

3. 转基因食品的检测

随着转基因食品的不断普及，越来越多的国家要求对转基因产品实行标签制度，这就对转基因食品的检测提出了更高的要求。转基因食品或使用转基因原料的食品检测除了 PCR 技术直接检测转基因外，还能用 ELISA 法检测某些特定的转基因表达蛋白，以分析食品的原料是否来自转基因生物。

4. 以牛、羊、猪旋毛虫为例来说明酶免疫检测技术在食品检测中的应用

（1）抗球蛋白抗体的制备：

欲检动物的同种健康者 IgG 的提取：用 3％～50％的饱和硫酸铵盐析法分离健康动物血清中的 IgG，通过透析和葡聚糖凝胶电泳等方法纯化（简称 X IgG）。

制取异种动物（简称 Y）抗 X IgG 抗体：用 X IgG 对 Y 进行数次免疫后，提取 Y 抗 X IgG 抗体，并使其纯化。

（2）酶标记：用高碘酸钠法对 Y 抗 X IgG 抗体进行辣根过氧化物酶标记。

（3）抗原：

① 寄生虫抗原标准性方面，应注意考虑：寄生虫的种、株及发育阶段，保虫宿主及体外培养的条件，感染至收虫的时间，分离方法，制备可溶性抗原的方法，质的控制等问题。

② 提取抗原的方法有如下步骤：新鲜冷冻虫体磨成匀浆，用冷无水乙醇或丙酮、乙醚脱脂数次，以 3℃PBS 调 pH 至 7.0～7.4 的三双馏水充分提取，亦可反复冻融或超声波处理，经透析或凝胶 G-25 过滤除去小分子成分，以 DEAE 纤维素做梯度分离，冷冻干燥备用。

（4）抗体纯化方法同前。

（5）底物：辣根过氧化物酶的底物。

5-氨基水杨酸（5-AS）：取 80mg 的 5-AS 溶于 1000mL 蒸馏水中，此液用前必须用 NaOH 调 pH 为 6.0。

（6）固相载体：聚苯乙烯塑料管。聚苯乙烯微量血凝板 8×12 孔，计有 96 个 U 形或 V 形孔。

（7）反应实施：方法有间接法、双抗体法、竞争法。

测量抗体水平的程序一般为：抗原吸附于载体表面，洗涤 3 次，加被检血清，洗涤 3 次，加入酶标记结合物，洗涤和孵育，加底物，而后终止反应，最后判定结果（目测或分光光度计在 400nm 波段测定吸光值）。

以塑板载体间接法为例：试验前，将 96 个凹孔用抗原致敏，即每孔中滴 0.25mL 已用 pH 为 9.5 的碳酸盐缓冲液稀释的抗原，置 4℃过夜，用含 0.05% 吐温和 0.02% 叠氮钠的 pH 7.4 的 PBS 洗涤 3 次。于每孔中加 0.025mL 用 PBS 吐温稀释的被检血清，振摇塑板后，室温 2h，如上法洗涤 3 次，再加 0.25mL 底物溶液，室温 30min，最后每孔加 NaOH 终止酶反应。反应结果为：阳性反应者为黄色，目测即可。

第四节　放射免疫技术

放射免疫技术（radioimmunoassay，RIA）是利用同位素标记的与未标记的抗原同抗体发生竞争性抑制反应的放射性同位素体外微量分析方法，又称竞争性饱和分析法。1960 年，美国化学家 R. S. 耶洛和 S. A. 贝尔森提出此法，耶洛因此于 1977 年获得诺贝尔生理学和医学奖。早在得奖的二十多年前，耶洛便在一个偶然的机会里，发现猪胰脏的胰岛素可用来治疗糖尿病，可以使病人产生抗体。20 世纪 80 年代初，应用此法测定的生物活性物质已达 300 种以上。该法的灵敏度高，能达到皮克（pg）级水平，适用于微量蛋白质、激素和多肽的精确定量检测。

一、放射免疫测定技术的原理

放射免疫技术是基于竞争性结合反应原理的放射免疫分析。它是以放射核素标记抗原（*Ag）与反应系统中未标记的抗原（Ag）竞争特异性抗体（Ab）的基本原理来测定待检样品中抗原量的一种分析法。用反应式表示为：

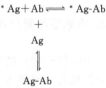

式中，*Ag 为同位素标记的抗原，与未标记的抗原 Ag 有相同的免疫活性，两者以竞争性的方式与特异性抗体 Ab 结合，形成 *Ag-Ab 或 Ag-Ab 复合物，在一定反应时间后达到动态平衡。如果反应系统内加入的 *Ag 和 Ab 的量是恒定的，且 *Ag 和 Ag 的总和大于 Ab 的有效结合点时，

则 *Ag-Ab 生成量受 Ag 量的限制。Ag 增多时，Ag-Ab 生成量也增多，而 *Ag-Ab 生成量则相对地减少，同时，游离 *Ag 也增多。因此，*Ag-Ab 与 Ag 的含量成一定的函数关系。如采用一种有效的分离方法，将 *Ag-Ab 和 Ag-Ab 复合物（以 B 表示）与 *Ag、Ag（以 F 表示）分离，并测定 B 和 F 的放射性，可有以下规律：如样品中 Ag 增多，则 B 的放射性降低，F 的放射性增高，即 Ag 与 B 成反比。计算 B/F 或 B/T 值（$T=B+F$），即可算出样品中 Ag 的含量。

二、放射免疫测定技术的种类

按其方法学原理，主要有两种基本类型。

1. 放射免疫分析（RIA）

RIA 是该类技术最经典的模式。它是以放射核素标记抗原与反应系统中未标记的抗原竞争特异性抗体的基本原理来测定待检样品中抗原量的一种分析法。使放射性标记抗原和未标记抗原（待测物）与不足量的特异性抗体竞争性地结合，反应后分离并测量放射性而求得未标记抗原的量。由于 RIA 是以放射性标记与非标记抗原竞争性地与抗体结合为理论基础，故又称为竞争性放射饱和分析法。其中又分为单层竞争法与双层竞争法。

（1）单层竞争法：预先将抗体连接到载体上，加入标记抗原（*Ag）和待检抗原（Ag）时，二者竞争性地与固相载体结合。若固相载体和标记抗原的量不变，则加入待检抗原的量越多，B/F 值越小，根据这种函数关系，绘制标准曲线。

（2）双层竞争法：将抗原与载体结合，然后加入抗体与抗原结合，载体上的放射量与待测浓度成反比。此方法繁杂，且有时重复性差。

2. 免疫放射分析（IRMA）

用放射性核素标记的过量抗体非竞争结合抗原，经固相分离，测定待测样品中抗原量的一种方案。

免疫放射分析是从放射免疫分析的基础上发展起来的核素标记免疫测定，其特点为用核素标记的抗体直接与受检抗原反应并用固相免疫吸附剂作为 B 或 F 的分离手段。IRMA 于 1968 年由 Miles 和 Heles 改进为双位免疫结合，在免疫检验中取得了广泛应用。IRMA 属固相免疫标记测定，其原理与 ELISA 极为相似，不同点主要为标记物为核素及最后检测的为放射性量。单位点 IRMA 的反应模式如图 8-4 所示。

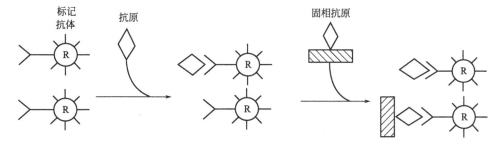

图 8-4　单位点 IRMA 的反应模式示意图

抗原与过量的标记抗体在液相反应后加入免疫吸附剂，即结合在纤维素粉或其他颗粒载体上的抗原。游离的标记抗体与免疫吸附剂结合被离心除去，然后测定上清液的放射性量。双位点 IRMA 的反应模式如图 8-5 所示。

受检抗原与固相抗体结合后，洗涤，加核素标记的抗体，反应后洗涤除去游离的标记抗体，测量固相上的放射性量。不论是单位点还是双位点 IRMA，最后测得的放射性与受检抗原的量成正比。

三、放射免疫分析的基本试剂

1. 标准品

标准品是放射免疫分析法定量的依据，由于以标准品的量来表示被测物质的量，故标准品与被测物质的化学结构应当一致并具有相同的免疫活性。标准品作为定量的基准，应要求高度纯化。标准品除含量应具有准确性外，还应具备稳定性，即在合理的贮存条件下保持原来的特性。按实验要求，将标准品用缓冲液配成含不同剂量的标准溶液，用于制作标准曲线。

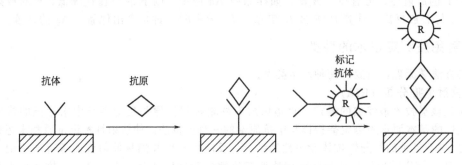

图 8-5　双位点 IRMA 的反应模式示意图

2. 标记物

标记抗原应具备：①放射性比活性高，以保证方法的灵敏度；②免疫活性好；③所用的核素的半衰期尽可能长，标记一次可较长时间使用，这对来之不易的抗原尤其重要；④标记简便、易防护。要准确测量 B 与 F 的放射性，必须有足够的放射性强度。所选用的标记抗原的量，在使用 ^{125}I 时达 5000～15000cpm。

3. 抗体

应选择特异性高、亲和力强及滴度好的抗体，用于放射免疫测定。根据稀释曲线，选择适当的稀释度，一般以结合率为 50％作为抗血清的稀释度。

4. B 与 F 分离剂

以 2％加膜活性炭溶液为例，活性炭 2g，右旋糖酐 T 200.2g，加 0.1mol/L PB 至 100mL 电磁搅拌 1h，然后置于冰箱待用。

5. 缓冲液

放射免疫分析技术所用的缓冲液有多种，要通过实验选用抗体和抗原结合最高的缓冲液。目前最常用的缓冲液有下列几种：①磷酸盐缓冲液；②乙酸盐缓冲液；③巴比妥缓冲液；④Tris-HCl 缓冲液；⑤硼酸缓冲液。其中以磷酸盐缓冲液应用最多。

四、抗体的同位素标记

1. 标记物

标记物是指通过直接或间接的化学反应将放射性核素连接到被标记分子上所形成的化合物。制备高比度、高纯度和具完整免疫活性的标记物是建立高质量放射免疫分析法的重要条件。在放射免疫技术中，常用的放射性核素有放射 γ 射线和 β 射线两大类。前者主要为 ^{125}I、^{131}I、^{57}Cr 和 ^{60}Co；后者为 ^{3}H、^{14}C 和 ^{32}P。其中使用最广泛的是 ^{125}I，其优点为：①^{125}I 的化学性质较活泼，制备标记物的方法简便；②^{125}I 衰变时产生的 γ 射线，对标记多肽、蛋白质抗原分子的免疫活性影响小；③γ 射线测量简便；④^{125}I 的半衰期（60 天）、核素丰度（＞95％）及计数更适用。而 ^{3}H 和 ^{14}C 在衰变时产生的 β 射线虽易防护，标记物的有效期长；但核素衰变半衰期长，制备标记物和 β 射线测定需用的设备条件复杂，不易在一般实验室进行。被标记的化合物一般要求其纯度应大于 90％，且具完整的免疫活性，以避免影响标记物应用时的特异性和测定灵敏度；此外，对于需在化合物分子中连接前述反应基团时，应注意引入的分子结构不能掩盖抗原-抗体决定簇。

2. 标记方法

^{125}I 标记化合物的制备方法可分为直接标记和间接标记两类方法。

（1）直接标记法

最常用于肽类、蛋白质和酶的碘化标记，其原理是采用化学或酶促氧化反应直接将 ^{125}I 结合于被标记物分子中酪氨酸残基或组胺残基上。其特点是标记方法操作简便，容易将较多的^{125}I结合到被标记分子上，得到比放射性较高的标记物。但该法不适用于分子中不含前述可碘标记残基的化合物或可碘化残基位于被标记物的生物免疫活性功能域等情况。

（2）间接标记法

联接标记（Bolton-Hunter）是最常用的间接碘标记方法。该法主要用于甾体类化合物等缺乏供碘标记部位的小分子化合物。该法避免了标记反应中的氧化/还原剂对待标记物免疫活性的损伤，尤其适用于对氧化敏感的肽类化合物，以及某些不含酪氨酸残基的蛋白质（如半抗原）和酪氨酸残基未暴露在分子表面化合物的标记。不足之处是标记物的添加基团可能影响被标记物的免疫活性。

3. 标记物的纯化及鉴定

（1）纯化

不论使用何种制备方法，要获得合格的标记化合物，都必须将反应物经过仔细的分离、纯化。另外，一些标记化合物，经过一定时间的存放后，可发生脱碘和自身辐射造成蛋白质被破坏形成碎片，会出现不纯物，故需对标记物重新纯化。^{125}I标记反应后的混合液需进行分离纯化以除去游离I和其他试剂，纯化标记物的方法有凝胶过滤法、离子交换色谱法、聚丙烯酰胺凝胶电泳法以及高效液相色谱法。

以葡聚糖凝胶（如Sephadex G-50）柱色谱分离纯化^{125}I标记物为例：标记反应混合液经柱色谱时，需定时或定量逐管收集色谱洗脱液，并用γ计数仪测定每管的放射性强度。通常最先洗脱出的为聚合物杂质放射峰，然后为含标记物的主放射峰，随后即为游离^{125}I$^-$峰。

（2）鉴定

放射化学纯度指单位标记物中，结合于被标记物上的放射性占总放射性的百分率，一般要求大于95%。I标记化合物的主要质量指标有以下四项：标记化合物的放射性比活度、放射化学纯度、免疫活性、稳定性。

放射性比活性（specific radioactivity），是指单位化学量标记物中所含的放射性强度，也可理解为每分子被标记物平均所结合放射性原子数目，常用a/g、mCi/mg或Ci/mmol等单位表示。标记物放射性比活性较高时，可提高方法的灵敏度（相同放射性强度时，放射性比活性高者标记物用量少）；但放射性比活性过高时，辐射自损伤大，标记物的免疫活性量易受影响，且贮存稳定性差。

依据标记反应中放射性核素的利用率（标记率）来计算：标记率＝（标记抗原的总放射性/投入的总放射性）×100%＝（投入的总放射性×标记率）/标记抗原量。该法计算操作简便易行，但影响因素多，结果欠精准。

免疫活性（immunoreactivity），反映标记过程中被标记物免疫活性的受损情况。方法是用少量的标记物与过量的抗体反应，然后测定与抗体结合部分（沉淀物，B）的放射性，并计算与加入标记物总放射性（T）的百分比（B/T，%），此值应大于80%，该值大，表示抗原损伤少。

4. 抗血清检定

含有特异性抗体的抗血清是放射免疫分析的主要试剂，常以抗原免疫小动物诱发产生多克隆抗体而得。抗血清的质量直接影响分析的灵敏度和特异性。抗血清质量的指标主要有亲和常数、交叉反应率和滴度。

① 亲和常数（affinityconstant）：常用K值表示。它反映抗体与相应抗原的结合能力。K值的单位为mol/L，即表示1mol抗体稀释至若干升溶液中时，与相应抗原的结合率达到50%。抗血清K值越大，放射免疫分析的灵敏度、精密度和准确度越佳。抗血清的K值达到$10^9\sim10^{12}$mol/L才适合用于放射免疫分析。

② 交叉反应率：放射免疫分析测定的物质有些具有极为相似的结构，例如甲状腺素的T_3、T_4，雌激素中的雌二醇、雌三醇等。针对一种抗原的抗血清往往对于其类似物会发生交叉反应。因此，交叉反应率反映抗血清的特异性，交叉反应率过大将影响分析方法的准确性。交叉反应率的测定方法为：用与抗血清相应抗原及其类似物用同法进行测定，观察置换零标准管50%时的

量。以 T_3 抗血清为例，置换零标准管 50％T_3 为 1ng，其类似物 T_4 则需 200ng，则其交叉反应率为：1/200＝0.5％。

③ 滴度：指将血清稀释时能与抗原发生反应的最高稀释度。它反映抗血清中有效抗体的浓度。在放射免疫分析中滴度为在无受检抗原存在时，结合 50％标记抗原时抗血清的稀释度。

五、放射免疫分析的测定方法

1. 液相放射免疫测定方法

用放射免疫分析进行测定时分三个步骤，即抗原抗体的竞争抑制反应、B 和 F 的分离及放射性的测量。

（1）抗原抗体反应

将抗原（标准品和受检标本）、标记抗原和抗血清按顺序定量加入小试管中，在一定的温度下反应一定时间，使竞争抑制反应达到平衡。不同质量的抗体和不同含量的抗原对温育的温度和时间有不同的要求。如受检标本的抗原含量较高，抗血清的亲和常数较大，可选择较高的温度（15～37℃）进行较短时间的温育，反之，应在低温（4℃）做较长时间的温育，形成的抗原-抗体复合物较为牢固。

（2）B、F 分离技术

在 RIA 反应中，标记抗原和特异性抗体的含量极微，形成的标记抗原-抗体复合物（B）不能自行沉淀，因此，需用一种合适的沉淀剂使它彻底沉淀，以完成与游离标记抗原（F）的分离。另外，对小分子量的抗原也可采取吸附法使 B 与 F 分离。

① 第二抗体沉淀法：这是 RIA 中最常用的一种沉淀方法，用产生特异性抗体（第一抗体）的动物（例如兔）的 IgG 免疫另一种动物（例如羊），制得羊抗兔 IgG 血清（第二抗体）。由于在本反应系统中采用第一、第二两种抗体，故称为双抗体法。在抗原与特异性抗体反应后加入第二抗体，形成由抗原、第一抗体、第二抗体组成的双抗体复合物。但因第一抗体的浓度甚低，其复合物亦极少，无法进行离心分离，为此在分离时加入一定量的与第一抗体同种动物的血清或IgG，使之与第二抗体形成可见的沉淀物，与上述抗原的双抗体复合物形成共沉淀。经离心即可使含有结合态抗原（B）的沉淀物沉淀，与上清液中的游离标记抗原（F）分离。将第二抗体结合在颗粒状的固相载体之上即成为固相第二抗体。利用固相第二抗体分离 B、F，操作简便、快速。

② 聚乙二醇（PEG）沉淀法：最近各种 RIA 反应系统逐渐采用了 PEG 溶液代替第二抗体作沉淀剂。PEG 沉淀剂的主要优点是制备方便，沉淀完全。缺点是非特异性结合率比用第二抗体要高，且温度高于 30℃时沉淀物容易复溶。

③ PR 试剂法：是一种将双抗体与 PEG 两法相结合的方法，此法保持了两者的优点，节省了两者的用量，而且分离快速、简便。

④ 活性炭吸附法：游离小分子抗原或半抗原被活性炭吸附，大分子复合物留在溶液中。如在活性炭表面涂上一层葡聚糖，使它表面具有一定孔径的网眼，效果更好。在抗原与特异性抗体反应后，加入葡聚糖-活性炭。放置 5～10min，使游离抗原吸附在活性炭颗粒上，离心使颗粒沉淀，上清液中含有结合的标记抗原。此法适用于测定类固醇激素、强心糖苷和各种药物，因为它们是相对非极性的，又比抗原-抗体复合物小，易被活性炭吸附。

（3）放射性强度的测定

B、F 分离后，即可进行放射性强度测定。测量仪器有两类，液体闪烁计数仪（β射线，如 ^{3}H、^{32}P、^{14}C 等）和晶体闪烁计数仪（β射线，如 ^{125}I、^{131}I、^{57}Cr 等）。

计数单位是探测器输出的电脉冲数，单位为 cpm（计数/min），也可用 cps（计数/s）表示。如果知道这个测量系统的效率，还可算出放射源的强度，即 dpm（衰变/min）或 dps（衰变/s）。

每次测定均需作标准曲线图，以标准抗原的不同浓度为横坐标，以在测定中得到的相应放射性强度为纵坐标作图（图 8-6）。放射性强度可任选 B 或 F，亦可用计算值 $B/(B+F)$、B/F 和 B/B_0。标本应做双份测定，取其平均值，在制作的标准曲线图上查出相应的受检抗原浓度。

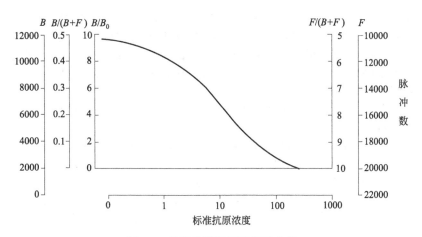

图 8-6　放射性强度测定标准曲线

2. 固相放射免疫测定方法

固相放射免疫测定方法是将抗原或抗体吸附在固相载体上进行反应和检测的一种放射免疫分析技术（以双层非竞争法为例）。

（1）抗体的包被

先将抗体吸附于固相载体表面，制成免疫吸附剂。常用的固相载体为聚苯乙烯，形状有管、微管、小圆片、扁圆片和微球等。还可根据自己的工作设计新的形状，以适应特殊的需要。

（2）抗原抗体反应

免疫吸附剂与标本一起温育时，标本中的抗原与固相载体上的抗体发生免疫反应。当加入 I 标记的抗体后，由于抗原有多个结合点，又同标记抗体结合，最终在固相载体表面形成抗体-抗原-标记抗体免疫复合物。

（3）B、F 分离

用缓冲液洗涤除去游离的标记抗体，使 B、F 分离。

（4）放射性强度的测定

测定固相所带的放射性计数率（cpm），设样品 cpm 值为 P，阴性对照标本 cpm 值为 N，则 $P/N \geqslant 2,1$ 为阳性反应。标本中的抗原越多，最终结合到固相载体上的标记抗体越多，其 cpm 值也就越大；反之则小。当标本中不存在抗原时，其 cpm 值应接近于仪器的本底计数。

六、放射免疫分析的质量控制

1. 质量控制的目的和内容

放射免疫分析的质量控制实际上就是控制测定误差，监督测定结果。它包括两方面的内容：一方面对测定结果做精确分析；另一方面鉴定常规测定方法，对那些测定结果不好的方法加以改进，并建立新的测定方法。质量控制分四个方面：

① 在一个测定方法内产生的误差。

② 在同一实验室内不同方法之间产生的误差。

③ 用同一测定方法，在各实验室之间产生的误差。

④ 采用不同方法，在各实验室之间产生的误差。

前两种情况属于内部质量控制，后两种情况属于外部质量控制。

2. 放射免疫分析中造成测量误差的因素

误差包括系统误差和随机误差。系统误差发生在测量过程中由于仪器不准、试剂不纯、标准品不稳定等原因，使测定结果呈倾向性偏大或偏小，这种误差应力求避免。随机误差是测量过程中各种偶然因素造成的，没有固定的倾向性，这类误差是不可避免的，必要时做统计学处理。造成误差的可能来源有以下几个方面。

① 各种仪器：设备的准确性、稳定性、效率以及被污染等情况带来的误差。如：①放射性测量仪器的稳定性、效率、样品试管的材料和均匀性及被测物的放射性强度等原因。②样品的自吸收、本底校正、测定时间、可能的污染等原因。③在实验室中所有的移液管、微量取样器以及天平的刻度、校准和使用方法等原因。④反应试管、移液管以及测定用试管等表面清洁度和所引起的不同吸附等原因都可以对测定结果带来误差。

② 试剂的纯度、质量和稳定性的影响也是造成误差的重要因素。如标记抗原的比度、纯度，辐射自分解，抗体的稳定性，分离剂、阻断剂及缓冲液等试剂的纯度等。

③ 在放射免疫分析中一些基本操作，如取样、提取、沉淀、分离以及保温条件不适当等造成的误差。由于工作人员熟练程度不同也常常带来误差，如操作移液管垂直程度、下流速度、吹气与不吹气等。工作人员草率、不按规程操作等也都可以造成误差。

④ 样品误差。样品的收集方法、贮存温度、放置条件，微量样品取样的准确度，样品可能造成的污染以及样品的变性（如免疫反应活性的降低、蛋白质的变性等）也都能造成测量的误差。

⑤ 提取及色谱分离过程中的丢失。

3. 放射免疫分析中测量误差的控制

① 选择准确性高的方法。对各种方法进行比较，淘汰粗糙及难以重复的方法。

② 建立方法对比。用相同的测量方法和不同的测量方法在同一实验室和不同实验室，在同一地区和不同地区，在同一时间和不同时间，对同一样品进行对比，检查产生误差的原因。

③ 建立各种类型的标准。对标准品应规定纯度及制备方法、使用年限及贮存条件。

④ 建立操作规程，按章操作。对使用的试剂、仪器设备要经常检查其有效性，更换试剂时应进行必要的鉴定，必要时对测定方法要做重复性试验和回收试验。

⑤ 建立可靠的检查制度。经常对测定结果进行核查，利用控制血清、标准血清检查每批结果的准确性。

七、放射免疫在食品检测中的应用

放射免疫由于敏感度高、特异性强、精密度高，不仅可以检测经食品传播的细菌及毒素、真菌及毒素、病毒和寄生虫，还可以测定小分子量和大分子量物质，在食品检疫中的应用极为广泛，如南京农业大学应用放射免疫技术检测牛奶中天花粉蛋白。自 20 世纪 80 年代开始，农药的免疫检测技术作为快速筛选检测得到许多发达国家的广泛应用，成为食品生物技术的一个重要分支。放射免疫等技术可以避免假阴性，适用于阳性率较低的大量样品检测，在食品农药残留检测中被大量应用。

放射免疫检测技术对所测样品的预处理要求简单，多数样品可用于直接测试。目前研制成功了许多检测试剂，运用这一技术对食品农药残留的生物技术检测的研究，对水产品、肉类产品、果蔬产品中的农药残留量进行监测。

第五节　单克隆抗体技术

单克隆抗体技术（monoclonal antibody technique）于 1975 年由英国科学家 Milstein 和 Kohler 发明，它是将产生抗体的单个 B 淋巴细胞同肿瘤细胞杂交，获得既能产生抗体，又能无限增殖的杂种细胞，并以此生产抗体的技术。其原理是：B 淋巴细胞能够产生抗体，但在体外不能进行无限分裂；而瘤细胞虽然可以在体外进行无限传代，但不能产生抗体。将这两种细胞融合后得到的杂交瘤细胞具有两种亲本细胞的特性。免疫反应是人类对疾病具有抵抗力的重要因素。当动物体受抗原刺激后可产生抗体。抗体的特异性取决于抗原分子的决定簇，各种抗原分子具有很多抗原决定簇，因此，免疫动物所产生的抗体实为多种抗体的混合物。用这种传统方法制备抗体效率低、产量有限，且动物抗体注入人体可产生严重的过敏反应。此外，要把这些不同的抗体分开也极为困难。近年，单克隆抗体技术的出现，是免疫学领域的重大突破。

一、单克隆抗体的基本概念

动物脾脏有上百万种不同的 B 淋巴细胞系，选择性表达出不同基因的 B 淋巴细胞合成不同的抗体。当机体受抗原刺激时，抗原分子上的许多决定簇分别激活各个表达不同基因的 B 细胞。被激活的 B 细胞分裂增殖形成效应 B 细胞（浆细胞）和记忆 B 细胞，大量的浆细胞克隆合成和分泌大量的抗体分子分布到血液、体液中。如果能选出一个制造一种专一抗体的浆细胞进行培养，就可得到由单细胞经分裂增殖而形成的细胞群，即单克隆。单克隆细胞将合成针对一种抗原决定簇的抗体，称为单克隆抗体。

1975 年，分子生物学家 G. J. F. 克勒和 C. 米尔斯坦在自然杂交技术的基础上创建了杂交瘤技术，他们把可在体外培养和大量增殖的小鼠骨髓瘤细胞与经抗原免疫后的纯系小鼠的脾细胞融合，成为杂交细胞系，既具有瘤细胞易于在体外无限增殖的特性，又具有抗体形成细胞的合成和分泌特异性抗体的特点。将这种杂交瘤做单个细胞培养，可形成单细胞系，即单克隆。利用培养或小鼠腹腔接种的方法，便能得到大量的、高浓度的、非常均一的抗体，其结构、氨基酸顺序、特异性等都是一致的，而且在培养过程中只要没有变异，不同时间所分泌的抗体都能保持同样的结构与机能。这种单克隆抗体是用其他方法所不能得到的。

二、单克隆抗体技术的基本原理

要制备单克隆抗体需先获得能合成专一性抗体的单克隆 B 淋巴细胞，但这种 B 淋巴细胞不能在体外生长。而实验发现骨髓瘤细胞可在体外生长繁殖，应用细胞杂交技术使骨髓瘤细胞与免疫的淋巴细胞二者合二为一，得到杂种的骨髓瘤细胞。这种杂种细胞继承了两种亲代细胞的特性，既具有 B 淋巴细胞合成专一抗体的特性，也有骨髓瘤细胞能在体外培养增殖永存的特性，用这种来源于单个融合细胞培养增殖的细胞群，可制备抗一种抗原决定簇的特异单克隆抗体。

三、单克隆抗体技术的方法

1. 抗原准备

抗原（Ag）是指所有能诱导机体发生免疫应答的物质。即能被 T/B 淋巴细胞表面的抗原受体（TCR/BCR）特异性识别与结合，活化 T/B 细胞，使之增殖分化，产生免疫应答产物（致敏淋巴细胞或抗体），并能与相应产物在体内外发生特异性结合的物质。因此，抗原物质具备两个重要特性：一是诱导免疫应答的能力，也就是免疫原性；二是与免疫应答的产物发生反应，也就是抗原性。很多物质都可以成为抗原，抗原可依据不同的分类方式分为以下几类：根据抗原性质分为完全抗原和不完全抗原；根据抗原的来源分为异种抗原、同种异型抗原、自身抗原、异嗜性抗原；抗原还可分为内源性抗原、外源性抗原。在进行单克隆抗体制备过程中，很多物质都可以成为抗原，在常规的科研实验中，科研者经常选用每只小鼠/大鼠每次注射 $10\sim50\mu g$ 重组蛋白、偶联多肽、偶联小分子等作为抗原产生特异性的单克隆抗体。

2. 细胞融合

细胞融合的方法有物理法（如电融合、激光融合）、化学融合法和生物融合法（如仙台病毒），此处列举化学融合法中的一种，即聚乙二醇融合法。聚乙二醇（PEG），在分子量为 200～700 时，呈无色、无臭的黏稠状液体；分子量大于 1000 时，呈乳白色蜡状固体；能溶于水、乙醇及其他许多有机溶剂，对热稳定，与许多化学药品不起作用。用作细胞融合剂的聚乙二醇一般选用分子量为 4000 者，常用浓度为 50%，pH 8.0～8.2（用 10%$NaHCO_3$ 调整），分子量小的 PEG，融合效应差，又有毒性；分子量过大，则黏性太大，不易操作。50% 浓度，pH 偏碱时融合效应最高。也有采用 30%～50% 浓度的 PEG 加上 10% 二甲亚砜。不同批号的 PEG，即使分子量相同，但融合率却有明显差异，选用时必须注意。每批都必须进行细胞毒性试验后方可应用。要买高纯度的，一般选供气相色谱用的 PEG。

细胞融合的关键：技术上的误差常常导致融合的失败。例如，供者淋巴细胞没有查到免疫应答，这必然是要失败的。融合试验最大的失败原因是污染，融合成功的关键是提供一个干净的环境，以及适宜的无菌操作技术。

3. 杂交瘤细胞

克隆化的细胞可以在体外进行大量培养，收集上清液而获得大量的单一的克隆化抗体。不过体外培养法得到的单克隆抗体有限，其不能超过特定的细胞浓度，且每天要换培养液。而体内杂交瘤细胞繁殖可以克服这些限制。杂交瘤细胞具有从亲代淋巴细胞得来的肿瘤细胞的遗传特性。如接种到组织相容性的同系小鼠或不能排斥杂交瘤的小鼠（无胸腺的裸鼠），杂交瘤细胞就开始无限地繁殖，直至宿主死亡。产生肿瘤细胞的小鼠腹水和血清中含有大量的杂交瘤细胞分泌的单克隆抗体，这种抗体的效价往往高于培养细胞上清液的 100～1000 倍。利用免疫抑制剂，如降植烷、液体石蜡、抗淋巴细胞血清等，可以加速和促进肿瘤的生长。

4. 动物免疫

单克隆抗体制备的宿主动物一般选用 Balb/c 小鼠，也有一些公司声称开发出了兔的单克隆抗体制备技术，目前暂无具体的优劣比较结果，但是鼠单抗的应用范围还是相当广泛的。

免疫原用无菌盐水稀释并与佐剂混合，腹腔注射抗原与佐剂彻底混匀后形成的稳定乳状液，在免疫原提供持续的免疫应答基础上进行加强免疫。

5. 克隆化方法

经过抗体测定的阳性孔，可以扩大培养，进行克隆，以得到单个细胞的后代分泌单克隆抗体。克隆的时间一般来说越早越好。因为在这个时期各种杂交瘤细胞同时旺盛生长，互相争夺营养和空间，而产生指定抗体的细胞有被淹没和淘汰的可能。但克隆时间也不宜太早，太早细胞性状不稳定，数量少也易丢失。克隆化的阳性杂交瘤细胞，经过一段时期培养之后，也还会因为细胞突变或特定染色体的丢失，使部分细胞丧失产生抗体的能力，所以需要再次或多次克隆化培养。克隆化次数的多少由分泌能力强弱和抗原的免疫性强弱决定。一般来说，免疫性强的抗原克隆次数可少一些，但至少要 3～5 次克隆才能稳定。克隆化的方法很多，包括有限稀释法、显微操作法、软琼脂平板法及荧光激活分离法等。

四、单克隆抗体技术在食品检测中的应用

单克隆抗体问世后取得了广泛的应用，随后由单克隆抗体衍生出的各种免疫技术如免疫-PCR、免疫传感器等，大大提高了免疫学实验的特异性和敏感性，从而促进了免疫学快速检测的发展。目前免疫检测技术已广泛应用于临床、食品安全以及人类健康保障事业的各个领域，如应用于动物性食品检测，包括对 β 类兴奋剂、抗生素类、激素类药物及病原微生物等的检测；植物性食品中农药残留、生物毒素及病原微生物等的检测，还有肿瘤、传染和感染性疾病、免疫性疾病、器官移植排斥反应、正常人群的健康检查、进出口岸人群健康检查等。

1. 单克隆抗体在动物性食品检测中的应用

动物性食品中的兽药残留问题越来越受到国际社会的关注，世界各国，特别是西方发达国家加强了对国际贸易中动物性食品中兽药残留的检测。

（1）β 类兴奋剂类

盐酸克伦特罗、莱克多巴、沙丁胺醇等可促进饲料转化率，增加瘦肉产量，作为一种非法饲料添加剂被许多专业饲养户和饲料加工企业所使用，但由于 β 类兴奋剂能导致心悸、头疼、目眩、恶心甚至损害肝肾，我国及世界上许多国家已将该药物列为禁药。盐酸克伦特罗检测试剂盒的制备技术日趋成熟，目前市面上已有大量成品出售。

（2）抗生素类

氟喹诺酮类药物、氯霉素等是畜禽抗感染治疗中使用的重要药物，在畜牧养殖业中被大量使用，其残留对人体健康的危害日益受到重视，我国已将其列为动物性食品中兽药残留重点监测项目，并制定了严格的残留限量标准。采用柠檬酸三钠还原法制备胶体金，用胶体金标记抗磺胺类药物母核结构单克隆抗体，将磺胺类药物竞争物包被于硝酸纤维素膜，制成免疫色谱快速检测试

纸条，可用于快速测定鸡蛋及鸡肉中磺胺类药物残留。用新霉胺作为免疫原建立了 ELISA 方法，能同时检测牛奶中的庆大霉素、卡那霉素和新霉素。

（3）激素类

己烯雌酚、己烷雌酚（人工合成的雌激素）等作为促生长剂广泛应用于畜牧业，但这些激素会破坏内分泌且存在潜在的致癌性。采用混合酸酐法将半抗原己烯雌酚衍生后与载体蛋白偶联制备其人工免疫原，并筛选出了 1 株能稳定分泌己烯雌酚单克隆抗体的杂交瘤细胞株，为建立己烯雌酚残留免疫学检测技术奠定了基础。应用酶联免疫方法检测了包括鸡肉组织、牛肉组织在内的多种动物肉样品的雄激素乙酸去甲雄三烯醇酮的残留。

2. 单克隆抗体在植物性食品检测中的应用

蔬菜、水果是人们生活中不可或缺的重要食品。随着人们生活水平的提高、消费观念的改变，人们对蔬菜、水果的品种及卫生状况越来越重视。近年来，农药滥用导致的中毒事件频频发生，使得人们不得不提高警觉。而单克隆抗体检测以其快速、灵敏、操作简便等优点日益受到人们的青睐，并被广泛用于植物性食品的安全检测中。

3. 单克隆抗体在农药残留检测中的应用

果蔬中的农药残留主要有杀虫剂（如有机磷、有机氯及氨基甲酸酯等）、除草剂、植物生长调节剂和杀菌剂，国内检测以气相色谱、液相色谱为主，但这些方法覆盖面窄、检测速度慢。近年来对以单克隆抗体为基础的酶联免疫法（ELISA）的研究十分活跃，该方法灵敏度高、方便快速、分析容量大。现可用 ELISA 分析的农药已有 60 种左右，目前已投入使用的有乙基谷硫磷（柑橘类和葡萄刺吸类害虫防治）、倍硫磷（莴苣中）、甲胺磷（稻谷和小白菜叶片样品中）等有机磷农药的单抗，及各种氨基甲酸酯类杀虫剂免疫分析检测试剂盒，如呋喃丹、涕灭威和西维因（黄瓜、番茄、马铃薯、草莓、柑橘等果蔬中）。对除草剂残留的免疫分析研究也取得了很多成果，目前已商品化的试剂盒有百草枯、扑灭津、甲草胺、扑草净、莠去津及阿特拉津等几十种。利用甲霜灵的单克隆抗体制备了甲霜灵胶体金试纸条，用于现场快速检测进出口蔬菜中甲霜灵农药的残留量。

4. 单克隆抗体在生物毒素检测中的应用

生物毒素是一大类生物活性物质的总称。生物毒素自身或通过食物链在生物体内蓄积，对生物甚至人类产生危害。黄曲霉毒素是使粮油类食物受污染最重、毒性最大的一种真菌毒素，其毒性是氰化钾的 10 倍、砒霜的 68 倍，具有强致癌性和强免疫抑制性。利用抗黄曲霉毒素 B_1（AFB_1）的单克隆抗体建立了检测玉米、花生、小麦、大米、植物油中 AFB_1 的 ELISA 间接竞争法。其次，谷物中的烟曲霉毒素、小麦及其制品中的 T-2 毒素和脱氧雪腐镰刀菌烯醇、大麦中的赭曲霉毒素 A、玉米和小麦中的玉米赤霉烯酮及粮食中的杂色曲霉素（ST）都可通过基于单克隆抗体的酶联免疫技术进行检测，不仅降低了最小检出限，还提高了特异性。

5. 单克隆抗体在食品病原微生物中的应用

食品中的病原微生物是继农药、兽药残留导致各种食源性疾病的又一重要因素。传统的微生物检测方法是培养分离法，整个过程耗时、费力。目前单克隆抗体技术及其衍生技术在食品安全检测中的广泛应用，大大提高了病原微生物的检测效率。利用电化学免疫传感器技术对食品和饮用水中的肠道细菌和大肠杆菌进行定量测定，该技术将抗肠道细菌或大肠杆菌的抗体包被在晶体表面，然后浸入在待测的液体中进行测定，根据包被晶体的频率变化，从而测出液体中的细菌数量。

另外，利用单克隆抗体技术发展起来的免疫 PCR、PCR-ELISA 及免疫传感器也广泛用于食品安全检测和临床诊断，免疫 PCR 和 PCR-ELISA 的灵敏度极高，可用于检测微量抗原。免疫传感器能将抗原抗体特异性结合后所产生的复合物通过信号转换器转变为可以输出的电信号或光信号，从而达到分析检测的目的，如电化学免疫传感器可测定饮用水及食品中大肠杆菌和肠道细菌的数目。单克隆抗体技术及其衍生技术的广泛应用不仅简化了检测程序，节约了大量资源，还大大缩短了检测周期，为食品安全提供了有效的监管措施，为临床医学提供了有力的检测手段。

附录 A
己烯雌酚特征离子质量色谱图、特征离子质谱图

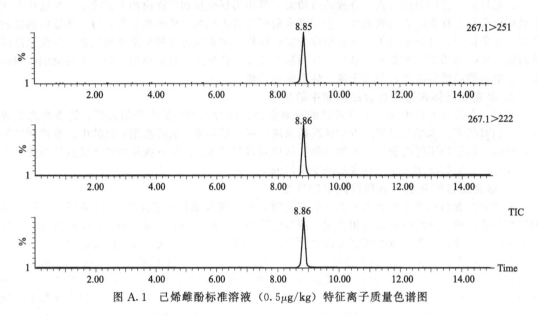

图 A.1　己烯雌酚标准溶液（0.5μg/kg）特征离子质量色谱图

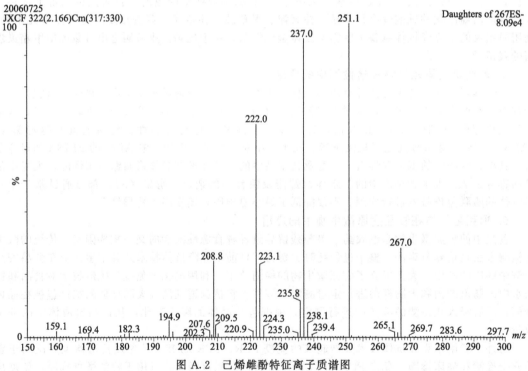

图 A.2　己烯雌酚特征离子质谱图

参 考 文 献

［1］ 王小环，杨莲如，赵林立，等. 免疫荧光检测技术及其在寄生虫检测中的应用进展 ［J］. 中国畜牧兽医，2012，39
（3）：81-84.

［2］ 张姝. 酶联免疫吸附测定技术在食品卫生检验中的应用 ［J］. 生物技术世界，2015（6）：69.

［3］　赵光远. 酶联免疫分析技术在食品检验中的应用［J］. 食品安全导刊，2017（24）：62.

［4］　任亚妮，车振明. 免疫标记技术在食品安全检测中的应用［J］. 中国调味品，2010，35（3）：34-36.

［5］　李明尧. 酶联免疫吸附（ELISA）技术在食品检验的发展应用［J］. 中国医药指南，2012（35）：380-381.

［6］　于伟. 酶联免疫技术在食品检测中的应用［J］. 黑龙江科技信息，2012（11）：73.

［7］　周永珍. 酶联免疫分析技术在食品检验中的应用研究［J］. 科研，2016（12）：171.

［8］　张金凤，马丽媛. 酶联免疫分析技术在食品检验中的应用［J］. 科学与财富，2015（6）：120-121.

［9］　张晓华. 酶联免疫吸附技术分析及其在食品检测中的应用［J］. 科技创新与应用，2015（9）：188.

［10］　张新丹，吕海航，张天聪. ELISA 最适工作浓度的选择及标准化操作［J］. 养殖技术顾问，2009（4）：138.

第九章 >>>
电子舌和电子鼻检测技术

电子感官是指利用传感器阵列和模式识别系统模仿人类感官的技术。1967年，日本的Figaro公司率先将金属氧化物半导体（SnO₂）气体传感器商品化，并认识到单个传感器的作用十分有限，开始进行传感器阵列（sensor array）的研究；1982年，英国Warwick大学的Persaud和Dodd模仿哺乳动物嗅觉系统的结构和机制提出的传感器阵列技术，开创了电子鼻研究的先河。从这以后，人们不断探索研究电子鼻和电子舌。气味和味道的特征与化合物的组合和浓度有着既复杂又非线性的关系，采用传感器矩阵模仿哺乳动物嗅觉系统和味觉系统表征气味和味道及监测品质更为可靠和合理，这一快捷方法使实时检测的愿望得以实现。在过去十年，不管是从技术的角度还是商业的角度，电子感官技术有了重大发展。近年来，电子鼻和电子舌技术在食品、药品、饮料、酒类的品质检测方面得到广泛的应用。

2000年，日本九州大学（Kyushu University）的Toko教授小组发表了一系列有关味觉检测器的文章——应用PVC膜技术的电位测量的方法，主要应用于啤酒及食品的检测。2001年，俄罗斯圣彼德堡大学A. Legin和A. Rudnitskaya教授的研究小组发表了应用于基于玻璃膜传感器的水质、食品及临床分析的电子舌。2002年，英国卡迪夫大学（Cardiff University）的D. Barrow教授发表了应用于水质测量的电子舌。2003年，美国德克萨斯大学奥斯汀分校（University of Texas at Austin）的John T. McDevitt教授小组发表了主要用于水质、生化、食品、环境研究的电子舌。1999～2004年，巴西Ruil A Jr.小组发表了Laugmuir-Blodgett膜电子舌。1997～2005年，瑞典林雪平大学（Likoping University）的Winquist小组发表了非修饰贵金属电板（non-modified noble metal electrodes）电子舌。

第一节　电子舌和电子鼻的基本构造与原理

一、电子鼻系统

电子鼻技术也称人工嗅觉识别技术，是近年来迅速发展起来的一种模拟哺乳动物嗅觉系统用于分析、识别气味的新型检测手段。电子鼻是由气敏传感器阵列、信号处理系统和模式识别系统三大部分组成的。如图9-1所示，电子鼻在工作时，气味分子被气敏传感器吸附，产生信号，生成的信号被传送到信号处理系统进行处理和加工，最终由模式识别系统对信号处理的结果做出综合的判断。

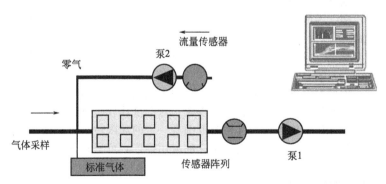

图9-1　电子鼻识别气体的过程示意图

气敏传感器及其阵列是电子鼻的核心组成，目前电子鼻常用的传感器主要有以下几种：电导型气敏传感器、质量敏感型气敏传感器、金属氧化物半导体场效应管气敏传感器和光纤气敏传感器。这四类传感器在选择性、稳定性、一致性等方面存在一定的差异，对不同的检测对象，不同类型的传感器的响应特性不同。表9-1描述了本书涉及的传感器的响应机理、属性和特点。

表 9-1　不同气敏传感器的响应机理、属性和特点

传感器	金属氧化物气敏传感器	有机聚合物膜气敏传感器	电势气敏传感器	质量敏感型气敏传感器	光学气敏传感器
测量方法	电导率	电导率,电容	电压,电流	频率	波长,吸光度
制备方法	微加工,喷涂	微加工,电镀,丝网印刷,旋涂	微加工技术	微加工,电镀,丝网印刷,旋涂	微加工,电镀,丝网印刷,旋涂
灵敏度	$5 \times (10^{-6} \sim 10^{-4})$	$10^{-7} \sim 10^{-4}$	只能针对待定气体检测	1.0ng	待研究
优点	价格合理,响应速度快,稳定性强	常温下即可工作	集成度较高,适用于以 C-MOS 为基础的化学传感器基底	灵敏度高,可在常温下工作	屏蔽噪声能力强,适应性强
缺点	在高温下才能正常工作	对湿度很敏感	气体响应程度需达到肖特基门槛	制作较复杂,要求高	价格相对昂贵

1. 电导型气敏传感器

电导型气敏传感器,包括金属氧化物半导体电导型气敏传感器和有机聚合物膜电导型气敏传感器。

金属氧化物电导型气敏传感器(MOS)由于制备简单、价格便宜、灵敏度高等,已成为电子鼻系统研制最常用的传感器。金属氧化物如 SnO_2、ZnO、Fe_2O_3 和 WO_3 等属于 N 型半导体材料,其敏感膜表面存在大量空穴,在 $300 \sim 500$℃时,易被 H_2、CO、CH_4 和 H_2S 等还原性气体还原,敏感膜得到电子,使电导率发生改变。对于某种特定气体,电导率的变化量和气体浓度相关。为了降低金属氧化物气敏传感器的工作温度,增加灵敏度,制备过程中常在金属氧化物敏感材料中掺杂铂、金、钯等贵金属。目前,MOS 传感器的制作工艺已经十分成熟,产品的商业化程度很高。

有机聚合物膜电导型气敏传感器是通过掺杂等手段,使聚合物的电导率介于半导体和导体之间,再利用此种掺杂聚合物与气体分子作用时其电导率会发生变化的特征制成的。这类具有电化学特性的聚合物材料,在吸附气体后,会产生聚合物链的溶胀或发生某种化学反应,这将影响聚合物分子链的电子密度,进而导致气敏材料电导率的改变,其电导率的变化与被测物的种类及浓度有关,因此,可以用于检测气体的种类和浓度。有机聚合物膜电导型气敏传感器常用于大气环境中气体的检测,包括 NH_3、CO_2、SO_2、H_2S 等气体,同时也用于有机溶剂蒸气的检测,主要包括醇类(甲醇、乙醇、丙醇、丁醇)、芳香烃(苯、甲苯、乙苯和苯乙烯等)、卤代烃类(卤代甲烷)、丙酮。其检测浓度最低可达 10^{-5}。

有机聚合物膜电导型气敏传感器在使用过程中有以下优点:具有高的灵敏度,其灵敏程度优于金属氧化物传感器;不需要加热,在常温下即可工作;体积较小,有利于制作便携式电子鼻;不会对硫化物中毒。但同时也存在很多问题,比如制作工艺比较费时;聚合物的电导率受制备工艺的影响很大;在与检测气体作用时存在漂移现象;对湿度比较敏感;此外,由于对极性强的气体较敏感,对极性弱的气体敏感性低,其检测范围有一定的局限性。有机聚合物膜电导型气敏传感器的响应机制比较复杂,一定程度上制约了它的应用推广,可通过掺杂等研究对有机聚合物膜电导型气敏传感器的缺点进行弥补。

2. 质量敏感型气敏传感器

质量敏感型气敏传感器是由交变电场作用在压电材料上而产生声波信号,通过测量声波参数(振幅、频率、波速等)的变化从而得到被分析检测物的信息,包括石英晶体微天平气敏传感器(体声波)和表面声波气敏传感器。体声波器件因声波从石英晶体或其他压电材料的一面传递到另一面,在晶体内部传播而命名;而声表面波器件是在固体的自由表面或者两种介质的界面上传播。传递过程中,基片或基片上所覆盖的特殊材料薄膜与被分析的物质相互作用时,声波的参数将发生变化,通过测量频率或者波速等参数的变化量可得到被分析物的质量或浓度等相关信息。

表面声波气敏传感器主要适用于有机气体的检测，其优点是成本较低，工作频率较高，可产生更大频率的变化，灵敏度高，反应速度快，检测气体的范围比较广泛，功耗低等。但是相对于石英晶体微天平气敏传感器而言，表面声波气敏传感器的信噪比小，且对电路的要求更加复杂，其重复性也难以保证。

3. 金属氧化物半导体场效应管气敏传感器

金属氧化物半导体场效应管气敏传感器是基于敏感膜与气体相互作用时漏源电流发生变化的机理制成的，当电流发生变化时，传感器性能发生变化，通过分析器件性能的变化即可对不同的气体进行检测分析。此类传感器在制备时需要在栅极上涂敷一层敏感薄膜，覆盖不同的敏感薄膜，就构成不同选择性的金属氧化物半导体场效应管气敏传感器，能对 CH_4、CO_2、NO_2 以及有机气体等进行定量检测。通过调整催化剂种类和涂膜厚度，改变传感器的工作温度，使传感器的灵敏度和选择性达到最优。其主要优点是可批量生产，质量稳定，价格较低等；但芯片不易封装与集成，存在基准漂移，且种类单调，在电子鼻上的应用广泛性不及其他传感器。

4. 光纤气敏传感器

与传统气敏传感器测量电压、电阻、电势或频率等电信号的原理不同，光纤气敏传感器由光学特性表征，可在特定的频率范围内检测目标气体吸光度的变化，专一性较强，如对 CO_2 气体有很强的敏感性和选择性，但对于其他低浓度气体几乎不敏感。此外，光学气敏传感器的检测方法还可以用颜色作为指示信息，比如金属卟啉类物质作为指示剂，当与目标气体相互作用时，用LED 等检测目标气体的吸光度。光纤气敏传感器具有较强的抗噪能力、极高的灵敏度；具有较强的适用性，可适应各种不同的光源、各式的光纤以及检测器等；但其控制系统较复杂，成本较高，荧光染料受白光化作用影响，使用寿命有限。

电子鼻信号的提取主要涉及三部分，数据预处理、数据降维和模式识别。在数据预处理时，信号特征值在选取时通常采用响应稳态值、均值、最大值、最小值、响应曲线最大曲率、响应曲线的全段积分值以及出现特殊值时刻的响应值等作为特征值；数据降维时，主成分分析、逐步判别分析、遗传算法等在降维时效果较佳；主成分分析、判别分析、最小二乘回归法、因子分析、神经网络等模式识别方法在数据分析时可有效获得更多的信息。

电子鼻作为一种新兴仿生技术，在农副产品与食品检测中逐渐得到重视，其研究在酒茶类、饮料、粮油、肉乳制品和果蔬类等方面都有许多报道，表明电子鼻在食品与农副产品检测上有很好的应用前景。随着材料、传感器、信息等新技术的不断涌现，电子鼻技术也得到了新的发展，新型传感器技术的涌现和响应特性的研究，为新型电子鼻系统的研究与应用提供了重要的基础条件和检测机理依据；电子鼻与其他分析仪器的融合应用技术实现了更加全方位、多角度的食品与农副产品检测；电子鼻技术与现代无线通信技术的结合应用，克服了传统电子鼻无法应用于现场及移动环境的不足，拓展了电子鼻的应用领域。

二、电子舌系统

电子舌（electronic tongue）技术也称味觉传感器（taste sensors）技术或人工味觉识别（artificial taste recognition）技术，是基于生物味觉模式建立起来的一种分析、识别液体"味道"的新型检测手段。电子舌味觉检测可以测试不挥发或低挥发性分子（和味道相关的）以及可溶性有机化合物（和液体的风味相关），近年来迅速发展，在饮料业、制药业、农业、环境检测和医学检测等行业广泛应用。

电子舌主要由自动进样系统、传感器阵列（sensor arrays）和模式识别系统组成。其中，自动进样器是一个非必需的组成部分，但是在自动进样器的辅助下，仪器自动完成样品的分析可以减轻劳动强度。应用在电子舌中的传感器主要包括电化学传感器、光学传感器、质量传感器和酶传感器（生物传感器）等。电化学传感器又可分为电势型、伏安型和阻抗型。最常用的信号处理方法主要是人工神经网络和统计模式识别，如主成分分析、判别分析、最小二乘回归、因子分析等。

在生物味觉体系中，舌头味蕾细胞的生物膜非特异性地结合食物中的味觉物质，产生的生物信号转化为电信号并通过神经传输至大脑，经分析后获得味觉信息。在电子舌体系中，传感器阵列对液体试样做出响应并输出信号，响应信号经计算机系统进行数据处理和模式识别后，得到反映样品味觉特征的结果，其识别过程如图9-2所示。该技术与普通的化学分析方法相比，其不同之处在于传感器输出的并非样品成分的分析结果，而是一种与试样某些特性相关的信号模式（signal patterns），这些信号通过具有模式识别能力的计算机分析后，能得出对样品味觉特征的总体评价。

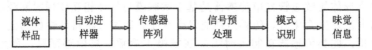

图 9-2　味觉识别的过程示意图

目前商业化的电子舌主要有法国 Alpha MOS 的 ASTREE 电子舌和日本 Kiyoshi Toko 开发的 TS-5000Z 电子舌。

第二节　电子鼻和电子舌在食品分析中的识别方式

电子鼻和电子舌在数据分析时，主成分分析和判别分析是常用的定性分析方法；偏最小二乘回归分析、多元线性回归分析、主成分回归分析、BP神经网络和 LS-SVM 等分析方法常用来建立电子鼻和电子舌与其他指标之间的回归模型。

一、定性分析方法

1. 主成分分析

在选择电子鼻和电子舌传感器时，为了保持电子鼻和电子舌获取信号的全面性，常选择具有交互敏感的传感器，这些传感器响应信号从不同的侧面反映研究对象的特征，但是在某种程度上存在信息的重叠，具有一定的相关性。在多指标（变量）的研究中，往往由于变量个数太多，且彼此之间存在一定的相关性，因而使得所观测的数据在一定程度上有信息的重叠。当变量较多时，在高维空间中研究样本的分布规律较为麻烦。主成分分析（principal component analysis, PCA）在力求数据信息丢失最少的原则下，对高维的变量空间降维，即研究指标体系的少数几个线性组合，并且这几个线性组合所构成的综合指标将尽可能多地保留原来指标变异方面的信息。通过主成分分析将电子鼻和电子舌传感器响应的高维信息降低到一个较易辨识的低维空间，根据其主成分的得分由图形直观地获得各样品的信息。主成分分析在电子鼻和电子舌信号分析中的应用较为普遍。

主成分分析的主要步骤如下。

第一步：根据研究的问题选择合适的指标和数据，并由 X 的协方差阵 $\sum X$，求出其特征根，即解方程 $|\sum - \lambda_i| = 0$，可得特征根 $\lambda_1 \geqslant \lambda_2 \geqslant \cdots \geqslant \lambda_p \geqslant 0$。

第二步：求出分别所对应的特征向量 U_1，U_2，$\cdots$，U_p，$U_i = (u_{1i}, u_{2i}, \cdots, u_{pi})'$。

第三步：计算累积贡献率，给出恰当的主成分个数。$F_i = U_i'X$，$i = 1, 2, \cdots, k$（$k \leqslant p$）。

第四步：计算所选出的 k 个主成分的得分。将原始数据的中心化值：$X_i^* = X_i - \overline{X} = (x_{1i} - \overline{x_1}, x_{2i} - \overline{x_2}, \cdots, x_{pi} - \overline{x_p})'$代入前 k 个主成分的表达式，分别计算出所选择的 k 个主成分的得分，并按得分值的大小排队。

用这 k 个主成分的方差和在全部方差中所占比重 $\sum_{i=1}^{k} \lambda_i / \sum_{i=1}^{p} \lambda_i$ 来描述前 k 个主成分共有多大的综合能力，$\sum_{i=1}^{k} \lambda_i / \sum_{i=1}^{p} \lambda_i$ 称为累积贡献率。主成分分析的主要目的就是希望用尽可能少的主成分 F_1，F_2，$\cdots$，F_k（$k \leqslant p$）代替原来的 p 个指标。在实际分析时，主成分的多少取决于能够反映原来变量80％以上的信息量，当累积贡献率≥80％时的主成分的个数就能够较好地反映原始数据的信息。常见的主成分个数为2～3个。

2. 判别分析

判别分析（discriminant analysis，DA）是一种应用性很强的多元统计方法，已经在各个领域内用于判别样品所属类型。在判别时，根据先验知识给出判别函数，并制定判别规则，然后再依次判别每一个未知样品应该属于哪一组。常用的判别方法主要有贝叶斯判别、费歇尔判别、逐步判别等。

贝叶斯（Bayes）判别的思想是根据先验概率求出后验概率，并依据后验概率分布做出统计推断。所谓先验概率，就是用概率来描述人们事先对所研究的对象的认识程度；所谓后验概率，就是根据具体资料、先验概率、特定的判别规则所计算出来的概率。它是对先验概率修正后的结果。需要考虑先验概率和误判代价是贝叶斯判别不同于其他判别法的关键之处。

费歇尔（Fisher）判别的思想是投影，使多维问题简化为一维问题来处理。选择一个适当的投影轴，使所有的样品点都投影到这个轴上得到一个投影值。对这个投影轴的方向的要求是：使每一类内的投影值所形成的类内离差尽可能小，而不同类间的投影值所形成的类间离差尽可能大。费歇尔判别的基本思想实质就是降维，用少数几个判别式（综合变量）代替 p 个原始变量。判别规则就是根据这几个判别式来制定的。

逐步（step-wise）判别是一种为解决多变量对判别结果产生干扰、合理选择变量而进行的一种判别分析方法。逐步引入变量，每引入一个"最重要"的变量进入判别式，同时也考虑较早引入判别式的某些变量，如果其判别能力随新引入变量而变为不显著的，应及时从判别式中把它剔除，直到判别式中没有不重要的变量需要剔除，而剩下的变量也没有重要的变量可引入判别式时，逐步筛选结束，并以优选的变量进行判别。

使变量降维的判别分析在医学、食品分析与检测、农业、烟草等中得到广泛应用。

3. 聚类分析

聚类分析指将物理或抽象对象的集合分组为由类似的对象组成的多个类的分析过程，其目标是在相似的基础上收集数据来分类。

二、定量分析方法

1. 支持向量机

SVM 是一种基于统计学习理论的机器学习算法，同人工神经网络类似，支持向量机也可看作是一种学习机器，通过对训练样本的学习，掌握样本的特征，对未知样本进行预测。最小二乘支持向量机（least square support vector machines，LS-SVM）是经典 SVM 的一种改进，以求解一组线性方程代替经典 SVM 中较复杂的二次优化问题，降低了计算复杂度。Alessandra 等在奶粉掺杂物的定量分析时，将 LS-SVM 与近红外光谱结合建立的预测模型的精度优于偏最小二乘回归法。杨宁的研究表明 LS-SVM 总体上明显优于 BP 神经网络。

2. 多元线性回归分析

多元线性回归分析（multiple linear regression，MLR）的基本原理与一元线性回归分析是相同的，只是计算要求复杂得多，其数学原理涉及线性代数，但随着电子计算机的逐步普及以及与之相应的软件的日益开发，该统计分析方法已被逐渐推广。

多元线性回归的数学模型如下。

设因变量为 y，它受到 m 个自变量 x_1，x_2，$\cdots$，x_{m-1}，x_m 和随机因素 ε 的影响。多元线性回归数学模型为：

$$y = \beta_0 + \beta_1 x_1 + \beta_2 x_2 + \cdots + \beta_{m-1} x_{m-1} + \beta_m x_m + \varepsilon \tag{9-1}$$
$$\varepsilon \sim N(0, \sigma^2)$$

式中，β_0，β_1，$\cdots$，β_m 为回归系数。

对 y 和 x_1，x_2，$\cdots$，x_{m-1}，x_m 分别进行 n 次独立观察，取得 n 组样本，则有：

$$\begin{cases} y_1 = \beta_0 + \beta_1 x_{11} + \beta_2 x_{12} + \cdots + \beta_{m-1} x_{1m-1} + \beta_m x_{1m} + \varepsilon_1 \\ y_2 = \beta_0 + \beta_1 x_{21} + \beta_2 x_{22} + \cdots + \beta_{m-1} x_{2m-1} + \beta_m x_{2m} + \varepsilon_2 \\ \qquad\qquad\qquad\qquad\vdots \\ y_n = \beta_0 + \beta_1 x_{n1} + \beta_2 x_{n2} + \cdots + \beta_{m-1} x_{nm-1} + \beta_m x_{nm} + \varepsilon_n \end{cases} \tag{9-2}$$

其中，ε_1，ε_2，$\cdots$，ε_n 相互独立，且服从 $N(0，\sigma^2)$ 分布。

令

$$y = \begin{bmatrix} y_1 \\ y_2 \\ \vdots \\ y_n \end{bmatrix}, \quad \beta = \begin{bmatrix} \beta_1 \\ \beta_2 \\ \vdots \\ \beta_n \end{bmatrix}, \quad \varepsilon = \begin{bmatrix} \varepsilon_1 \\ \varepsilon_2 \\ \vdots \\ \varepsilon_n \end{bmatrix}, \quad x = \begin{bmatrix} 1 & x_{11} & x_{12} & \cdots & x_{1m} \\ 1 & x_{21} & x_{22} & \cdots & x_{2m} \\ \vdots & \vdots & \vdots & \vdots & \vdots \\ 1 & x_{n1} & x_{n2} & \cdots & x_{nm} \end{bmatrix}$$

则式（9-2）可以用矩阵形式表示为：

$$y = x\beta + \varepsilon \tag{9-3}$$
$$\varepsilon \sim N(0, \sigma^2 I_n)$$

系数向量的最小二乘估计为：

$$\hat{\beta} = (X^T X)^{-1} X^T Y \tag{9-4}$$

方程的显著性检验由两部分组成：一部分是对方程拟合误差的验证，用复相关系数 R 完成；另一部分是对方程回归系数的检验，用统计量 t 来完成。

$$R = \sqrt{1 - \frac{\sum_{i=1}^{n} (y_i - \hat{y}_l)^2}{\sum_{i=1}^{n} (y_i - \bar{y}_l)^2}} \tag{9-5}$$

3. 主成分回归分析

主成分回归分析（principal component regression analysis，PCR）是在主成分分析的基础上，利用各主成分的互不相关性，以主成分作为新的自变量进行回归的方法。主成分回归分析可以消除多重共线性的问题。

4. 偏最小二乘回归分析

在克服变量多重相关性对系统回归建模干扰的努力中，1983 年，瑞典伍德（S. Wold）、阿巴诺（C. Albano）等人提出了偏最小二乘回归分析（partial least square regression，PLSR）方法，在处理样本容量小、解释变量个数多、变量间存在严重多重相关性问题方面具有独特的优势，并且可以同时实现回归建模、数据结构简化以及两组变量间的相关分析。

在偏最小二乘法分析中将采用以下一些参数来评价模型的性能：

预测值与测量值的相关系数 r（correlation coefficient）：

$$r = \frac{\sum_{i=1}^{n} (x_i - \bar{x})(y_i - \bar{y})}{\sqrt{\sum_{i=1}^{n} (x_i - \bar{x})^2 \sum_{i=1}^{n} (y_i - \bar{y})^2}} \tag{9-6}$$

校准的标准误差 SEC（standard error of calibration）：

$$SEC = \sqrt{\frac{1}{I_c - 1} \sum_{i=1}^{I_t} (\hat{y}_i - y_i)^2} \tag{9-7}$$

预测的标准误差 SEP（standard error of prediction）：

$$SEP = \sqrt{\frac{1}{I_p - 1} \sum_{i=1}^{I_t} (\hat{y}_i - y_i - BIAS)^2} \tag{9-8}$$

预测的平均误差 RMSEP（the mean squared error of prediction）：

$$\text{RMSEP}=\frac{1}{I_{\text{p}}}\sum_{i=1}^{I_{r}}(\hat{y}_i-y_i)^2 \qquad (9\text{-}9)$$

预测值与实际值之间的差异 BIAS（systematic difference between predicted and measured values）：

$$\text{BIAS}=\frac{1}{I_{\text{p}}}\sum_{i=1}^{I_{r}}(\hat{y}_i-y_i) \qquad (9\text{-}10)$$

式中，$\hat{y}_i$ 为预测值；y_i 为实际值；I_c 为校准数据集的数量；I_p 为确认数据集的数量。

在本实验中，PLSR 通过把独立的浓度矩阵进行组合来优化反应数据矩阵和预测值之间的相关性。首先，采用已知样本（用于建立模型的样本要在期望的浓度范围内具有代表性）建立校正曲线模型，得到的相关系数表明模型的好坏程度，之后用来预测未知样本的量化信息。

5. BP 神经网络

BP（back propagation） 网络是 1986 年由以 Rumelhart 和 Mc-Clelland 为首的科学家小组提出的，是一种按误差逆传播算法训练的多层前馈网络，是目前应用最广泛的神经网络模型之一。BP 网络能学习和存贮大量的输入-输出模式映射关系，而无须事前揭示描述这种映射关系的数学方程。它的学习规则是使用最速下降法，通过反向传播来不断调整网络的权值和阈值，使网络的误差平方和最小。如图 9-3 所示，BP 神经网络模型拓扑结构包括输入层（input layer）、隐含层（hide layer）和输出层（output layer）。

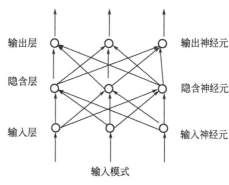

图 9-3　BP 网络

BP 算法是在电子鼻领域应用最多的一种算法。该算法功能强大，易于理解，训练简单。BP 算法不仅有输入节点、输出节点，还可有 1 个或多个隐含层节点。对于输入信号，要先向前传播到隐含层节点，经作用函数后，再把隐含层节点的输出信号传播到输出节点，最后输出结果。节点的作用激励函数通常选取 S 型函数，如：

$$f(x)=\frac{1}{1+\text{e}^{-x/Q}} \qquad (9\text{-}11)$$

式中，Q 为调整激励函数形式的 Sigmoid 参数。BP 算法由两部分组成：信息的正向传播与误差的反向传播。在正向传播过程中，输入信息从输入层经隐含层逐层计算传向输出层，每一层神经元的状态只影响下一层神经元的状态。如果在输出层没有得到期望的输出，则计算输出层的误差变化值；然后转向反向传播，通过网络将误差信号沿原来的连接通路反传回来修改各层神经元的权值直至达到期望的目标。

三、数据联用方法

模仿哺乳动物嗅觉的电子鼻反映气味信息，模仿味觉的电子舌反映滋味信息，从不同角度对食品品质进行快速评定。近年来电子鼻、电子舌技术由于其检测快速、操作简单、重现性好等优点，使其广泛地应用于很多领域内，尤其是食品行业中。一般情况下，单独采用电子鼻或电子舌就能实现对样品的区分、鉴别和分类。但是，由于各种各样的食品同时具有味觉和嗅觉的特征，需要综合气味、滋味、色泽、组织状态等信息做出全面衡量，仅采用电子鼻从气味或电子舌从滋味的单一角度进行评价时往往难以获得令人满意的结果。在此情况下，电子鼻和电子舌数据的联用，即气味和滋味信息的融合受到广泛关注。目前，电子鼻和电子舌的融合数据分析已经在产品产地判别、新鲜度监测、品质区分和品种判别等中应用。

在电子鼻和电子舌数据联用时，数据的联用方法主要有直接合并、特征值提取后联用和分别建模后重组有效信息的方法。其中直接合并是指在建模前将不同仪器获得的信号直接合并的方法，联用后根据数据决定是否进行预处理，如标准化、特征值提取等预处理减少冗余信息。获得的新数据集中的参数个数是所有单个仪器获得参数的综合，属于数据的初级融合；特征值提取后联用则是分别对不同仪器响应信号进行特征值提取（方差分析、主成分分析、逐步判别分析、贝叶斯判别分析等），剔除冗余信息，消除由于传感器的交叉敏感性带来的数据多元共线性问题，降低数据维度，提取有效区分的参数联用后进行建模，属于中等级别的数据融合；综合分析则是指分别对单个仪器的结果进行建模（如主成分分析），形成具有判别效果的综合参数，再提取综合参数重新进行分析，此为高等级别的数据融合。

评价电子鼻、电子舌及其联用信号的联用效果时，主成分分析（principal component analysis，PCA）、线性判别分析（linear discriminant analysis，LDA）、偏最小二乘判别分析（partial least squares discriminant analysis，PLSDA）、支持向量机（support vector machine，SVM），以及人工神经网络（artificial neural network，ANN）如 RBF 神经网络、KNN 神经网络、模糊自适应共振理论网络等均被引用。

1. 直接联用

（1）电子鼻和电子舌信号直接合并

通常情况下，在建模前直接将电子鼻和电子舌信号串联作为输入进行分析，就可以获得电子鼻检测的挥发性气味信息和电子舌检测的水溶性呈味信息的综合信息，一般都能获得优于单独使用电子鼻、电子舌进行判别的结果。

Winquist 等采用电子鼻和电子舌分析了三种果汁（橘子汁、苹果汁和菠萝汁）。结果表明，电子舌的主成分分析结果中菠萝汁与橘子汁有部分重叠；电子鼻的主成分分析结果中菠萝汁和苹果汁之间相互重叠；采用电子鼻和电子舌的联用数据进行主成分分析时，辨识率得到明显提高。以品茶师评分为基础，Runu 等采用电子鼻和电子舌检测了不同等级的红茶，分别以电子鼻、电子舌、电子鼻和电子舌联用信号进行主成分分析和线性判别分析，联用信号分析时数据点的聚集性和区分度均高于单独采用电子鼻或电子舌，且神经网络的分类正确率也得到提高（联用：93%；电子舌：85%～86%；电子鼻；83%～84%）。Gil 搭建了用以监测佐餐酒开瓶后腐败过程的电子鼻和电子舌系统。在开瓶贮藏过程初期，三种佐餐酒的总酸值上升缓慢，28 天上升速度增大，尤其是第 48 天时速度更快。主成分分析结果表明电子舌基本能将不同腐败程度的佐餐酒区分开，但是难以有效跟踪酒中酸度变化的过程；主成分分析结果表明电子鼻能够跟踪酒中酸度增大的过程；电子鼻和电子舌联用信号不仅能跟踪佐餐酒腐败过程中酸度的变化规律，还能监测到酸度变化不显著时佐餐酒逐渐腐败的变化。Huo 等在对三种不同来源和等级的绿茶（龙井、碧螺春和竹叶青）的电子鼻和电子舌检测中，电子鼻和电子舌的联用信号在主成分分析改善数据维度时优于单独使用电子鼻或电子舌，且其主成分分析判别结果和聚类分析结果都能将不同来源、不同等级的绿茶有效区分。

（2）分别标准化后直接联用/合并后进行标准化

将不同仪器检测结果联合进行分析时，由不同仪器获得的检测参数的量纲和数量级不同，对分析结果会产生影响。因此，为消除仪器各指标间的量纲差异和数量级间的差异，常在电子鼻和电子舌信号联用前/后进行标准化处理。

Apetrei 等采用电子鼻、电子舌和电子眼鉴别了不同苦度的橄榄油，发现将三组结果分别进行标准化后联用对不同来源样品的区分和识别效果优于三种仪器单独检测的结果。Cole 等分别采用自制电子鼻和电子舌研究了氯化钠溶液、蔗糖溶液、奎宁溶液、乙醇溶液和乙酸乙酯溶液。对电子舌信号进行主成分分析时，乙酸乙酯样品数据点与参比去离子水在投影时有部分重叠；而电子鼻在区分低挥发性溶液时存在一定的难度；对电子鼻、电子舌数据标准化后进行主成分分析结果表明，联用数据能够将味觉导向性和嗅觉导向性的样品很好地识别。Haddi 等以不同品牌、不同种类果蔬汁为样品进行了电子鼻和电子舌检测，以期实现对不同果汁种类、品牌、果汁含量的快速判别。分别以电子鼻、电子舌和电子鼻与电子舌联用信号为输入进行主成分分析，发现电子鼻和电子舌在单独使用时均难以实现对每一种果汁的识别；联用信号对不同种类果汁的判别效果得到显著提高，虽然仍有两种果汁相互重叠。Laureati 等采用感官评定、电子鼻和电子舌研究了不同品种紫苏（*Perilla frutescens*）之间的差异，对三种信号直接联用的数据进行标准化后进行主成分分析，发现联用数据很好地评价了不同品种紫苏的差异。Hong 等又比较了电子鼻、电子舌、标准化后联用信号及联用信号经特征提取后（主成分分析提取有效主成分、F 因子筛选、逐步筛选）对小番茄汁中掺入过熟番茄比例的主成分分析判别结果，发现这几种信号均能将掺假小番茄汁有效区分，联用信号的分类效果优于单独使用电子鼻或电子舌进行判别。

（3）合并后进行特征值的提取

电子鼻和电子舌信号均包含了丰富的信息，将两者直接联用时常常会使数据的维度过大，甚至会有部分冗余信息，会对联用信号的判别结果造成不良影响。因此，对电子鼻和电子舌联用信号进行特征提取，有效降维的同时剔除了冗余信息，能有效提高判别结果的准确度。

Haddi 等对 5 种不同产地的橄榄油的电子感官检测中，以 PCA 分类结果进行判别时，电子鼻和电子舌对不同产地的橄榄油的识别效果不如两者的联用信号；经 ANOVA 特征值提取后，联用信号的区分度进一步提高。Hong 等比较了采用掺假小番茄汁的电子鼻和电子舌直接联用信号，并对联用信号进行 ANOVA，逐步判别分析提取特征值，提取后的数据集进行主成分分析，结果发现经 ANOVA 特征值提取后，联用信号在鉴别小番茄汁是否掺假时最有效。

2. 分别提取特征值后进行联用

在有的情况下，传感器响应信号的维度较大，在联用前需要分别提取特征值。Sundic 等对 7 种不同产地的土豆泥进行了电子舌和电子鼻检测，分别提取特征值后组成新的数据集。三种不同的特征值提取方法（Fisher's 权重、顺序先前选择算法、反向消元法）提取的参数进行主成分分析的结果均优于采用原始数据进行分析的结果。Banerjee 等在对红茶的电子鼻和电子舌检测中，提取电子鼻传感器响应的峰值、经离散小波变换的电子舌传感器信号组成新的数据集建立贝叶斯分类器，发现电子鼻、电子舌及其联用数据的错判率分别为 30.9091％、16.9841％和 8.1818％，联用数据的判别效果优于单独使用电子鼻或电子舌。Men 等在对中国白酒的电子鼻和电子舌检测中，提取电子鼻传感器响应的最大值和电子舌传感器在 1.3V、1V、0.7V、0.4V、0.1V、$-0.2V$ 和 $-0.5V$ 时的电流值作为特征值及其联用数据进行主成分分析，结果发现电子舌完全无法区分不同白酒样品；电子鼻基本能将不同白酒区分开；联用信号的判别结果优于电子舌。分别以电子鼻和电子舌联用信号、提取电子鼻和电子舌联用信号的有效主成分建立贝叶斯分类器，发现经主成分分析提取有效主成分后，贝叶斯分类器错判的概率和样品的误判率均明显降低。

3. 分别建模后重组有效信息

在选择电子鼻和电子舌传感器时，为了保持电子鼻和电子舌获取信号的全面性，常选择具有交互敏感的传感器，使其响应值具有一定的相关性。在电子鼻和电子舌信号联用时，需要对信号进行处理，以消除共线性问题。而主成分分析则是在力求数据信息丢失最少的原则下，对高维的变量空间降维，即研究指标体系的少数几个线性组合，并且这几个线性组合所构成的综合指标将尽可能多地保留原来指标变异方面的信息。通过主成分分析将电子鼻和电子舌联用信号的高维信息降低到一个较易辨识的低维空间，根据其主成分的得分由图形直观地获得各样品的信息，主成分分析在电子鼻、电子舌及其联用信号分析中的应用较为普遍。

在处理电子鼻和电子舌联用信号的研究中，提取主成分的方法适用于对电子鼻或电子舌，主成分分析难以有效区分不同的样品，但其中有一个主成分按照样品特征呈规律性分布，将之分别提取出来重新组合后，绘制二维图，实现样品的有效判别。

Rodríguez-Méndez 等采用气敏传感器、液体传感器和光学传感器监测了 6 种由同品种、不同产地和老化程度的葡萄酿造的红酒，分别对三种仪器的检测结果进行 PCA 分析，发现其第一主成分均具有较好的区分效果，提取第一主成分并两两组合绘制二维散点图，其区分效果优于单独采用一种信息进行分析。DiNatale 等在对不同新鲜度（室温下敞口放置 0 天和 1 天的牛奶）、不同热处理方法［巴氏杀菌（pasteurization）和超高温灭菌（ultra high temperature，UHT）］的牛奶的电子鼻、电子舌及其联用信号进行分析时发现，直接联用数据的判别效果不如单独使用的电子鼻、电子舌进行判别。电子鼻的主成分分析结果中，第一主成分在不同新鲜度的牛奶区分上具有贡献；电子舌的主成分分析结果中，第二主成分具有区分不同热处理方法的能力。分别提取电子鼻主成分分析结果中具有区分度的第一主成分和电子舌主成分分析结果中具有区分度的第二主成分，绘制两维散点图，发现联用分析能将不同新鲜度、不同热处理方法的牛奶正确区分。

主成分分析在不丢失主要信息的前提下，以较少的新变量代替原始变量，直观反映原始数据信息，解决了信息重叠的问题；判别分析则是在已知样品分组的基础上，研究不同总体的性质和特征，根据已知总体的多种观测指标建立判别函数，并以此作为样本划归某一总体的依据，实现种类的判别；支持向量机对小样本具有较强的适应性；神经网络对学习样品典型性的要求使其应用受到一定的影响。因此，主成分分析成为判别电子鼻和电子舌信号联用效果最常用的方法。

第三节　电子舌和电子鼻
在食品分析中的应用

一、电子鼻技术在肉与肉制品中的应用

肉类提供了人类所需的蛋白质、氨基酸、脂肪等营养物质，是人们膳食中的重要组成部分，但是易受微生物的污染，导致腐败变质，同时产生有毒有害物质。传统肉与肉制品的检测方法，如感官评定、气相色谱、液相色谱、气质联用等技术均存在耗时长、样品预处理繁杂、需要特殊训练的人员等问题。电子鼻作为一种分析、识别和检测复杂嗅味和挥发性成分的仪器随即发展起来。

近年来，电子鼻技术由于其检测快速、操作简单、重现性好等优点，使其广泛应用于很多领域内，尤其是食品行业中。作为一种有效的肉品检测工具，电子鼻通过分析肉类食品中的挥发性物质，进而达到检测的目的。在肉类工业中，电子鼻系统可以用于肉品新鲜度检测、肉制品品质的判定和肉品掺假检测等方面。

1. 电子鼻在肉与肉制品新鲜度评定中的应用

在贮存的过程中，由于微生物和酶的作用，肉中的蛋白质、脂肪和糖类分解而腐败变质。随着贮藏时间的延长，肉的新鲜度逐渐下降，其挥发性成分将发生明显变化，气味也有着显著变化，传统检测采用挥发性盐基氮或感官检测等方法确定肉的新鲜度，但是耗时耗力。电子鼻系统可以快速、准确评定肉品的新鲜度，从而保证肉品的质量。

（1）原料肉新鲜度的评定

基于对牛肉气味敏感的气敏传感器阵列，石志标等建立了牛肉检测电子鼻系统，并应用该电子鼻系统对不同新鲜度（贮存 7 天）的牛肉进行了识别实验，识别率达到 99.25%，表明电子鼻检测牛肉新鲜度是可行的。孙钟雷根据猪肉的气味特征建立了一套用于猪肉新鲜度识别的电子鼻系统，并采用该系统检测了不同新鲜度的猪肉样品，通过特征值优选、种群规模确定及样本数确定后，依据猪肉的新鲜度模式，确定了遗传优化的组合 RBF 神经网络作为模式识别方法，该系统对猪肉新鲜度的识别率达 95%。顾赛麒等采用电子鼻研究冷却猪肉在不同贮藏温度（－18℃、0℃、4℃、10℃、20℃）条件下新鲜度的变化规律，发现贮藏不同时间的肉样挥发性气味差异显著，且贮藏温度越高，肉样新鲜度发生显著下降的时刻越早。采用 PLS 法发现电子鼻检测数据与感官评分之间具有较强的相关性，电子鼻在一定程度上可以替代感官评定。柴春祥等采用电子鼻技术对保存温度和时间对猪肉挥发性成分的影响进行了研究，以电子鼻输出信号与采集时间的斜率为特征值，该特征值随猪肉样品保存温度的升高而增加，也随保存时间的延长而增加。常志勇基于人类鼻子的结构和嗅觉原理，设计了嗅觉仿生单元，建立了检测鸡肉新鲜度的仿生电子鼻系统。在网络训练采用 10 折交叉验证训练方案的基础上，系统验证出鸡肉腐败阈值，可用于对不同新鲜度的鸡肉进行分类。Musatov 等采用基于金属氧化物半导体传感器（MOS）的 KAMINA 电子鼻和线性判别分析（linear discriminant analysis，LDA）模式识别方法，评估了肉的新鲜度，结果发现由同一厂家提供的肉样，采用一到两个标准样品就可达到 100% 的正确识

别；分别在 4℃和 25℃贮存的两种肉样仅能在变质的前期相互识别；要用电子鼻建立可靠的 LDA 识别模式，必须有 3～4 个训练周期。Zhang 等研究了几个气敏传感器在检测牛肉新鲜度中的可行性，发现其中 5 个传感器可以用于牛肉新鲜度的检测，并采用这 5 个传感器建立了牛肉新鲜度检测的电子鼻检测系统。Panigrahi 等用含有 9 个 MOS 的电子鼻研究了贮存在 4℃和 10℃的牛腰条肉，采用线性判别分析（LDA）和二次判别分析（QDA）来建立模型，采用 LOO-CV 和 Bootstrapping 法对所建模型进行验证；对 10℃贮存样品，LDA 分析法的最高分类准确率分别为 83.8％和 89.1％；QDA 分析法为 81.5％和 93.2％；对 4℃贮存样品，LDA 分析法的最高分类准确率分别为 80％和 86.6％；QDA 分析法为 85％和 96％。肖虹等采用电子鼻检测了冷却猪肉在不同贮藏温度和时间条件下挥发性成分的变化，通过主成分分析和判别分析建立的气味指纹图谱可以对冷却猪肉的新鲜度与货架寿命做出很好的判别。洪雪珍等采用 Pen2 电子鼻对不同贮藏时间的猪肉样品进行检测，优化了检测条件，采用主成分分析和线性判别分析均能将不同贮藏时间的猪肉样品很好地区分开，且线性判别分析结果显示电子鼻能较好区分不同贮藏时间的猪肉样品；采用逐步判别分析和 BP 神经网络对猪肉贮藏时间进行预测，训练集的准确率分别为 100％和 94.17％，预测集的准确率分别为 97.92％和 93.75％。

（2）肉制品新鲜度的评定

Vestergaard 等采用 MGD-1 电子鼻检测了比萨馅在贮存过程中风味的变化，采用 PCA 和 PLSR 对传感器响应信号进行统计分析，发现电子鼻可以检测比萨馅在贮存过程中发生的早期腐败风味和中期到最后的风味变化。感官评定获得的贮存中比萨馅风味变化与电子鼻检测信号之间具有较好的相关关系，以电子鼻信号所建模型可以很好预测贮存过程中比萨馅风味的变化过程。Vestergaard 等还研究了 MGD-1 电子鼻在预测比萨猪肉馅贮藏时间和感官变化中的可行性，发现电子鼻能够很好预测贮存时间、酸败和油腻的口感。电子鼻系统实时在线监控比萨肉馅的品质是可行的。电子鼻可以对肉制品在货架期内品质的变化实现实时监测。Rajamaki 等采用电子鼻研究了不同贮存温度条件下气调包装烤鸡肉的质量控制问题。与微生物检测、感官检验和顶空气相分析相比，电子鼻检测能够在感官品质恶化的同时甚至是更早区分变质的和新鲜包装的烤鸡，而且，大肠菌群和产硫化氢菌数与电子鼻信号具有较好的相关性，电子鼻能够反映气调包装肉品早期腐败的信息。Blixt 采用由 10 个金属氧化物场效应半导体传感器（MOSFET）和 4 个 Tagushi 金属氧化物传感器组成的电子鼻，研究了真空包装牛肉的变质程度。发现由电子鼻检测获得的牛肉的腐败程度和感官评定结果高度相关（$R^2=0.94$）。Limbo 等采用传统方法（微生物菌落、色度、硫代巴比妥值和顶空组成）和电子鼻研究了不同贮存温度条件下高氧气调包装牛肉馅新鲜度衰变的规律，并获得腐败动力学方程。PCA 和聚类分析（cluster analysis，CA）能够将新鲜样品和腐败样品清晰地区分开来，并获得给定温度条件下的准确的稳定时间范围，如 4.3℃的平均稳定时间为 9 天，8.1℃的为 3～4 天，15.5℃的为 2 天。结果表明传统方法检测的 Q_{10} 值（3.6～4.0）和电子鼻检测结果（3.4）及色度指标（3.9）相吻合。电子鼻技术能够很好地鉴别不同包装技术对新鲜度的作用效果。

2. 电子鼻在肉与肉制品区分中的应用

王曼等分别对免疫去势、手术去势和完全公猪原料猪肉进行电子鼻检测，并采用主成分分析、线性判别式分析和交互验证判别分析分别对电子鼻 15s、30s 和 60s 响应值进行统计处理。结果表明，主成分分析效果不好；采用 15s 响应值时线性判别式分析的区分效果及聚类效果最好；交互验证判别分析的总体正确率依次为 90.0％、83.3％、66.7％。手术去势组和免疫去势组的气味相似，且能与完全公猪肉区分开来，电子鼻可以实现不同去势方法对原料猪肉的区分和识别。Tikk 等研究了采用不同营养强化养殖获得的猪肉制得的肉丸在不同贮藏时间后翻热的气味变化，采用最小二乘回归建立传感器信号和化学指标及感官数据之间的关系模型，发现与感官品质相关的硫代巴比妥值、己醛、戊醛、戊醇和壬醛都与翻热后气味物质的形成有关，而且 8 个金属氧化物传感器信号与翻热后气味物质之间显著相关，其中 6 个 MOSFET 传感器与新鲜制作的肉的气味相关，电子鼻在监测翻热肉气味检测中具有可行性。Garcia 等采用金属氧化物传感器阵列组成的电子鼻区分了 4 种不同养殖方式饲养的猪肉制得的火腿，通过 PCA 和 PNN 分析，发现电子鼻能够准确区分不同的火腿样品，猪的不同养殖方式对其制成的火腿品质具有显著影响。Santos 等设计了一个基于氧化锡的多传感器系统，将该系统用于检测不同的饲养方式和不同成熟时间的火腿，用主成分分析和人工神经网络进行分析发现，当采用氮气作为载气、250℃为工作温度时，电子鼻可以判别伊比利亚火腿的原料肉种类和成熟时间，从而排除不合格和假冒的产品，电子鼻将有可能代替传统的等级评定方式。O'Sullivan 等用气质联用和由 8 个金属氧化物传感器和 PLS 模式识别法形成的电子鼻分析了 4 种不同饲养方式的猪肉在加工过程中的气味变化。结果表明，电子鼻不仅可以清晰地区分不同饲养方式的猪肉，也可以评价猪肉加工过程中香气的变化，从而对肉制品的品质做出评定。由此可见，电子鼻可以检测由不同饲养方式造成的肉制品品质的差异，该技术可以用来监测肉制品原料肉的品质，预防假冒伪劣产品。

3. 有害成分的监测

Wang 等通过电子鼻监测了冷却肉在 4℃条件下贮存 10 天内活菌总数变化规律，从而判断肉的新鲜度，并采用主成分分析电子鼻检测结果，采用偏最小二乘和支持向量机对电子鼻响应信号和平板计数结果进行分析，获得较好的相关性，验证了电子鼻在快速预测猪肉中菌落数的可行性。王丹凤等采用电子鼻监测了猪肉在不同温度条件下挥发性成分的气味变化，并与其中微生物数量变化相结合，发现主成分分析可以区分不同贮藏时间的猪肉样品，且电子鼻信号与细菌总数之间具有较好的线性相关关系，可以实现猪肉中有害微生物的检测。

4. 电子鼻在肉品掺假检测中的应用

肉与肉制品为人体提供了优质蛋白质。在肉品生产和加工过程中，经常会出现以低价值肉品冒充高价值肉品，或者是将低价值成分添加到高价值肉品中的现象。不同肉类挥发性成分的组成有所不同，电子鼻在肉的掺假检测中具有应用的可能性。目前，肉制品掺假的快速检测报道较少。Nurjuliana 等采用声表面波电子鼻检测了肉与肉制品是否清真，并采用顶空进样气质联用（GC-MS-HS）确认其中的挥发性成分。PCA 分析表明，电子鼻能够将猪肉和其他肉及香肠区分开来，尤其是猪肉、猪肉香肠和牛肉及鸡肉、鸡肉香肠和羊肉的区分。田晓静等在优化的电子鼻检测条件下（样品量 10g、载气流速 200mL/min、顶空容积 250mL 及顶空生成时间 30min）对混入鸡肉的掺假羊肉糜进行了检测，主成分分析和典则判别分析均能识别混入不同比例鸡肉的羊肉糜样品，虽然部分相邻掺杂样品组的数据点彼此重叠；定量预测时，主成分回归分析和偏最小二乘回归分析建立的定量预测模型（$R^2 > 0.95$）能有效预测混入的鸡肉比例。

二、电子舌技术在肉与肉制品中的应用

近期的文献研究表明，电子舌在食品行业的应用主要有 6 大方面：食品加工过程监测、食品新鲜度和货架寿命研究、掺假鉴别、成分鉴定、定量分析和其他质量控制。在肉与肉制品品质检测中也有较多的应用，如肉品新鲜度检测、定量分析、种类鉴别和肉品卫生质量等方面。

1. 在肉品新鲜度中的应用

在贮存的过程中，由于微生物和酶的作用，肉中的蛋白质、脂肪和糖类发生分解而腐败变质。随着贮藏时间的延长，肉的新鲜度逐渐下降，其内部组成成分将发生明显变化。传统检测大多是以蛋白质分解的最终产物为基础，进行定性和定量的分析，如常用挥发性盐基氮、pH 测定等表征肉的新鲜度，但是此类方法均存在耗时耗力的缺点。电子舌系统可以通过检测样品或样品溶液中味觉物质的变化情况实现肉品新鲜度的快速评定，判别肉品的质量。

韩剑众等利用课题组开发的多频脉冲电子舌对不同品种生鲜肉品（猪肉和鸡肉）的品质和新鲜度进行了研究，结果发现，电子舌不仅可以有效区分不同品种（杜大长猪和金华猪）和不同部位的宰后猪肉（背最长肌和半膜肌），还能将室温（15℃）和冷藏（4℃）两种不同贮藏条件下不同贮藏时间的肉品质特性有效识别，也即新鲜度的识别。在此基础上，又分别对三黄鸡、艾拔益加肉鸡（AA 鸡）进行检测，获得了类似的结果，能够将不同品种（三黄鸡、AA 鸡）、不同部位（胸肌和腿肌）及不同新鲜度（4℃贮藏 1 天、2 天、3 天和 4 天）的鸡肉有效区分开，再次证明电子舌对肉品质和新鲜度的辨识评价是有效的。同年，该课题组探索了多频脉冲电子舌在鲈鱼、

鳙鱼、鲫鱼三种淡水鱼和马鲛鱼、小黄鱼、鲳鱼三种海水鱼中进行品质和新鲜度评价可行性，电子舌能够准确地区分淡水鱼肉和海水鱼肉，而且还可以辨识不同品种的淡水鱼或海水鱼之间的差异。此外，多频脉冲电子舌能够依据不同贮藏时间对淡水鱼肉和海水鱼肉的品质特征进行分类，而且能反映其品质的变化规律特性。这些研究成果为解决现代集约化养殖下鱼类产品的品质及新鲜度的监测、评价和控制提供了新的研究思路和有效手段。但也存在一定的不足之处，在上述内容中，新鲜度以天数表示，只是对不同贮藏天数的肉进行的定性判别，而非严格的新鲜度指标（如挥发性盐基总氮、K_1 值），难以表征其食用品质。

Luis Gil 等组建了一个由 16 个电势传感器（金属传感器、金属氧化物传感器和难溶盐电极）组成的电子舌，结合质构、色度、pH 值、菌落总数、挥发性盐基总氮和生物胺等生化指标，研究了鱼片新鲜度随时间的变化趋势。结果发现，采用电子舌信号建立的 PLS 定量分析模型可以有效预测与肉新鲜度相关的生化指标，且总生物胺、pH 值、挥发性盐基总氮和菌落总数与 16 个传感器信号之间具有显著的相关关系（其相关系数在 0.98 以上）。该团队又采用自行研发的由金属电极（3 个金电极、2 个银电极、1 个镍电极、3 个铜电极和 3 个石墨电极）组成的电势型电子舌，对乌颊鱼鱼片进行连续和间断的检测，并对其鱼糜进行间断监测，以研究其新鲜度和品质在贮藏中的变化趋势。结果发现，所用的 12 根传感器，尤其是金电极和银电极，可以有效监测乌颊鱼宰后肉新鲜度的下降情况。且采用表征鱼宰后新鲜度指标的 K_1 值对电子舌的检测结果进行验证，发现 K_1 值与金电极和银电极检测信号之间具有较好的相关性，表明电子舌可以作为一种快速、可靠、有效的分析鱼肉新鲜度的方法。在此基础上，Luis Gil 等采用由 6 根电极（金、银、铜、铅、锌和石墨）组成的电子舌检测了冷藏条件下猪肉的新鲜度变化，同时监测其物理化学、微生物和生化指标，采用多种多元统计分析方法（主成分分析、PLS 和人工神经网络分析）研究了电子舌信号和肉品新鲜度指标之间的相关关系。主成分分析和神经网络分析均能将不同新鲜度的样品正确区分和识别，PLS 分析发现 pH、K 值和电子舌信号之间存在较好的相关性，采用电子舌信号可以实现鱼肉新鲜度的监测。由此结果可知，电子舌可以实现肉品新鲜度定性和半定量的检测。上述分析将不同类型传感器组成的电子舌的响应信号与新鲜度相关指标有机结合，为电子舌在肉品新鲜度检测中的应用提供理论依据。

2. 定量分析

肉制品加工过程中，为达到防腐、护色、改善肉质等效果，往往会添加一些盐类（硝酸盐、亚硝酸盐和氯化钠）。但是，在生产中，盐类的添加量有一定的限制，过少难以达到所要求的目的；过多，则对肉的品质产生影响，如使肉的持水能力下降、汁液渗出、蛋白质沉淀等，同时还会影响消费者的身体健康。而常规的检测方法通常有样品预处理复杂、耗时长、设备投入高、需要专业技术人员等缺点，难以实现实时在线监测。目前已经有研究者探索电子舌在监测肉和肉制品中盐类含量中应用的研究。

H. Roberto 等采用电子舌和电化学阻抗光谱这两种电化学方法检测了碎肉中氯化钠、亚硝酸钠和硝酸钾的含量水平。电子舌检测了盐水溶液和碎肉样品，而阻抗传感器只检测了碎肉样品。实验设计了三种盐（氯化钠、亚硝酸钠和硝酸钠）的三个不同添加水平（低、中、高）共 18 个实验。采用交互验证和 PLS 回归对数据进行分析，建立预测模型。结果发现对氯化物的预测效果较好，而对亚硝酸盐和硝酸盐含量的预测效果一般。在上述研究的基础上，I. Campos 等采用惰性金属组成的电子舌研究了盐水和碎肉中不同盐含量的测定。首先采用电子舌测定水溶液中不同阴离子的响应特征，以获得一组电子舌检测肉样时的脉冲值。按照实验设计方案在水和肉样中添加三种不同含量的三种盐。采用 PLS 回归分析三种盐的真实浓度和电子舌信号预测值之间的关系，发现盐水中两者之间具有较好的相关性。由于碎肉中各种复杂成分之间的相互作用，电子舌信号预测盐水中盐含量的效果明显优于碎肉。尽管如此，电子舌信号仍能准确地预测肉中各种阴离子的含量。目前，电子舌检测肉制品中盐类的含量仅限于单一添加盐类，其结果会受到肉中各种复杂成分之间的相互作用的影响，在实际生产中，肉制品在加工中添加的调味料会对电子舌的检测结果带来更显著的影响，使得电子舌在肉制品检测中的应用受到限制。而且在电子舌的定量预测应用中，存在必须优先采用大量数据建立检验模型，即建模和学习的过程，而模型的可靠性、稳定性一直都是困扰电子舌应用的一大难题。

3. 肉品质量鉴定

肉与肉制品为人体提供了优质蛋白质。在肉品生产和加工过程中，经常会出现以低价值肉品冒充高价值肉品，或者是将低价值成分添加到高价值肉品中的现象。目前，肉类品种、掺假的主要检测方法有感官评定、理化指标检测和基于蛋白质和 DNA 检测。但是感官评价结果易受外界条件的影响，理化指标分析耗时较长；基于蛋白质和 DNA 分析时，需要复杂的样品预处理过程，对技术人员的要求较高，而电子舌提供了一种快速、便捷的检测方法。

Chi-Chung Chou 等研究了电化学检测器的高效液相色谱在 15 种动物肉品（牛、猪、山羊、鹿、马、鸡、鸭、鸵鸟、鲑鱼、鳕鱼、虾、蟹、扇贝、牛蛙和鳄鱼）区分中的应用。每种样品都具有独特的电化学特征，且不同种属样品和不同部位样品的检测结果发现保留时间和峰展开时间的变异系数低于 6%。而且该方法不需要衍生或萃取，可用于新鲜肉和烹调后的肉品。虽然室温下 24h 和反复融冻的牛肉、猪肉和鸡肉样品特征峰的强度有所变换，但其模式没有变化。该方法适用于快速区分多种不同的肉制品，表明电化学检测可以作为免疫化学和分子生物学的补充方法。黄丽娟采用实验室开发的多频脉冲电子舌对不同品种、部位、贮存时间的肉样进行评价，表明电子舌能够有效区分不同肉样的肉质差异，并能很好地反映肉品在贮存过程中的整体变化规律，为利用电子舌进行肉品新鲜度和货架寿命的监控提供了实验基础。王鹏等采用多脉冲电子舌系统对不同品种、不同日龄、不同部位的鸡肉进行检测，并采用主成分分析法对电信号进行分析，发现电子舌对同一品种鸡的煮制鸡胸肉和鸡腿肉响应差异明显；而单电极对不同品种煮制鸡胸肉、鸡腿肉或鸡汤的区分效果不理想。经优化后的复合电极可以实现对 3 种不同原料肉加工的煮制鸡腿肉或鸡汤的区分，表明电子舌在区分不同原料鸡肉加工产品方面具有一定的潜力。A. Legin 等采用由 4 个固体传感器和 7 个聚氯乙烯（PVC）薄膜传感器组成的电子舌对不同品种（鳕鱼、黑线鳕和鲈鱼）和不同品质（鲜肉、冰箱冷藏肉和室温贮存肉）的鱼肉进行了检测，发现该电子舌系统能够区分海水鱼和淡水鱼，且能够检测到鱼肉新鲜度的变化，可见电子舌可以用来评定肉类的品质。田晓静等在优化的电子舌检测条件下（0.1mol/L KCl 溶液浸提 15g 肉糜样品）对混入鸡肉的掺假羊肉糜进行了检测，结合主成分分析和典则判别分析，电子舌均能很好地区分混入不同比例鸡肉的羊肉糜样品；多元线性回归分析和偏最小二乘回归分析建立的定量预测模型能有效预测混入的鸡肉比例（$R^2 > 0.99$，RMSE < 3%）。综上所述，电子舌在区分不同物种、品种、部位的原料肉和肉制品中具有可行性，这为准确、快速、经济地鉴别原料肉的来源、品质、贮藏方法等提供了理论基础。

4. 肉品卫生监测

在家畜养殖、屠宰、加工等过程中，会受到环境中各种因素的影响。肉品易受微生物的污染而发生腐败变质。鸡肉是一种较受欢迎的肉品，但是在加工过程中易受到病菌性微生物（如沙门氏菌）的污染。Yu-bin Lan 等研究采用一种对鸡肉中沙门氏菌敏感的表面等离子体共振生物传感器组成的电子舌成功用于检测鸡肉中沙门氏菌的含量。采用一系列不同稀释度的抗体溶液来检测 SPR 生物传感器的选择性，发现该传感器对 1×10^6 CFU/mL 微生物含量具有可信度。结果表明，该 SPR 生物传感器有应用于病原菌监测的潜力，只是需要做更多的实验，以确定其检测限。

三、电子鼻技术在橄榄油品质分析中的应用

由于电子鼻具有分析快速、操作简单、重现性好等人和常规分析仪器所无法比拟的优点，如今已广泛地应用于橄榄油品质分析中。在橄榄油品质分析中，电子鼻主要对橄榄油中的挥发性成分进行识别和分类，结合感官指标和理化指标对产品进行质量分级、产地鉴别、掺假判别和缺陷分析等。下面主要介绍电子鼻在分析橄榄油时的采样方式、所用电子鼻体系、模式识别方法及数据融合的方法。

1. 采样方式

目前，比较常用的是顶空方法，一般是取一定量的油样放入样品瓶/杯中，加盖密封，平衡一段时间，平衡的方法不同，时间也各不相同。平衡好的样品顶空气体大多直接泵入传感器室进

行分析，但也有预先对样品进行浓缩以提高分析的灵敏度和重复性。

表 9-2　不同的采样方式和电子鼻系统比较

样品量	样品瓶/mL	温度/℃	顶空时间/min	载气流速/(mL/min)	传感器数	传感器种类	电子鼻型号
2.0g	10	40	9	100	16	高分子聚合物	自制
15g	100	37	7	50	6	MOS	EOS507 Italy
2g	10	40	10	100	15	MOX	自制
10g	100	35	30	150	6	MOS	EOS835 Italy
55mL	500	28±2			5	QCM	自制
10mL		30	10		6	MOS	自制
1.0mL		40	7	300	12	MOS	FOX4000 Alpha MOS
2g	10	35	30		18	MOS	FOX4000 Alpha MOS
1g	40	40	10	60	22	12 MOS 10 MOSFET	Model 3320 Sweden
10mL	20	30	20	100	5	Micro-sensor	自制
15g	带塞玻璃瓶	室温	60	400		MOS	Pen 2

表 9-2 中给出了几种不同的橄榄油电子鼻分析的采样方式。一般来说，电子鼻分析橄榄油气味特征时，采用的样品量都在 1~5g/10mL 玻璃瓶杯；样品顶空温度为 30~40℃，接近室温；顶空产生时间在 7~30min 变化；载气流速也在 50~300mL/min 之间。与此对比，海铮之前采用 Pen2 电子鼻研究了山茶油芝麻油掺假的问题，对比数据，Pen2 电子鼻分析时，与其他电子鼻分析时样品量上的差别在于：Pen2 电子鼻分析时，大多是将 10~20g 样品置于 250mL、500mL 烧杯内；而其他电子鼻分析时，样品量多在 1~2g（mL)/10mL。在检测时，需根据实际条件，选择最佳的测定方法。

食用油的挥发性物质主要是一些醇、醛和酮类，不同品种、不同质量的橄榄油所含的风味成分及含量均不同。在分析过程中，一方面应该使油样中的特征风味物质尽量挥发出来，提高分析的灵敏度；另一方面，还要保证采样方式的稳定性，使分析到的同一橄榄油的挥发性组分的比例保持一致。不同的品质、产地及掺假橄榄油的特征风味物质的挥发难易不同，其样品顶空达到平衡的条件也不同。分析时，若平衡不充分，难以获得橄榄油的真实指纹图谱，而过多风味物质的挥发又会干扰到传感器的分析结果。所以，研究并建立不同橄榄油的电子鼻分析体系，相关参数包括分析样品用量、顶空生成温度和时间、进样体积和速率、载气种类和流速等的筛选，显得十分必要。

2. 分析用电子鼻体系

目前，应用在橄榄油品质分析中的电子鼻一般采用传感器阵列技术，但是使用的传感器种类和数量有所不同，目前商业用的电子鼻和科研组自行开发的电子鼻介绍如下。

M. J. Lerma-García 等采用的是意大利 Bologna 公司生产的 EOS507 电子鼻对橄榄油的缺陷进行分析，该电子鼻包含 6 个金属氧化物半导体传感器阵列，利用传感器电导率的变化产生响应信号，结果显示，分别添加有 5 种典型橄榄油感官缺陷（霉潮味、陈腐味、泥腥味、酸败味和酒酸味）的葵花油可以采用线性判别分析（linear discriminant analysis，LDA）和人工神经网络（artificial neural network，ANN）法正确区分，且采用多元线性分析法对电子鼻数据进行分析，可以确定缺陷成分添加的比例。Manuel Cano 等采用商业化的电子鼻体系 EOS835 对常见于橄榄油挥发组分的几种芳香成分和品质高低不同的橄榄油进行了分析，发现仅从电子鼻传感器相应信号能够很好地将这些单一芳香化合物进行区分，主成分分析也获得较好的效果；对不同品质的橄榄油——初榨橄榄油（virgin olive oil，VOO）、特级初榨橄榄油（extra virgin olive oil，EVOO）和仅供加工提炼的初榨橄榄油（lampante olive oil，LOO），采用判别分析可获得比主成分分析更好的区分效果。

电子鼻应用在橄榄油掺假的分析研究中，Ma Concepción Cerrato Oliveros 等采用 AlphaMOS 公司生产的 FOX4000 电子鼻（12 个传感器）研究了 VOO 的掺假问题，掺假物为葵花籽油和橄榄果渣油，分别以 5%、10%、20%、40% 和 60% 掺入 VOO 中。对 VOO 和掺入葵花籽油和橄榄果渣油的掺假橄榄油，电子鼻 12 个传感器的响应变化规律有明显差异。特征提取后，采用线性判别分析 LDA 和二次判别分析 QDA 对其进行分析，结果发现两种分析方法在区分和预测时，其正确率基本都在 93% 以上，电子鼻能够很好地区分橄榄油中掺假物的种类。采用 ANN 和 PLS 进行定量分析时，所建立的预测模型精度有待进一步提高。Sylwia Mildner-Szkudlarz 等采用 FOX4000 电子鼻（18 个传感器）研究了橄榄油中掺杂榛子油的问题，掺杂量为 5%、10%、25% 和 50%，PCA 分析图中，4 种不同的 EVOO 位于同一区域，且能相互区分；4 个不同的掺假橄榄油位于另外的区域，且以其掺假物的含量也能很好地区分。

榛子油与上述两个区域明显区分。结合气相色谱法（gas chromatography，GC）、质谱（mass spectrometry，MS）也可以获得类似的结果，并采用气质联用（GC/MS）分析其中的挥发性成分，进行了验证。M. S. Cosio 等采用产自 Sweden 的 Model 3320 电子鼻研究了不同贮藏条件下（暗室贮藏 1 年：class1；自然光线下贮藏 1 年：class2；暗室贮藏 2 年：class3）EVOO 油脂氧化的变化情况。结果发现电子鼻能够区分不同贮藏条件下的橄榄油样品。

除商业电子鼻外，不同科研团队开发的电子鼻也应用在橄榄油品质分析中。A. Guadarrama 等采用的是由 16 个高分子聚合物传感器阵列组成的电子鼻对不同品质和产地的橄榄油进行了分析，结果发现，该传感器阵列不仅能将不同品质的橄榄油区分开来，还能实现不同品种的区分，对不同产地的橄榄油也具有一定的区分效果。C. Apetrei 等采用由 15 个金属氧化物传感器组成的电子鼻分析了不同苦度的橄榄油，发现与电子舌和电子眼相结合可以获得比三个电子感官分析方法更好的结果，且发现苦度与电子舌信号具有较好的相关关系。María E. Escuderos 等采用由 5 个石英晶体微天平传感器自制的电子鼻结合理化指标的分析对橄榄油进行了判定，通过主成分分析发现，电子鼻信号基本可以将可食用的橄榄油（VOO 和 EVOO）与不可食用的橄榄油（LOO）区分开来。Z. Haddi 等采用自制电子鼻研究了摩洛哥不同地区的 VOO 中的挥发性成分。根据电子鼻各传感器的相应指纹图谱，可初步将 5 种不同地区的 VOO 区分开；采用 PCA 和 LDA 对电子鼻响应信号进行分析，可以获得较好的区分效果，且 LDA 的效果更好。A. Cimato 等采用由 5 个具有不同敏感层的传感器阵列组成的电子鼻结合理化指标分析方法（GC，GC/MS，HPLC）研究了 Tuscan 地区 12 种单品种的 EVOO 中的挥发性成分，电子鼻能够将不同种类的 EVOO 很好地区分。

3. 模式识别方法

电子鼻的分析结果是传感器的一系列响应值，数据量大，必须通过适当的模式识别技术进行处理，才能对样品进行定性和定量分析。而不同的模式识别技术对电子鼻原始信号的解释能力有所不同。针对不同的分析目的，应选择合适的模式识别系统，并在试验的过程中不断优化所选用的模式识别方法，使得电子鼻的分析结果更加准确可信。目前在橄榄油品质和产地鉴别的分析中，常用的模式识别技术有 PCA、LDA、DA、QDA、DFA 和单类成分判别分析（soft independent modeling of class analogy，SIMCA），用于掺假样品定量预测的模式识别技术有 PLS、多元线性回归分析（multivariate linear regression，MLR）和 ANN。

在定性分析方面，A. Guadarrama 等采用电子鼻对不同品质、不同产地的橄榄油进行区分，采用 PCA 对结果进行分析，对中等品质和品质较差的不同地区的橄榄油，其前两个主成分之和均在 95.7% 以上，说明这两种方法提取的信息能够反映原始数据的大部分信息，说明 PCA 分析可以实现对不同品质、不同区域的橄榄油进行区分。Manuel Cano 等采用电子鼻对橄榄油中常见挥发成分的单一化合物和不同品质的橄榄油进行区分，并对其结果进行 PCA 和 DFA 分析，发现数据点有部分重叠，但基本能够区分开，且 DFA 的区分效果优于 PCA 分析。Z. Haddi 等采用自制电子鼻对不同地区的初榨橄榄油进行区分，采用 PCA 和 LDA 对电子鼻响应信号进行分析，可以获得较好的区分效果，且 LDA 分析中数据点聚集效果很好。Monica Casale 等采用电子鼻对不同地区的 EVOO 进行了研究，采用 SIMCA 分析对不同数据融合方法进行了判别，发现采用直接将数据合并并进行 SELECT 之后的识别效果优于分别提取主成分分析前 2 个因子。Ma Concepción Cerrato Oliveros 等采用电子鼻研究了橄榄油中掺假的问题，采用 QDA 分析对未掺假、掺葵花籽油和掺橄榄果渣油进行区分，发现在逐步贝叶斯判别分析筛选参数后，其区分效果较好，对识别和预测集的判别率基本都在 95％以上。

在样品掺假比例的定量预测方面，M. J. Lerma-García 等将橄榄油按不同比例加入到精炼葵花籽油中，利用基于 MLR 的神经网络对各种橄榄油的百分比进行预测，实际值和预测值之间的回归系数高达 0.988，证明 ANN 能够对未知样进行准确的定量预测。Mildner-Szkudlarz 等将榛子油以不同比例（5％、10％、25％和 50％）掺入橄榄油中，利用 PLS 对各个百分比进行预测，实际值和预测值之间的回归系数高达 0.997，PLS 能够对掺假含量进行准确的定量预测。

4. 数据融合方式

在电子鼻信号进行模式识别前，为降低信息维度，减少噪声，常采用特征值提取的方法。目前在橄榄油电子鼻分析信号特征值提取中，常用的方法有直接合并不同仪器的数据、直接合并后进行标准化、对不同仪器数据进行主成分分析并提取前几个主成分形成新的数据集、直接合并后采用逐步判别分析（Step-LDA）降低原始变量的个数。

Monica Casale 等采用电子鼻、近红外光谱技术 NIR 和紫外-可见光分析对不同地区的橄榄油进行区分，采用两种方法实现三种仪器数据的融合：第一，对每组分析数据进行主成分降维，并取前两个主成分形成新的数据集并进行进一步的分析。第二，将三个仪器的数据直接合并，并采用特征值提取方法，获得 12 个参数。这两种方法获得的区分效果都比单一仪器的分析效果好，且第二种方法融合后的 SIMCA 结果优于第一种。C. Apetrei 等采用电子鼻、电子舌和电子眼对不同苦度的橄榄油进行区分，采用主成分分析分别对三组数据进行分析，提取前 2 个主成分形成新数据集，但是主成分分析对融合后的数据的区分效果并没有提高（相对于 3 种方法独立分析时的结果），而 PLS-DA 分析的区分效果较好。

四、乳与乳制品品质监控与鉴别

电子鼻能够分析识别和检测复杂风味及成分，检测具有快速、客观、准确等特点。电子鼻在乳品货架期测定、不同工艺乳品分类，如不同产地、不同风味奶酪的鉴别、原料乳掺假检验、乳制品中特定成分的测定、乳中微生物分析和生产过程监控、不同产地牛乳的区分、掺假乳的检测等乳品生产过程与质量控制中应用。方雄武等利用电子鼻对不同奶厂来源的奶进行识别研究，结合 Bayes 算法、最小二乘支持向量机法可以对 8 个不同厂家的牛奶进行分类识别。贾茹等利用电子鼻研究了对山羊奶中与膻味有关的游离己酸、辛酸和癸酸的响应差异，PCA 及 LDA 都能够区分出不同游离己酸、辛酸和癸酸质量浓度的山羊奶，PLS 分析的决定系数分别为 83.09％、88.92％、61.68％，表明电子鼻响应值与游离己酸、辛酸、癸酸有一定的线性关系，为建立电子鼻客观评价山羊奶膻味强度方法提供理论依据。马利杰以原料牛奶、过期复原奶和牛奶粉为掺假对象，设计不同掺假比例的掺假乳，结合多元统计分析，得出电子鼻技术应用于羊奶和羊奶粉掺假外来物质的定性分析和定量分析具有可行性。

五、电子鼻技术在其他食品中的应用

除上述应用外，电子鼻在农产品品质检测与分级、茶叶品质分析、谷物贮藏监控、饮料鉴别与区分等中得到广泛应用。

六、电子舌技术在其他食品中的应用

电子舌作为一种快速检测味觉品质的新技术，能够以类似人的味觉感受方式检测出味觉物质，可以对样品进行量化，同时可以对一些成分含量进行测量，具有高灵敏度、可靠性、重复性。另外，电子舌检测液体样品时，无须进行预处理，能实现快速的检测。由于电子舌的这些优势，目前该技术在饮料鉴别与区分、酒类产品（啤酒、清酒、白酒和红酒）区分与品质检测、农产品识别与分级、航天医学检测、制药工艺研究、环境监测等中有较多应用。

1. 农产品品质检测与分级

电子舌在农产品品质检测与分级这一领域中的应用，近年来国内外已经有较多的研究，主要有以下几个方面：果蔬检测与分级领域，国内外在番茄的检测与分级方面的研究比较多。Kikkawa 等（1993）利用电子舌测量番茄，通过不同的输出电势模式和主成分分析来区分不同等级。在测量之前要先用搅拌器把番茄打碎。Kiyoshi Toko（1998）采用自行研制的多通道类脂膜传感器阵列组成的电子舌检测几种不同的番茄，结果，输出的电势模式区分开了几种不同的番茄。对添加了 4 种基本味觉底物的番茄汁进行检测时，采用主成分分析的方法分析数据，几种品牌番茄的味道以 4 种基本味觉的品质投射到主成分分析轴上，这与人类感官评定的结果很吻合。Alisa Rudnitskaya 等（2006）采用由 15 个 PVC 膜制成的电化学传感器和一个 Ag/AgCl 参考电极组成的电子舌检测了 5 种番茄。输出信号与番茄中可滴定酸之间具有较高的相关关系。将输出数据经 PCA 分析后，其中两种番茄有大部分重叠（其中一种是另一种的杂交后代），其他几种区分很好。可见电子舌在农产品检测与分级上具有广阔的应用前景。Katrien Beullens 等（2006）采用电子舌研究了 4 种栽培方式的番茄，与 HPLC 结果相比，电子舌能够从糖、酸这两个角度将不同栽培方式的番茄区分开来，但是其对番茄汁中某单一组分的预测却并不准确，需要更进一步的优化。

水产品检测与分级领域，电子舌在肉类的检测中较少有研究。Andrey Legin 等（2002）采用由 4 个晶体管传感器和 7 个 PVC 膜传感器组成的电子舌检测了几种鱼肉（需样品预处理），结果表明电子舌能够将新鲜的鱼与变质的鱼分开，将冰箱中冷藏的鱼肉与室温下贮藏的鱼肉区分开来，监测鱼肉腐败的过程，将海水鱼与淡水鱼区分开来，但区分不开不同的海水鱼。因此，电子舌可以对鱼肉的品质进行评价。

2. 软饮料鉴别与区分中的应用

在这一领域，国内外已有较多研究，主要是在茶饮料、矿泉水、果汁和咖啡等方面的研究。近来，人们越来越关注饮用水的质量问题。很多人都要求安全、美味的水。吴坚等（2006）用由铜电极、一个对电极（铂电极）和一个参比电极（银/氯化银）组成的电子舌检测 5 种绿茶，将在铜电极上获得的循环伏安电信号用主成分分析的方法，结果表明该电子舌可以将这五种绿茶清楚地区分开。Larisa Lvova 等（2003）研究了电子舌在茶叶滋味分析中的运用，对立顿红茶、4 种韩国产的绿茶和咖啡的研究表明，采用 PCA 分析方法可以很好地区分红茶、绿茶和咖啡，并且也能很好地区分不同品种的绿茶。他们还研究了采用 PCR 和 PLS 分析方法的电子舌技术在定量分析代表绿茶滋味的主要成分含量上的分析能力。结果表明，电子舌可以很好地预测咖啡碱（代表了苦味）、单宁酸（代表了苦味和涩味）、蔗糖和葡萄糖（代表了甜味）、L-精氨酸和茶氨酸（代表了由酸到甜的变化范围）的含量和儿茶素的总含量，认为电子舌可以定性和定量分析茶叶的品质。

A. Legin 等（2000）用由 30 个传感器组成的电子舌检测了自来水和 6 种矿泉水，电子舌能够很好地区分不同的矿泉水，并能将受到有机物污染的矿泉水与其他矿泉水区分开来。在 2 周后，再次检测该矿泉水，结果无明显改变，可见实验结果的重复性、可靠性均很好。Kiyoshi Toko（1998）采用自行研制的多通道类脂膜传感器阵列组成的电子舌对 41 种品牌的矿泉水进行检测，味觉传感器对不同品牌的矿泉水的响应很好，能够区分不同品牌矿泉水。对其中 7 种矿泉水进行检测时，由于矿泉水的味道相当微弱，人们难以辨别不同品牌的矿泉水，感官评定的结果缺乏重复性，电子舌的检测结果明显优于感官评定的结果。

对果汁、果汁饮料，国内外已有较多的相关研究，发现使用电子舌技术能容易地区分多种不同的果汁饮料。滕炯华等（2004）研究的由多个性能彼此重叠的味觉传感器阵列组成的电子舌，能够识别出几种不同的果汁饮料（苹果、菠萝、橙子和红葡萄），且识别率达到了94％。结果表明，电子舌识别的传感器信号与味觉相关底物之间有相关性，可以实现在线检测或监测。Andrey Legin 等（1997）使用由 30 个传感器组成阵列的电子舌技术监测了果汁的老化过程，在橘子汁开瓶后的 5h 内，数据点（1～6）之间的距离相对较远，果汁在此期间迅速发生变化。在25～122h 期间（2～5 天），果汁的变化速度有所减慢，在第五天时果汁的质量基本达到了可接受的底限。在第七天检测的结果与其他实验点相距较远，认为已经腐败。

Andrey Legin 等（1997）对 2 种速溶咖啡和 2 种普通咖啡进行检测，结果表明，尽管实验次数很少（每个样品 3～5 次），PCA 图仍能将实验选取的咖啡区分开，而且同一品牌的不同产品（不同干燥技术）之间也没有任何重叠。Kiyoshi Toko（1998）采用自行研制的电子舌检测 10 种不同产地的咖啡，通过观察输出电势模式之间的差异就可以将不同产地的咖啡区分开来。

3. 酒精饮料鉴别与区分中的应用

在酒精饮料这方面，国内外的研究主要集中在日本清/米酒、啤酒、白酒（伏特加）和红酒这四种。

Satoru Iiyama 等（1996）利用由 8 种类脂膜传感器和葡萄糖化酶传感器组成的味觉传感器阵列对日本清酒的品质进行检测，8 个输出信号组成的电势模式代表了清酒的味觉品质和强度。将输出信号处理后发现，两维信号分别代表了滴定酸度和糖度含量。从模式识别分析上看，电子舌的输出信号与滴定酸度、糖度之间具有很大的相关性，可对米酒的甜度预测做出数学模型。Y. Arikawa 等（1996）采用多通道味觉传感器体系检测清酒酒糟中的可滴定酸和酒精浓度，其中一个带正电的膜对酒精有响应，并且该响应与气相色谱检测的结果相一致。采用一个带负电的膜来检测清酒酒糟的可滴定酸，膜的响应与可滴定酸之间存在很高的相关性，结果表明，电子舌的结果与测定的结果相一致，尤其是将带正电的膜响应进行多元回归。电子舌可以检测清酒酒糟中的酸度和酒精浓度，在监测清酒发酵过程中具有重要作用。Kiyoshi Toko（1998）采用自行研制的电子舌对高酒精度的米酒进行检测，发现传感器响应信号与米酒可滴定酸之间具有较高的相关性，电子舌在监测清酒调配和清酒糖化醪发酵过程中具有很大的潜力。

目前，对啤酒的研究较少，且主要是对不同品牌、不同类型啤酒的区分的研究。俄罗斯的 Legin（1997）使用由 30 个传感器组成阵列的电子舌技术对 4 种不同类型的啤酒进行测试，以评估电子舌的稳定性和实验结果的可重复性。结果表明，电子舌能够给出可重复且稳定的信号。电子舌技术能清楚地显示各种啤酒的味觉特征，同时，样品并不需要经过预处理，因此，这种技术能满足生产过程在线检测的要求。Kiyoshi Toko（1998）采用自行研制的由多通道类脂膜传感器阵列组成的电子舌，在某一啤酒为标准的条件下，测得了 8 种不同品牌的啤酒的响应模式，仅用这些模式就可以很容易地将一种啤酒与其他几种区分开来。Patrycja Ciosek 等（2006）选择由离子选择电极和部分选择电子组成的"流通"传感器阵列电子舌，检测了有不同生产日期、不同生产地的同一品牌的啤酒，采用 PLS 和 ANN 技术组合对数据进行分析，能够对样品进行正确的区分，其正确率达到了 83％。

白酒方面，A. Legin 等（2000）用由 30 个传感器组成的电子舌检测了味觉、化学组成均相似的 20 种酒，结果表明电子舌能将其很好地区分。A. Legin 等（2005）采用自行研制的电子舌研究了酒精饮料质量快速检测方法，结果表明，电子舌能够区分同一酒厂生产但使用的是不同纯度的酒精和水、不同的添加剂的不同品牌的酒，能够区分酒精是合成的或者是谷物酿造的，区分不同等级的酿造酒精（如不同的洁净度），区分 eau-de-vie 新鲜产品、陈化产品、用不同蒸馏技术生产的产品、贮存在不同橡木桶中的产品等。在酒精饮料中，电子舌显示了快速质量分析的优势。

红酒方面，Alisa Rudnitskaya 等（2006）对 2～70 年不同品种的 160 个 port wine 样品进行了电子舌检测和理化指标分析，结果表明电子舌检测结果和理化指标分析结果基本一致。采用传感器输出信号对 port wine 进行酒龄预测，其误差在 5 年左右，当对 10～35 年的 port wine 进行预测时，其误差在 1.5 年内。这项研究表明电子舌在预测 port wine 酒龄时具有可行性。Corrado Di

Natale 等（2004）采用由两组基于气体和液体的金属卟啉传感器分析了红酒，结果表明电子舌具有定性和定量分析的能力，且其准确性更好（化学指标的误差在 0.6%～52%，而传感器描述的误差在 2%～12%）。A. Legin 等（2000）用由 30 个传感器组成的电子舌检测了 20 种葡萄酒，电子舌能够将这些在味道和化学组成上都很接近的葡萄酒区分开来。

七、电子舌和电子鼻联用技术在食品中的应用

电子鼻和电子舌联用，综合气味和滋味信息，对食品品质进行综合判别，提高了判别及预测结果的准确性。钱敏等应用电子鼻和电子舌技术对同一品牌不同段数以及不同品牌的婴儿奶粉进行检测，发现电子舌和电子鼻可以将同一品牌不同段数以及不同品牌的婴儿奶粉区分开，可很好地应用在婴儿奶粉检测中。宋慧敏等采用电子鼻和电子舌人工智能感官评价技术对不同热处理牛奶的气味和滋味进行测定，利用主成分分析法（PCA）和判别因子法（DFA）对检测结果进行分析，发现电子鼻和电子舌两种技术结合起来能更好地鉴别不同热处理样品，可很灵敏地将不同温度和时间处理的牛奶识别开来，并且能对其他牛奶样品的加热程度进行粗略预测。

参 考 文 献

[1] Ala R, Seleznev B, Vlasov Y. Recognition of liquid and flesh food using an 'electronic tongue' [J]. International Journal of Food Science & Technology, 2002, 37 (4)：375-385.

[2] Legin A, Alisa Rudnitskaya. Tasting of beverages using an electronic tongue [J]. Sensors and Actuators B, 1997 (44)：291-296.

[3] Legin A, Rudnitskaya A, Vlasov Yu, et al. Application of electronictongue for qualitative and quantitative analysis of complex liquid media [J]. Sensors and Actuators B, 2000 (65)：232-234.

[4] Legin A, Rudnitskaya A, Seleznev B, Vlasov Yu. Electronic tongue for quality assessment of ethanol, odka and eau-de-vie [J]. Analytica Chimica Acta, 2005, 534 (1)：129-135.

[5] Apetrei C, Apetrei I M, Villanueva S, et al. Combination of an e-nose, an e-tongue and an e-eye for the characterisation of olive oils with different degree of bitterness [J]. Analytica Chimica Acta, 2010, 663 (1)：91-97.

[6] Arikawa Y, Toko K, IkezakiH, et al. Analysis of saketaste using multielectrode taste sensor [J]. Sens Materials, 1995 (7)：261- 270.

[7] Banerjee R, Chattopadhyay P, Rani R, et al. Discrimination of black tea using electronic nose and electronic tongue：A Bayesian classifier approach [C]. //Recent Trends in Information Systems (ReTIS). 2011 International Conference on IEEE, 2011：13-17.

[8] Blixt Y, Borch E. Using an electronic nose for determining the spoilage of vacuum-packaged beef [J]. International Journal of Food Microbiology, 1999, 46 (2)：123-134.

[9] Borin A Marco Flores Ferr-ao, Cesar Mello, et al. Least-squares support vector machines and near infrared spectros copy for quantification of com mon adulterants in powdered milk [J]. Analytica Chimica Acta, 2006, 579 (1)：25-32.

[10] Cole M, Covington J A, Gardner J W. Combined electronic nose and tongue for a flavour sensing system [J]. Sensors and Actuators B：Chemical, 2011, 156 (2)：832-839.

[11] Cosio M S, Ballabio D, Benedetti S, et al. Evaluation of different storage conditions of extra virgin olive oils with an innovative recognition tool built by means of electronic nose and electronic tongue [J]. Food Chemistry, 2007, 101 (2)：485-491.

[12] Di Natale C, Paolesse R, Macagnano A, et al. Electronic nose and electronic tongue integration for improved classification of clinical and food samples [J]. Sensors and Actuators B：Chemical, 2000, 64 (1)：15-21.

[13] Garcia M, Aleixandre M, Gutiérrez J, et al. Electronic nose for ham discrimination [J]. Sensors and Actuators B-Chemical, 2006, 114 (1)：418-422.

[14] Gil-Sánchez L, Soto J, Martínez-Máñez R, et al. A novel humid electronic nose combined with an electronic tongue for assessing deterioration of wine [J]. Sensors and Actuators A：Physical, 2011, 171 (2)：152-158.

[15] Hong X, Wang J. Detection of adulteration in cherry tomato juices based on electronic nose and tongue：Comparison of different data fusion approaches [J]. Journal of Food Engineering, 2014, 126 (4)：89-97.

[16] Haddi Z, Boughrini M, Ihlou S, et al. Geographical classification of Virgin Olive Oils by combining the electronic nose and tongue [C] //Sensors, 2012 IEEE. IEEE, 2012：1-4.

[17] Haddi Z, Alami H, El Bari N, et al. Electronic nose and tongue combination for improved classification of

Moroccan virgin olive oil profiles [J]. Food Research International, 2013, 54 (2): 1488-1498.

[18] Haddi Z, Mabrouk S, Bougrini M, et al. E-Nose and e-Tongue combination for improved recognition of fruit juice samples [J]. Food Chemistry, 2014, 150 (1): 246-253.

[19] Hong X, Wang J, Qiu S. Authenticating cherry tomato juices—Discussion of different data standardization and fusion approaches based on electronic nose and tongue [J]. Food Research International, 2014, 60 (6): 173-179.

[20] Huo D, Wu Y, Yang M, et al. Discrimination of Chinese green tea according to varieties and grade levels using artificial nose and tongue based on colorimetric sensor arrays [J]. Food chemistry, 2014, 145 (7): 639-645.

[21] Kikkawa Y, Toko K, Yamafuji K. Taste sensing of tomatoes with a multichannel taste sensor [J]. Sensor Materials, 1993 (5): 83-90.

[22] Kiyoshi Toko. Electronic tongue [J]. Biosensors and Bioelectronics, 1998, 13 (6): 701-709.

[23] Katrien Beullens, Dmitriy Kirsanov, Joseph Irudayaraj, et al. The electronic tongue and ATR-FTIR for rapid detection of sugars and acids in tomatoes [J]. Sensors and Actuators B, 2006, 116 (1-2): 107-115.

[24] Laureati M, Buratti S, Bassoli A, et al. Discrimination and characterisation of three cultivars of Perilla frutescens by means of sensory descriptors and electronic nose and tongue analysis [J]. Food Research International, 2010, 43 (4): 959-964.

[25] Larisa Lvova, Andrey Legin, Yuri Vlasov, et al. Multicomponent analysis of Korean green tea by means of disposable all-solid-state potentiometric electronic tonguemicrosystem [J]. Sensors and Actuators B, 2003, 95 (1): 391-399.

[26] Limbo S, Totti L, Sinelli N, et al. Evaluation and predictive modeling of shelf life of minced beef stored in high-oxygen modified atmosphere packaging at different temperatures [J]. Meat Science, 2010, 84 (1): 129-136.

[27] Men H, Ning K, CHEN D. Data Fusion of Electronic Nose and Electronic Tongue for Discrimination of Chinese Liquors [J]. Sensors & Transducers, 2013, 157 (10): 57-67.

[28] Musatov V Y, Sysoev V V, Sommer M, et al. Assessment of meat freshness with metal oxide sensor microarray electronic nose: A practical approach [J]. Sensors and Actuators B-Chemical, 2010, 144 (1): 99-103.

[29] Nurjuliana M, Che Man Y B, Mat Hashim D, et al. Rapid Identification of pork for halal authentication using the electronic nose and gas chromatography mass spectrometer with headspace analyzer [J]. Meat Science, 2011, 88 (4): 638-644.

[30] O'Sullivan M G, Byrne D V, Jensen M T, et al. A comparison of warmed-over flavour in pork by sensory analysis, GC/MS and the electronic nose [J]. Meat Science, 2003, 65 (3): 1125-1138.

[31] Patrycja Ciosek, Wojciech Wr'oblewski. The recognition of beer with flow-through sensor array basedon miniaturized solid-state electrodes [J]. Talanta, 2006, 69 (5): 1156-1161.

[32] Persaud K C, Khaffaf S M, Payne J S, et al. Sensor array techniques for mimicking the mammalian olfactory system [J]. Sensors and Actuators B: Chemical, 1996, 36 (1/3): 236-273.

[33] Panigrahi S, Balasubramanian S, Gu H, et al. Design and development of a metal oxide based electronic nose for spoilage classification of beef [J]. Sensors and Actuators B-Chemical, 2006, 119 (1): 2-14.

[34] Rajamaki T, Alakomi H, Ritvanen T, et al. Application of an electronic nose for quality assessment of modified atmosphere packaged poultry meat [J]. Food Control, 2006, 17 (1): 5-13.

[35] Rodríguez-Méndez M L, Arrieta A A, Parra V, et al. Fusion of three sensory modalities for the multimodal characterization of red wines [J]. Sensors Journal, IEEE, 2004, 4 (3): 348-354.

[36] Rudnitskaya A, Kirsanov D, Legin A, et al. Analysis of apples varieties-comparison of electronic tongue with different analytical techniques [J]. Sensors & Actuators B Chemical, 2006, 116 (1): 23-28.

[37] Rudnitskaya A, Delgadillo I, Legin A. Prediction of the Port wine age using an electronic tongue [J]. Chemometrics & Intelligent Laboratory Systems, 2007, 88 (1): 125-131.

[38] Runu B, Tudu B, Shaw L, Jana A, et al. Instrumental testing of tea by combining the responses of electronic nose and tongue [J]. Journal of food engineering, 2012, 110 (3): 356-363.

[39] Santos J P, Garcia M, Aleixandre M, et al. Electronic nose for the identification of pig feeding and ripening time in Iberian hams [J]. Meat Science, 2004, 66 (3): 727-732.

[40] Sundic T, Marco S, Perera A, et al. Potato creams recognition from electronic nose and tongue signals: feature extraction/selection and RBF neural networks classifiers [C] //Neural Network Applications in Electrical Engineering, 2000. NEUREL 2000. Proceedings of the 5th Seminar on. IEEE, 2000: 69-74.

[41] Tikk K, Haugen J, Andersen H J, et al. Monitoring of warmed-over flavour in pork using the electronic nose-correlation to sensory attributes and secondary lipid oxidation products [J]. Meat Science, 2008, 80 (4): 1254-1263.

[42] Tudu B, Shaw L, Jana A, et al. Instrumental testing of tea by combining the responses of electronic nose and tongue [J]. Journal of Food Engineering, 2012, 110 (3): 356-363.

[43] Vestergaard J S, Martens M, Turkki P. Analysis of sensory quality changes during storage of a modified atmosphere packaged meat product (pizza topping) by an electronic nose system [J]. Lwt-Food Science and Technology, 2007, 40 (6): 1083-1094.

[44] Vestergaard J S, Martens M, Turkki P. Application of an electronic nose system for prediction of sensory quality changes of a meat product (pizza topping) during storage [J]. Lwt-Food Science and Technology, 2007, 40 (6): 1095-1101.

[45] Wang D F, Wang X C, Liu T A, et al. Prediction of total viable counts on chilled pork using an electronic nose combined with support vector machine [J]. Meat Science, 2012, 90 (2): 373-377.

[46] Winquist F, Lundström I, Wide P. The combination of an electronic tongue and an electronic nose [J]. Sensors and Actuators B: Chemical, 1999, 58 (1): 512-517.

[47] Zhang Zhe, Tong Jin, Chen Donghui, et al. Electronic nose with an air sensor matrix for detecting beef freshness [J]. Journal of Bionic Engineering, 2008, 5 (1): 67-73.

[48] 柴春祥, 杜利农, 范建伟, 等. 电子鼻检测猪肉新鲜度的研究 [J]. 食品科学, 2008, 29 (9): 444-447.

[49] 常志勇. 仿生电子鼻设计及其在鸡肉品质检测中的应用 [D]. 长春: 吉林大学, 2008.

[50] 陈德钊. 多元数据处理 [M]. 北京: 化学工业出版社, 1998.

[51] 程绍明, 王俊, 王永维, 等. 基于电子鼻技术的番茄苗早疫病病害快速检测研究 [J]. 科技通报, 2013, 29 (7): 68-71.

[52] 程绍明, 王俊, 王永维, 等. 基于电子鼻信号判别番茄苗机械损伤程度 [J]. 农业工程学报, 2012, 28 (15): 102-106.

[53] 方雄武, 庞旭欣, 郑丽敏. 电子鼻技术在原料乳风味检测中的应用 [J]. 中国奶牛, 2015 (16): 36-39.

[54] 顾赛麒, 王锡昌, 刘源, 等. 电子鼻检测不同贮藏温度下猪肉新鲜度变化 [J]. 食品科学, 2010, 31 (6): 172-176.

[55] 洪雪珍, 王俊, 周博, 等. 猪肉储藏时间的电子鼻区分方法 [J]. 浙江大学学报: 农业与生命科学版, 2010, 36 (5): 568-572.

[56] 洪雪珍, 王俊. 基于逐步判别分析和 BP 神经网络的电子鼻猪肉储藏时间预测 [J]. 传感技术学报, 2010, 23 (10): 1376-1380.

[57] 贾茹, 刘占东, 马利杰, 等. 电子鼻对山羊奶中致膻游离脂肪酸的识别研究 [J]. 中国乳品工业, 2015, 43 (3): 18-21.

[58] 刘罗曼. 用主成分回归分析解决回归模型中复共线性问题 [J]. 沈阳师范大学学报: 自然科学版, 2008, 26 (1): 42-44.

[59] 陆璇. 实用多元统计分析 [M]. 北京: 清华大学出版社, 2001.

[60] 马利杰. 电子鼻对羊奶及羊奶粉掺假的快速检测研究 [D]. 杨凌: 西北农林科技大学, 2015.

[61] 庞旭欣, 郑丽敏, 朱虹, 等. 电子鼻对不同存储时间纯牛奶的检测分析 [J]. 传感器与微系统, 2012, 31 (9): 67-70.

[62] 秦璐, 许自成, 戴亚, 等. 逐步判别分析在烤烟产地鉴定中的应用 [J]. 江西农业学报, 2009, 21 (11): 13-16.

[63] 钱敏, 黄敏欣, 黄伟健, 等. 电子舌和电子鼻在婴儿奶粉检测中的应用 [J]. 中国乳品工业, 2016, 44 (8): 58-60

[64] 任雪松, 于秀林. 多元统计分析 [M]. 北京: 中国统计出版社, 2011.

[65] 石志标, 佟月英, 陈东辉, 等. 牛肉新鲜度的电子鼻检测技术 [J]. 农业机械学报, 2009, 40 (11): 184-188.

[66] 宋淑钦, 张艳, 方丽珊, 等. 应用 Bayes 判别分析异位妊娠的早期诊断 [J]. 医学综述, 2012, 18 (23): 4095-4097.

[67] 舒晓惠, 刘建平. 利用主成分回归法处理多重共线性的若干问题 [J]. 统计与决策, 2004 (10): 25-26.

[68] 孙钟雷. 电子鼻技术在猪肉新鲜度识别中的应用 [J]. 肉类研究, 2008, 22 (2): 50-53.

[69] 宋慧敏, 芦晶, 吕加平, 等. 基于电子鼻和电子舌对牛奶加热程度及风味变化的评价 [J]. 中国乳品工业, 2016, 44 (2): 12-15.

[70] 田晓静, 王俊, 崔绍庆. 电子鼻快速检测区分羊肉中的掺杂鸡肉 [J]. 现代食品科技, 2013 (12): 2997-3001.

[71] 田晓静, 王俊, 崔绍庆. 羊肉纯度电子舌快速检测方法 [J]. 农业工程学报, 2013, 29 (20): 255-262.

[72] 王丹凤, 王锡昌, 刘源, 等. 电子鼻分析猪肉中负载的微生物数量研究 [J]. 食品科学, 2010, 31 (6): 148-150.

[73] 王曼, 王振宇, 马长伟. 基于电子鼻的不同去势猪肉风味品质评价 [J]. 肉类研究, 2009, 23 (12): 45-49.

[74] 汪敏, 赵晔. 电子鼻和电子舌在鱼肉鲜度评价中的应用研究 [J]. 肉类研究, 2009, 23 (6): 63-65.

[75] 吴坚, 刘军, 傅敏, 李光. 一种基于电子舌技术的绿茶分类方法 [J]. 传感技术学报, 2006, 19 (4): 963-969.

[76] 肖虹, 谢晶. 基于电子鼻技术判定冷却猪肉新鲜度 [J]. 食品与发酵工业, 2010, 36 (7): 169-172.

[77] 徐亚丹, 王俊, 赵国军. 检测掺假牛奶的电子鼻传感器阵列的优化 [J]. 传感技术学报, 2006, 19 (4): 957-962.

[78] 杨宁. 支持向量机在感官评估中的应用研究 [D]. 青岛: 中国海洋大学, 2004.

［79］ 于慧春，王俊. 电子鼻技术在茶叶品质检测中的应用研究［J］. 传感技术学报，2008，21（5）：748-752.

［80］ 殷勇，田先亮. 基于 PCA 与 Wilks 准则的电子鼻酒类鉴别方法研究［J］. 仪器仪表学报，2007，28（5）：849-852.

［81］ 周鹏，张小刚，徐彪，等. 基于高光谱的南疆红枣病虫害特征谱段选择模式［J］. 江苏农业科学，2013，41（4）：108-111.

［82］ 周映霞，武海. 电子鼻及其在肉品感官评定中的应用［J］. 肉类研究，2009，23（8）：55-58.

第十章 >>>
核酸探针检测技术

第一节　概述

近 20 年来，在生化分析研究中，光学核酸探针已被广泛地发展与应用，而有机染料分子和无机光学纳米材料是光学核酸探针设计中最常用的信号单元。我们根据信号单元的不同，可以将光学核酸探针分为三类：信号来自于染料分子的核酸探针（简称为核酸-染料探针）、信号来自于纳米材料的核酸探针（简称为核酸-纳米探针）以及信号来自于染料分子与纳米材料相互作用的核酸探针（简称核酸-染料/纳米探针）。

一、核酸探针检测的技术原理

DNA 或 RNA 片段能识别特定序列基因的 DNA 片段，能与互补的核苷酸序列特异结合，这种用同位素或非同位素标记的单链 DNA 片段即为核酸探针。

核酸探针技术是将双链 DNA 经加热或碱处理，使碱基之间的氢链被破坏而变性，解开成两条互补的单链。它们在一定温度和中性盐溶液条件下，又可按 A-T、G-C 碱基配对的原则重新组合成双链为复性。这种重新组合只是在两股 DNA 是互补（同源）或部分互补（部分同源）的条件下才能实现。正是由于双链 DNA 的这种可解离与重新组合的性质，才可用一条已知的单链 DNA，用放射性同位素或其他方法标记后制备成核酸探针，与另一条固定在硝酸纤维素滤膜上的变性单链 DNA 进行杂交（另一条 DNA 链与核酸探针是配对碱基，称为靶），再用放射自显影或其他显色技术检测，以确定有无与探针 DNA（或 RNA）同源或部分同源的 DNA（或 RNA）存在。因为探针只与靶病原体的 DNA 或 RNA 杂交，而不与标本中存在的其他 DNA 或 RNA 杂交。

核酸探针技术的原理是碱基配对。互补的两条核酸单链通过退火形成双链，这一过程称为核酸杂交。核酸探针是指带有标记物的已知序列的核酸片段，它能和与其互补的核酸序列杂交，形成双链，所以可用于待测核酸样品中特定基因序列的检测。每一种病原体都具有独特的核酸片段，通过分离和标记这些片段就可制备出探针，用于疾病的诊断等研究。

二、核酸探针的种类及其特点

核酸探针按性质划分可分为基因组 DNA 探针、cDNA 探针、RNA 探针和人工合成的寡核苷酸探针等几类。

作为诊断试剂，较常使用的是基因组 DNA 探针和 cDNA 探针。其中，前者的应用最为广泛，它的制备可通过酶切或聚合酶链反应（PCR）从基因组中获得特异的 DNA 后将其克隆到质粒或噬菌体载体中，随着质粒的复制或噬菌体的增殖而获得大量高纯度的 DNA 探针。将 RNA 进行逆转录，所获得的产物即为 cDNA。cDNA 探针适用于 RNA 病毒的检测。cDNA 探针序列也可克隆到质粒或噬菌体中，以便大量制备。

将信息 RNA（mRNA）标记也可作为核酸分子杂交的探针。但由于来源极不方便，且 RNA 极易被环境中大量存在的核酸酶所降解，操作不便，因此应用较少。

用人工合成的寡聚核苷酸片段作为核酸杂交探针的应用十分广泛，可根据需要合成相应的序列，可合成仅有几十个 bp 的探针序列，对于检测点突变和小段碱基的缺失或插入尤为适用。

核酸探针按标记物划分可分为放射性标记探针和非放射性标记探针两大类。放射性标记探针用放射性同位素作为标记物。放射性同位素是最早使用，也是目前应用最广泛的探针标记物。常用的同位素有 ^{32}P、^{3}H、^{35}S，其中 ^{32}P 的应用最普遍。放射性标记的优点是灵敏度高，可以检测到皮克级；缺点是易造成放射性污染，同位素半衰期短、不稳定、成本高等。因此，放射性标记的探针不能实现商品化。目前，许多实验室都致力于发展非放射性标记的探针。

目前应用较多的非放射性标记物是生物素（biotin）和地高辛（digoxigenin）。二者都是半抗原。生物素是一种小分子水溶性维生素，对亲和素有独特的亲和力，两者能形成稳定的复合物，通过连接在亲和素或抗生物素蛋白上的显色物质（如酶、荧光素等）进行检测。地高辛是一种类固醇半抗原分子，可利用其抗体进行免疫检测，原理类似于生物素的检测。地高辛标记核酸探针的检测灵敏度可与放射性同位素标记的相当，而特异性优于生物素标记，其应用日趋广泛。

第二节　探针制备与标记技术

一、常用核酸探针制备的方法

1. 切口平移

切口平移（nick translation）是制备核酸探针的常用方法之一。该方法用 DNase Ⅰ 在双链 DNA 内部切开若干个单链切口形成 $3'$-OH 末端，而不打断 DNA 的双链结构；用大肠杆菌 DNA 聚合酶Ⅰ的 $5' \rightarrow 3'$ 核酸外切酶活性，从游离 $5'$ 端降解双链 DNA，又因 DNA 聚合酶Ⅰ具有 $5' \rightarrow 3'$ 聚合酶活性，将游离核苷酸加在 $3'$-OH 端上，使切口沿着 $5' \rightarrow 3'$ 方向移动，如以放射性同位素或生物素标记的核苷酸置换原先 DNA 链中存在的核苷酸，就可制备出同位素标记探针或生物素标记探针。此外，大肠杆菌 DNA 聚合酶Ⅰ还具有 $3' \rightarrow 5'$ 核酸外切酶活性，可从游离 $3'$-OH 末端降解双链或单链 DNA，双链 DNA 中 $3' \rightarrow 5'$ 核酸外切酶活性可被 $5' \rightarrow 3'$ 聚合酶活性阻断。

切口平移法标记探针的步骤：

（1）模板 DNA 的制备

用限制性内切酶将载体上的外源 DNA 酶切并进行琼脂糖凝胶电泳回收纯化，琼脂糖残留可抑制切口平移反应，因此彻底清除琼脂糖至关重要。也可以用带有外源 DNA 克隆片段的重组载体为模板来切口平移制备探针。

（2）切口平移标记

将模板 DNA 水溶液、DNase Ⅰ、未标记的三磷酸单核苷酸混合物、切口平移标记缓冲液、DNA 聚合酶Ⅰ、^{32}P 标记的核苷酸依次加入反应管，14℃保温 20min。

（3）纯化标记探针，测定活性，−20℃保存，1～2 周内可用。

2. 末端标记

末端标记（end labeling）是利用酶学方法或化学方法将标记物，如同位素、生物素、荧光素等标记到核苷酸链的 $5'$ 或 $3'$ 端制备探针。酶学方法中常用的酶有：经枯草杆菌蛋白酶水解大肠杆菌 DNA 聚合酶Ⅰ形成具有 $5' \rightarrow 3'$ 聚合酶活性和 $3' \rightarrow 5'$ 外切酶活性而缺乏 $5' \rightarrow 3'$ 外切酶活性的 Klenow 片段；具有 $5' \rightarrow 3'$ 聚合酶活性和较强的 $3' \rightarrow 5'$ 外切酶活性的 T4 DNA 聚合酶；具有催化 ATP 的磷酸转移到 DNA 或 RNA $5'$-OH 末端的 T4 多核苷酸激酶；具有催化单链 DNA 或 RNA $5'$-磷酸基团与单链 DNA 或 RNA $3'$-羟基连接的 T4 RNA 连接酶等。采用化学方法将 RNA $3'$ 端用过碘酸盐氧化，以一个二胺（或多胺）或细胞色素 c 为桥连接生物素，制备生物素标记探针。也有将合成寡核苷酸 $5'$ 端制成酰菁衍生物，再与醛化酶结合制备酶标探针。末端标记适用面广，可根据实验要求选择适宜的标记程序。例如要对带有 *Bam*H Ⅰ 酶切终点的 DNA 段进行末端标记，因 *Bam*H Ⅰ 切割 DNA 所产生的末端是 $3'$ 凹陷末端，反应时将带有 $3'$ 凸出端的 DNA 片段与 dATP、dCTP、dTTP、Tris-HCl、MgCl$_2$、DTT、NaCl、〔α-^{32}P〕dGTP、Klenow 片段混合，22℃保温 30min，70℃加热 10min 终止反应，经乙醇沉淀，溶于 TE 缓冲液即可作探针。

3. 随机引物标记

随机引物标记（random primer labeling）是利用单链 DNA 与六核苷酸（hexamer）退火结合，以六核苷酸为引物，加入 4 种 dNTP，其中 1 种标有同位素或生物素，用 Klenow 片段催化合成带有标记的互补 DNA 链，标记率高而且不受琼脂糖影响。该法不适于标记 RNA。Feinberg 和 Vogelstein（1983）用 DNase Ⅰ 溶解含有目的 DNA 片段的凝胶，乙醚沉淀 DNA，用随机引物在 Klenow 片段的作用下制备了探针。TaKahashi（1959）等用该方法成功地制备了 Biotin-dUTP 探针，并引入了 PCR 技术，用该探针进行斑点杂交可检测 Zoag 的 DNA 确定量，Southern 印迹杂交可检出 7.4fg 的 DNA。

4. 转录标记

转录标记（transcription labeling）是利用启动子（oromoter）结合 RNA 聚合酶启动转录的特性设计的一种标记方法。Melotn（1984）等将目的 DNA 片段克隆到含 SP 启动子的载体上，目的基因位于启动子下游，加上 RNA 聚合酶，转录合成了 RNA 探针。与切口平移法比较，该法制备探针容易，而且探针敏感性较高。另外可用 RNA 聚合酶除去非特异性结合的 RNA 探针，不损伤 RNA-DNA 杂交物，因此特异性也比较高。

5. 光敏生物素标记

光敏生物素标记（photobiotin labeling）是 Forster（1985）等报道的核酸探针制备方法。光敏生物素是一种可用光照活化的生物素衍生物，它的乙酸盐很容易溶于水，在水溶液中将光敏生物素乙酸盐与需要标记的核酸混合，用强的可见光照射，就可将生物素标记在单链或双链的 DNA 或 RNA 上，形成稳定的共价结合。大约每 $100 \sim 150$ 个残基结合一个生物素，这种程度的标记不会影响杂交。目前有许多跨国公司如美国的 Sigma、西德的 Serva、澳大利亚的 Bresatec 等均有商品化光敏生物素，以及其标记探针试剂盒供应。我国马立等人也研制出了光敏生物素，并首次合成了带臂的光敏生物素，提高了检测灵敏度。与其他方法相比，用光敏生物素标记核酸，具有以下优点：

（1）方法简便易行、快速可靠、易于重复，不需特殊试剂，只需在水溶液中直接光照标记，因光照需要一定强度，马立等人已成功试制出光敏生物素光照标记用灯。

（2）适用面广，单链、双链 DNA 或 RNA 均可标记。

（3）标记核酸的量可从 $1\mu g$ 至数毫克。标记核酸量较大时，标记后探针呈橘红色，便于观察。

（4）探针稳定性好，20℃贮存至少可达 12 个月不变。

（5）标记后的探针只需用简单的乙醇沉淀法回收。

（6）标记物的检测灵敏度可达到 $1 \sim 5pg$ DNA。

（7）没有放射性污染问题，所以光敏生物素标记制备探针是具有很强生命力的标记方法。

6. PCR 标记

PCR 技术是 1985 年 KarryMullis 等首先创建的可在体外迅速、大量地扩增一定长度的核苷酸序列的技术。PCR 问世以来已广泛应用于分子生物学研究和疾病诊断中。此技术还应用于核酸探针的制备。Girgsi 等（1988）应用 PCR 从多序列制备了 DNA 探针。Shcow-aletr 和 Sommer 应用 PCR 制备了放射性标记 DNA 和 RNA 探针。PCR 标记（polymerase chain reaction labeling）方法是：组分为模板 DNA（$100pg/\mu L$），$15\mu L$ dCTP（5mmol/L，^{32}P 标记），引物混合物（每一种 15 碱基寡核苷酸引物浓度为 20mol/L 的水溶液），1×20 倍浓缩无 dCTP 的反应混合物（1mol/L KCl，0.2mol/L Tris-HCl，30mmol/L $MgCl_2$，0.2% 明胶，分别为 4mmol/L 的 dATP、dGTP、dTTP），$1\mu L$ 水和 $20\mu L$ 矿物油。1 单位 Tag，DMA 聚合酶扩增 94℃ 5min，50℃退火 2min，72℃延伸 3min、94℃变性 1min 的 PCR 流程进行 30 个循环，后延伸 10min。这样 dCT ^{32}P 在 PCR 循环过程中就掺入扩增的 DNA 链中，经分离制备出放射性标记探针。PCR 标记具有以下优点：

（1）标记物特异，活性稳定。

（2）易于控制特异活性和标记物的数量。

（3）可高效率的标记少于 500bp 的片段。

（4）可高效率地掺入到大范围的模板 DNA 中。

（5）可直接标记基因组 DNA。

二、标记技术

核酸探针过去采用放射性同位素进行标记，常用标记物有 ^{32}P dNTP、^{35}S dNTP 等。同位素的选择是依检测类型而定的，制成的 DNA 探针先经加热变性成单链后再与固定于硝酸纤维素膜上的待测 DNA 杂交，如为同源则与之结合，经放射自显影后，膜上出现黑色区。放射性同位素标记的优点是敏感度高，对被检样品的处理要求不高，假阳性率小，且 ^{32}P 代替磷原子不改变碱基空间结构，所以不影响杂交反应的动力学曲线。其缺点是半衰期短，费用昂贵，同时需防护设备，放射自显影时间较长。因此，近年来发展了非放射性标记，用于标记的非放射性物质有金属（如汞）、半抗原（如地高辛）、生物素和酶等，应用较多的是生物素。非放射性标记的特点是保存时间长，检测时使用方便，其最大的缺点是灵敏度一般比放射性同位素低，但最近报道用化学发光物吖啶酯直接标记 DNA 探针，用化学发光仪检测杂交体，其灵敏度超过放射性同位素标记的探针。可以预料化学发光物标记技术和均相杂交技术相结合可能是未来核酸探针分析技术的发展方向。

在这里介绍一种非放射性标记"生物素核酸探针"，其基本原理为：生物素（biotin）是一种 B 族维生素，能与抗生素蛋白——亲和素（avidin）或链霉亲和素（streptavidin）特异性结合，其解离平衡常数（K_D）为 10^{-5}。每个生物素分子由四个相同亚基组成，每个亚基都能专一性地识别一个生物素分子的脲基环部分。当生物素的戊酸侧链通过酰胺键与其他分子相连后，其脲基环保持与亲和素之一结合的能力，因而可通过生物素的戊酸侧链与待测目标相连。利用生物素和亲和素专一结合的特点，加入与荧光物质或酶相偶联的亲和素，去寻找被生物素所标记的目标，然后检测荧光或酶反应的待检测目标。

第三节　探针杂交与技术检测

杂交反应包括预杂交、杂交和漂洗几步操作。

一、核酸探针预杂交

预杂交的目的是用非特异性 DNA 分子（鲑精 DNA 或小牛胸腺 DNA）及其他高分子化合物（Denhart's 溶液）将待测核酸分子中的非特异性位点封闭，以避免这些位点与探针的非特异性结合。杂交反应是使单链核酸探针与固定在膜上的待测核酸单链在一定温度和条件下进行复性反应的过程。杂交反应结束后，应进行洗膜处理以洗去非特异性杂交以及未杂交的标记探针，以避免干扰特异性杂交信号的检测。膜洗净后，将继续进行杂交信号的检测。

以放射性标记探针与固定在 NC 膜上的核酸进行杂交为例，杂交反应的操作如下。

1. 配制所需试剂

SSC 溶液（20×）：3mol/L NaCl，0.3mol/L 柠檬酸钠。

Denhardt's 溶液（50×）：聚蔗糖 5g，聚乙烯吡咯烷酮 5g，牛血清白蛋白（BSA）5g，加水至 500mL。

预杂交液：6×SSC，5×Denhardt's 溶液，0.5%SDS，100μg/mL 经变性或断裂成片段的鲑精 DNA。

2. 操作步骤

（1）将含靶核酸的 NC 膜漂浮于 6×SSC 液面，使其由下至上完全湿润，并继续浸泡 2min。

（2）将湿润的 NC 膜装入塑料袋中，按 0.2mL/cm² 的量加入预杂交液，尽可能挤出气泡，将袋封口，置 68℃水浴 1～2h 或过夜。

（3）将双链探针做变性处理使成单链，即于 100℃加热 5min，然后立即置冰浴使骤冷。

（4）从水浴中取出杂交袋，剪去一角，将单链探针加入，尽可能将袋内空气挤出去，重新封口，并将杂交袋装入另一个干净的袋内，封闭，以防放射性污染。

（5）将杂交袋浸入 68℃水浴，温育 8～16h。

（6）取出杂交袋，剪开，取出滤膜迅速浸泡于大量 2×SSC 和 0.5%SDS 中，室温振荡 5min，勿使滤膜干燥。

（7）将 NC 膜移入盛有大量 2×SSC 和 0.1%SDS 溶液的容器中，室温漂洗 15min。

（8）将 NC 膜移入一盛有大量 0.1×SSC 和 0.5%SDS 溶液的容器中，37℃漂洗 30min 至 1h。

（9）将 NC 膜移入一盛有新配 0.1×SSC 和 0.5%SDS 溶液的容器中，68℃漂洗 30min 至 1h。

（10）取出滤膜，用 0.1×SSC 室温稍稍漂洗，然后置滤纸上吸去大部分液体，待做杂交信号的检测。

二、核酸探针杂交信号的检测

当探针是放射性标记时，杂交信号的检测通过放射自显影进行。即利用放射线在 X 光片上的成影作用来检测杂交信号。操作时，在暗室内将滤膜与增感屏、X 光片依序放置暗盒中，再将暗盒置−70℃条件下曝光适当时间，取出 X 光片，进行显影和定影处理。

对于非放射性标记的探针，则需将非放射性标记物与检测系统偶联，再经检测系统的显色反应来检测杂交信号。以地高辛的碱性磷酸酶检测反应为例，地高辛（Dig）是一种半抗原，杂交反应结束后，可加入碱性磷酸酶标记的抗 Dig 抗体，使其在膜上的杂交位点形成酶标抗体 Dig 复合物，再加入酶底物如氮蓝四唑盐（NBT）和 5-溴-4-氯-3-吲哚酚磷酸甲苯胺盐（BCIP），在酶促作用下，底物开始显蓝紫色。其基本反应程序类似 ELISA，杂交信号的强弱，通过底物显色程度的深浅、有无来确定。

第四节　核酸探针在微生物检测中的应用

核酸探针技术主要用于检测临床标本中的病原微生物，以诊断病毒、细菌等疾病。另外，在检测抗生素的耐药性、流行病学调查、恶性肿瘤、遗传病、法医学鉴定、食品卫生及兽医等方面也有应用。

一、核酸探针在病原微生物的检测方面的应用

在许多病原微生物的检测上，常用的分离培养方法需要的时间较长，手续也较繁杂，而且病灶和粪便等病料含杂菌较多，阻碍病原微生物的检出，不能快速做出诊断。免疫学方法也有许多不足之处，尤其是在持续性感染和感染潜伏期抗体尚未产生或不易检测出抗体的情况下，即使有抗体存在也难以判断。而应用核酸探针技术，就可以直接确定受感染组织中是否存在病原微生物的特定核苷酸，在短时间内获得诊断结果。因此，核酸探针技术不仅能够应用于急性传染病，也可用于慢性传染病和传染病早期诊断。另外，核酸探针不像抗原、多克隆抗体或单克隆抗体那样会出现一批产品与另一批产品不一致的情况，制备核酸探针的 DNA 片段相当稳定，可长期保存，较常规微生物学诊断方法具有许多优点，因而受到国内外的重视。目前，EB 病毒、单纯疱疹病毒、巨细胞病毒、腺病毒、乙型肝炎病毒、人类免疫缺陷病毒等 50 多种病毒的核酸探针以及致病性大肠杆菌、志贺氏菌、军团菌、结核分枝杆菌和非典型分枝杆菌等细菌的核酸探针已开始应用于检测。在兽医上牛白血病、传染性牛气管炎病毒、疱疹病毒、牛羊蓝舌病病毒、绵羊的梅迪/维斯纳病毒、猪伪狂犬病毒、禽败血支原体和滑膜支原体等动物病原微生物的核酸探针也开始用于临床。

二、核酸探针在遗传性疾病及点突变的直接分析方面的应用

DNA 分子中某个碱基的替换或核苷酸的插入、缺失及重排都可能引起遗传性疾病。一般可以根据遗传性基因产物的改变来分析遗传疾病的发生，但对那些不能用蛋白产物进行分析的遗传疾病可用 DNA 杂交技术进行分析。对于那些基因点突变引起的限制性内切酶作用部位增加或消失，或因 DNA 顺序的增加、缺失或重排，使各位点之间的 DNA 长度发生改变而引起的遗传疾病可用 DNA 探针直接分析。用 DNA 杂交技术已直接分析了动脉粥样硬化、糖尿病和生长激素

缺陷等遗传病。目前化学合成的核苷酸探针也能进行点突变的直接分析，其原理是根据寡核苷酸链和给定的等位基因之间的一个碱基对的错配来鉴别基因型（这个等位基因在此条件下完全不能杂交）。这种方法已用于分析 α_1-抗胰蛋白酶缺陷、镰状细胞贫血。此外，人的性别鉴定和法医学上人的 DNA 指纹分析，也广泛应用核酸探针诊断技术。

三、核酸探针在其他方面的应用

1. 检测抗生素耐药性

核酸探针可直接从标本中测出细菌的耐药基因。Perine 等用 DNA 探针查出尿路渗出液中的大多数淋球菌含有 TEM 型 β-内酰胺酶而对青霉素 G 耐药。

2. 流行病学调查

核酸探针可用于研究医源性感染中爆发流行时大量的流行菌株间的同源性，结果易于分析和解释。

3. 恶性肿瘤

最引起人们注意的是用核酸探针来诊断癌症。最近发现，许多人体肿瘤细胞具有可辨认的致癌基因，Amgen 公司和 Abbott 实验室联合已合成并试制了检测致癌基因的探针。原发性肝癌的早期诊断指标甲胎蛋白（AFP）应用互补于 mRNAAFP 的单链 DNA 探针进行杂交，可诊断原发性肝癌。

4. 法医学物证鉴定

罪犯的毛发、血斑或精斑等的鉴定可用 DNA 探针，如果样品中目的序列的含量太低，可用聚合酶链反应方法扩增而取得满意的效果。

5. 食品卫生

加工食品如乳、蛋及肉类制品要在制作过程中多次进行沙门氏菌试验，需要 5～7 天时间并花费大量的人力物力，如果用核酸探针只要 2～3 天即可完成，不但优于培养的方法，而且避免交叉反应。

综上所述，目前用于临床诊断的核酸探针分析技术正在朝着灵敏、快速及简便的方向发展。发展新型的探针形式，在检测前扩增样品中的目的序列以提高灵敏度。均相沉淀体系是目前最简单的杂交程序。探针标记的总趋势是非放射性标志物越来越多地代替放射性同位素。核酸探针技术在进一步简化操作，提高灵敏性及自动化程度的前提下，将成为临床诊断的重要工具。

参 考 文 献

[1] 曹际娟. 食品微生物学与现代检测技术 [M]. 沈阳：辽宁师范大学出版社，2006：188-207.

[2] Gannon VP, King RK, Kim JY, et al. Appl Environ Microbi-01, 1992, 58 (12)：3809-3815.

[3] 金大智，谢明杰，曹际娟. 辽宁师范大学学报，2003, 26 (1)：73-76.

[4] 于莉，熊国华，刘志恒，等. 中国公共卫生，2006，增刊：53 -55.

[5] 黄玲，孟冬丽. 新疆师范大学学报（自然科学版），2003，22 (1)：50-52.

[6] 陈琼，孔繁德，张长弓，等. 福建畜牧兽医，2006, 28 (5)：6-8.

[7] Jijuan Cao, Zhi Shi, Xin Zhao. 食品科学，2006，增刊：13-16.

[8] 于恩庶，林继煌，陈观今，等. 中国人畜共患病学 [M]. 福州：福建科学出版社，1996.

[9] 萧佩衡，刘瑞三，崔忠道，等. 实验动物医学 [M]. 北京：农业出版社，1992.

[10] 卢耀增. 实验动物学 [M]. 北京：北京医科大学中国协和医科大学联合出版社，1995.

[11] 王哲，宣华，韦旭斌. 兽医手册 [M]. 北京：科学出版社，2001.

[12] 陈宁夫. 实用生物毒素学 [M]. 北京：中国科学技术出版社，2002.

[13] 迪芬巴赫，GS德维克斯勒. PCR技术实验指南 [M]. 北京：科学出版社，1998.

[14] F 奥斯伯，R 布伦特，RE 金斯顿，等. 精编分子生物学实验指南 [M]. 北京：科学出版社，1999.

[15] Edge R Wang，夏令伟. 核酸探针的合成、标记及应用 [M]. 北京：科学出版社，1998.

第十一章 》》》
食品中常见食源性致病菌的快速检测技术

第一节 概述

随着社会的进步、经济的发展，人们对食品安全卫生问题越来越重视，由于分子生物学、微电子技术及生物技术的不断发展进步，食品微生物检验技术逐渐成熟，已经逐步自传统的培养技术向分子技术发展。传统的微生物鉴定方法是涂片革兰氏染色镜检、常规生化试验、血清学鉴定等。20世纪70年代后随着分子生物学的发展，用于检测细菌的仪器设备在不断地改进，加之临床对检验人员的要求越来越高，所以现代的细菌检验和鉴定技术逐步趋向于简单快速化、微量化、商品化（标准化）、系列化和自动化。目前最常用的还是形态学和生理生化的方法，但是这些方法操作烦琐，所需时间长，准备工作和后期废弃物处理工作繁重，且需要大量的专业技术人员。现在应用到食品微生物的检测手段较多，诸多新型的微生物检测技术如雨后春笋般涌出，给微生物检测工作带来了飞跃式的发展，使得食品卫生检验工作得到了良好的改善。如ATP生物发光技术和全自动微生物检测法；在培养基中加入^{14}C标记的糖类或盐类的底物，测量细菌代谢后是否产生$^{14}CO_2$的放射测量法；以DNA作为细菌的遗传分子，在微生物检测方面有着独特的优势，目前应用较多的有聚合酶链反应（PCR）和基因芯片技术；利用微生物可以使电惰性底物（如糖类、脂质、蛋白质等）代谢成电活性产物（如乳酸盐、乙酸盐、氨等）的电阻抗检测法；流式细胞术；等等。市场上有许多基于这些方法制备的商用试剂盒。现在一般的检验机构都是在国标GB 4789的基础上，再辅以一些先进的仪器或试剂盒等综合验证，确保检测结果的准确性。

第二节 显色培养基和快速
鉴定培养基的应用

在培养基中加入某种特殊的化学物质，某种微生物在培养基中生长后能产生某种代谢产物，而这种代谢产物可以与培养基中的特殊的化学物质发生特定的化学反应，产生明显的特征性变化，根据这种特征性变化，可将该种微生物与其他微生物区分开来，这种培养基称为鉴别培养基。而显色培养基是一类利用微生物自身代谢产生的酶与相应的显色底物反应显色的原理来检测微生物的新型培养基。这些相应的显色底物是由产色基因和微生物部分可代谢物质组成的，在特异性酶的作用下，当具有某特异酶的细菌与酶底物作用时，使显色基团游离出来附着于菌落上，形成颜色独特的菌落（图11-1）。可根据菌落的颜色直接对菌属（种）做出鉴定（图11-2、图11-3）。

现在食品中常见的病原微生物都有商品化的显色培养基，如沙门氏菌、志贺氏菌、金黄色葡萄球菌、阪崎肠杆菌、单核增生李斯特氏菌等。大多数显色培养基只需在样品增菌后或直接分离后，培养18～24h，即可根据菌落的颜色对目标菌做出初步的筛选，快速、简便、节省时间；结果直观，仅根据菌落颜色判定，结果一目了然；灵敏度高、特异性强，大大减少了后续的鉴定步骤。

显色培养基同样具有任何选择性培养基都无法避免的问题——假阳性、假阴性。如97%的大肠埃希氏菌含有β-葡萄糖苷酶，可与显色培养基中的酶底物作用，产生蓝绿色的菌落；但肠杆菌科中约有10%的沙门氏菌及部分志贺氏菌、耶尔森氏菌属中也具有此酶，可产生假阳性的干扰菌落。再如，大肠埃希氏菌O157：H7 β-葡萄糖苷酶是阴性的，在显色培养基中不能产生蓝绿色的菌落。所以不是所有具有特征性酶的微生物均能在含酶底物的培养基中表达阳性反应。但是与普通的选择性培养基比较，显色培养基假阳性、假阴性的概率相对要低得多。

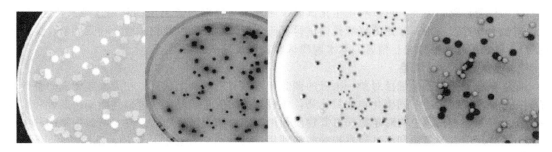

图 11-1　不同显色培养基培养后的菌落状态

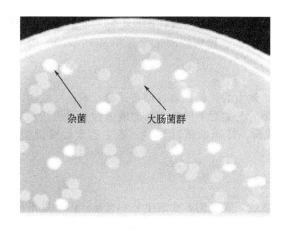

图 11-2　大肠菌群显色培养基

蓝色菌落为大肠菌群菌落，白色菌落为杂菌

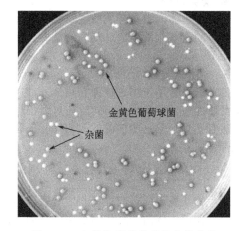

图 11-3　金黄色葡萄球菌显色培养基

紫色菌落为金黄色葡萄球菌，白色、蓝色菌落为杂菌

第三节　微生物生化鉴定系统

一、细菌鉴定常用的生化试验及其原理

用来鉴定细菌的生化试验有好多种，如碳源代谢试验、氮源代谢试验、碳源氮源利用试验、酶类试验、抑菌试验等。

1. 碳源代谢试验

碳源是为微生物提供碳素来源的物质。用于合成菌体，碳源物质在细胞内经过一系列复杂的化学变化后成为微生物自身的物质（如糖类、脂质、蛋白质等），碳可占一般细菌细胞干重的一半。大多数碳源还能为机体提供维持生命活动所需的能源，因此，碳源物质通常也是能源物质。碳源代谢试验主要是通过检测细菌在利用碳源时的代谢途径及方式、利用碳源后所产生的特定的代谢产物等来鉴别细菌的生化试验，主要是试验各种糖类能否作为碳源被利用及其利用的途径和产物。常用的碳源代谢试验有糖（醇、苷）类发酵试验、甲基红试验（Methyl Red，MR 试验）、β-半乳糖苷酶试验（ONPG 试验）、乙酰甲基甲醇试验（V. P. 试验）、葡萄糖酸氧化试验等等。不同的微生物对各种糖类的分解能力及其所产生的代谢产物各不相同，如大肠杆菌能发酵乳糖、葡萄糖，产酸、产气；伤寒杆菌只能发酵葡萄糖，产酸不产气。

2. 氮源代谢试验

氮源为微生物生长提供氮源物质，如蛋白质类、氨及铵盐、硝酸盐、分子氮等，主要用来合成细胞中的含氮物质。由于不同微生物所含的酶不同，在利用氮源时会出现不同的代谢反应和产生不同的代谢产物，因此，可以利用生化试验来测定微生物对氮源物质的利用途径及代谢产物，从而对微生物进行鉴别。常用的氮源代谢试验有硫化氢试验、明胶液化试验、吲哚试验（靛基质试验）、氨基酸脱羧酶试验、精氨酸双水解酶试验、尿素酶试验等等。

3. 碳源氮源利用试验

碳源氮源利用试验是细菌对单一来源的碳源和氮源利用的鉴定试验。在无碳或无氮的基础培养基中分别添加特定的不同碳化物或氮化物，观察细菌的生长状况，就可以判断细菌能否利用此种碳源和氮源，根据微生物对碳源和氮源物质利用的能力和代谢产物的差异，对微生物的种类进行区分。常用的碳源氮源利用试验有枸橼酸盐利用试验、丙二酸盐利用试验、乙酸钠利用试验、马尿酸钠水解试验等。

4. 酶类试验

酶是生物体内细胞合成的生物催化剂，没有酶，生物体内的所有代谢反应都不能进行。常用的酶类试验有氧化酶试验、凝固酶试验、硝酸盐还原试验、卵磷脂酶试验（Nagler试验）、磷酸酶试验等。

5. 抑菌试验

抑菌试验是用于测定抗菌药物体外抑制细菌生长效力的试验。通过抑菌试验，不仅可以测定一个药物的最低抑菌浓度，同时还可以根据不同细菌的种类对不同抗菌药的敏感性和耐药性来对细菌进行鉴别。常见的抑菌试验有Optochin敏感试验、杆菌肽敏感试验、新生霉素敏感试验、氰化钾试验等。

二、常见的生化鉴定系统

微生物从外界的环境中不断地吸收营养物质，通过新陈代谢，实现生长和繁殖，同时排出代谢产物，而微生物的新陈代谢是在一系列酶的控制与催化下进行的。不同微生物体内的酶系统不同，其代谢的方式、过程、分解合成的产物等也不同。因此，可以利用一些生物化学的方法来分析微生物对能源的利用情况及其代谢产物、代谢方式和条件等，鉴别一些从形态和其他方面不容易区分的细菌，这些方法称为生化反应试验（即生化试验），最常用的方法是用化学反应来测定微生物在生长繁殖过程中所产生的代谢产物。通过生化试验来鉴定细菌，称为细菌的生化鉴定。生化鉴定是微生物分类鉴定中的重要依据之一。新兴食品微生物检验技术是在微电子技术和分子生物学基础上发展而来的，在检测的精准度和效率方面取得了很大的进步，预示着食品微生物检验技术未来的发展趋势。

1. 干制生化鉴定试剂盒

（1）原理

试剂盒的主体是由若干个含有不同生化反应的干粉状培养基小孔组成的。将待鉴定菌调成一定浓度的菌悬液，接种到试剂盒的小孔中进行培养，由于细菌的代谢作用使小孔内的颜色发生变化（这些变化可能是自然发生的，也有的是由于加入试剂后表现出来的）。培养结束后根据不同的颜色反应来确定细菌的阴阳性或细菌的种类。

（2）用途

用于细菌的生化鉴定。

（3）试剂盒的组成

一般都会由以下几个部分组成（以阪崎肠杆菌为例，见图11-4）。

① 干制生化鉴定试剂。

② 0.5麦氏浊度比浊管。

③ 无菌液体石蜡。

④ 一次性滴管。

⑤ 其他。

（4）操作步骤

① 从密封袋中取出试剂盒，打开盒盖，在试剂盒的长条中加入1mL的无菌水，用来增加试

剂盒的湿度，防止培养时由于液体的挥发导致小孔干燥。

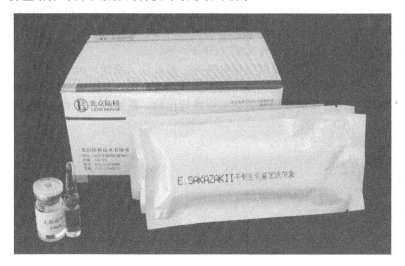

图 11-4　阪崎肠杆菌生化鉴定试剂盒

②用接种环从平板上挑取新鲜的单个纯菌落到适当的无菌水中，制成 0.5 麦氏浊度的均一菌悬液。如果实验室配有浊度仪可以直接将菌悬液用浊度仪调至 0.5 麦氏浊度，如果没有配备浊度仪，则可以将菌悬液调成与试剂盒中配备的 0.5 麦氏浊度比浊管相当的浓度（注意：0.5 麦氏浊度比浊管观察前要振荡均匀；菌悬液的浓度不宜过大，否则容易产生假阳性结果）。

③用加样枪或试剂盒内配备的一次性滴管，接种菌悬液到试剂盒的每个小孔中，接种量按说明书进行（一般为 0.2mL），滴加无菌液体石蜡到需要密闭的孔。放入培养箱中，按照说明书调节培养箱的温度，确定培养时间。

④培养结束后，取出。根据说明书附带的表格确定生化反应的阴阳性。

（5）干制生化鉴定试剂盒的优点

在保证微生物生化结果准确的同时，使传统生化鉴定更便捷；干制生化鉴定试剂盒可以常温保存，降低对运输和贮存条件的要求；有透明观察窗，同时保证了培养时的安全性和观察时的方便性；简化了检测产品的步骤，所有生化项目在一块试剂盒上即能完成。

2. Analytic Products INC 细菌鉴定系统

Analytic Products INC（API）细菌鉴定系统是由法国生物-梅里埃公司生产的细菌数值分类分析鉴定系统。该系统品种齐全，包括范围广，鉴定能力强，数据库在不断地完善和补充，目前有 1000 多种生化反应，可鉴定的细菌大于 600 种。

（1）原理

API 系统用于细菌鉴定的品种有 15 种，分别有相应的数据库。数据库由细菌条目（taxa）组成，每个条目可能因情况的不同代表细菌种、细菌的生物型、细菌的菌属。鉴定主要依据 API 试剂条的生化反应结果将一种/组细菌与其他细菌相鉴别，并用‰id（鉴定百分率）表示每种细菌的可能性。数值鉴定是通过出现频率的计算来进行的，即每个细菌条目对 API 系统中每个生化反应出现频率总和的比较。

各类 API 试剂条均由多个生化反应组成，编码即是将生化反应谱转换成数码谱，以便于使用生化反应检索手册或 API 电脑分析软件进行检索，确定生化反应谱对应的是什么细菌。编码的原则是将所有的项目，每 3 个分为一组，每组按其位置，第 1 位阳性时标记为 1，第 2 位阳性时标记为 2，第 3 位阳性时标记为 4，所有阴性反应均标记为 0，再将每组标记的数字相加成一个数字，结果可能是 0～7 中的任一数字。这样可将鉴定条的生化反应谱编码成一组 7～10 位的数码谱。以 API20E 为例，鉴定条总共有 20 个生化反应，附加氧化酶试验组成 21 个试验，编成 7 组。如某一未知菌通过编码得出的数码谱为 5144512，使用 API20E 生化反应检索手册或 API 电脑分析软件进行检索，可确定该未知菌为大肠埃希氏菌。有些情况下，如一个编码下有几个菌名的，7位数字尚不足以分辨，还需要做一些补充试验，补充试验的项目根据具体情况而定。如硝酸盐还原成亚硝酸盐（NO₂）、硝酸盐还原成氮（N₂）、动力（MoB）、麦康凯琼脂上生长（McC）、葡萄糖氧化（OF-O）、葡萄糖发酵（OF-F）等。

综上所述，API鉴定系统是根据微生物对各种生理条件（温度、pH、氧气、渗透压）、生化指标（唯一碳氮源、抗生素、酶、盐碱性）代谢反应进行分析，并将结果转化成软件可以识别的数据，进行聚类分析，与已知的参比菌株数据库进行比较，最终对未知菌进行鉴定的一种技术。

（2）用途

用于细菌的生化鉴定（图11-5）。

（3）试剂盒的组成

① API试条。

② 培养盒。

③ 接种管。

④ 附加试剂。

⑤ 石蜡油。

⑥ 无菌水。

⑦ 安培架。

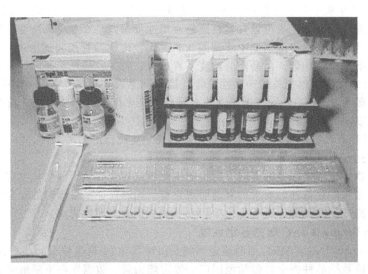

图11-5 Analytic Products INC 鉴定套装

（4）操作步骤（图11-6）

（5）API生化鉴定试剂盒的优点

API生化鉴定试剂盒使细菌的鉴定标准化、系统化、简易化，缩短检验周期，可以快速报告结果，拥有菌种资料大于25000份，鉴定系统的发源生化测试大于750份，并且对软件的不断升级保证了用户拥有API数据库的最新版本。API生化鉴定系统以微生物生化理论为基础，借助微生物信息编码技术，为微生物检验提供了简易、方便、快捷、科学的鉴定方法。

3. ATB 细菌鉴定系统

ATB微生物鉴定/药敏分析系统融合了自动化、电脑化及微生物微量生化反应测试方法，可同时进行微生物分析鉴定（ID）与药敏（MIC）检测，使细菌鉴定/药敏分析规范化、标准化、现代化。

ATB微生物自动鉴定/药敏分析系统分为"半自动"和"自动"两种，自动系统是在半自动的基础上再加上自动判断装置。使用半自动系统时，先将被测菌制成菌液加注到测试板微孔内，经孵育后，将板上的各项测试结果（阳性或阴性）输入电脑软件的相应界面，便可即刻判定被测菌的种、属名称及其对各种抗菌药物的敏感度，同时生成和打印一份完整的报告。如使用自动系统，则将孵育后的测试板插入自动判读槽内，由仪器自动读取各项试验结果，从而省去人工判读和输入的手续（图 11-7）。

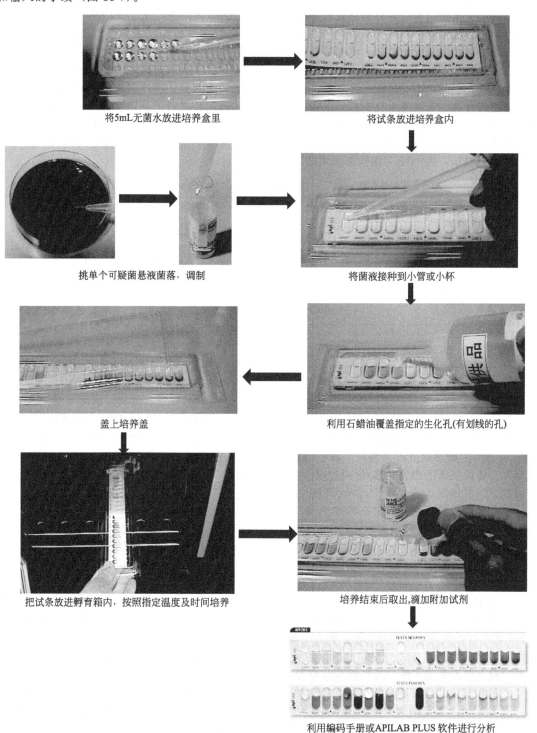

将5mL无菌水放进培养盒里　　　　　　　　将试条放进培养盒内

挑单个可疑菌悬液菌落，调制　　　　　　　将菌液接种到小管或小杯

盖上培养盖　　　　　　　　利用石蜡油覆盖指定的生化孔(有划线的孔)

把试条放进孵育箱内，按照指定温度及时间培养　　　　　培养结束后取出,滴加附加试剂

利用编码手册或APILAB PLUS 软件进行分析

图 11-6　API 生化鉴定试剂盒的使用步骤

（1）原理

由于细菌的理化性质不同，分解底物导致 pH 改变而产生不同的颜色。经光电比色法测定来

判断反应结果。每张卡上有 32 项生化反应，采用终点判读法，培养 4h 或 24h 待反应完成后，由读数仪判读结果。

具体为根据所要鉴定的目标菌选取 21 种典型生化试验，并把生化反应的结果转换为一个 8 进制数，通过提供的标准数据库查询系统可得到试验菌株归属的相对概率、T 值和 R 值，对菌株的归属进行一定程度的鉴定。将细菌各项生化反应结果填入记录卡中，依次每三项为一组，若这三项反应均为阳性，则分别记为 1、2、4，若为阴性，则相应项记为 0。将每组三项的数值相加，共七组，组成一个七位数，即代表所鉴定的菌株的相应菌名。将所得七位数输入数据库系统中即可进行查询。若某项生化反应结果较难判断，则按照阴性进行记录，但查询时，应在不定的生化反应前打钩。这样，即使是不确定生化反应同样可以做出鉴定结果。经过反复试验校正，该试验的准确率大大提高，同时，系统的准确率接近 100%，大大缩短了生化鉴定的时间，提高了鉴定效率。例如，表 11-1 一株拟态弧菌的编码鉴定计数。

表 11-1　一株拟态弧菌的编码鉴定计数

项目	第 1 位数			第 2 位数			第 3 位数			第 4 位数			第 5 位数			第 6 位数			第 7 位数			鉴定结果
	ONPG	精氨酸	赖氨酸	鸟氨酸	柠檬酸	硫化氢	脲酶	IPA	吲哚	V-P	明胶	葡萄糖	甘露醇	肌醇	山梨醇	鼠李糖	蔗糖	蜜二糖	苦杏仁苷	阿拉伯糖	氧化酶	鉴定结果
	124			124			124			124			124			124			124			梅氏弧菌
反应结果	＋	＋	＋	－	＋	－	＋	－	－	＋	－	＋	＋	－	＋	－	＋	－	－	－	－	
应得数值	124			020			000			024			104			020			000			
组合编码	7			2			0			6			5			2			0			

(2) 用途

① 细菌鉴定功能：可以将绝大部分细菌及真菌鉴定到"种"及"亚种"水平，这些细菌包括：肠杆菌科中的 20 个菌属、非发酵菌中的 8 个菌属、弧菌科中的 3 个菌属、奈瑟菌科中的 2 个菌属、微球菌科的 3 个菌属以及酵母样真菌中的 6 个菌属，合计近 200 种细菌（或真菌）。

② 抗生素敏感度分析功能：可以根据被检细菌在不同浓度的各种药物中的生长状态，分析判断其对各种抗菌药物的敏感/耐药程度，测定的结果以 MIC（最小抑菌浓度）表示，并根据所测的 MIC，按国际的统一规定（NCCLS）给出 S（敏感）、MS（中度敏感）和 R（耐药）的判断，还可提示被测菌是否存在 β-内酰胺酶、超广谱 β-内酰胺酶和耐甲氧西林的状况。同时，还按 NCCLS 文件提供每种细菌的选药原则和方法，用户也可以用纸片法或稀释法自行测试，将结果（抑菌圈直径或 MIC）输入后，软件可按 NCCLS 的标准判断其敏感度并打印报告。

(3) 仪器的组成

仪器分为硬件和消耗品。

① 硬件

a. 阅读器：装载试条的金属托盘，托盘上有两排 32 孔，可以阅读细菌鉴定和药敏试条，有 4 个不同的过滤光片，可进行比浊、比色自动辨认试条种类并进行检测。

b. 中心控制器：中心控制器能从读数器传送并处理数据结果，并可以对人工阅读试条解释结果，建立样本管理文件，进行细菌分布研究和药敏统计等。

c. 打印机：用于打印分析结果的报告单。

d. 浊度计：测量细菌浓度范围 0.5～7.0 麦氏单位，使用标准浊度的细菌接种量。

e. 自动加样器：当吸取菌悬液后，将其加入试条上每个孔内。

② 消耗品。试剂盒。

a. 药敏试验：试条由高聚 PVC 材料制成，板上有圆锥形孔，每孔体积为 $55\mu L$ 或 $135\mu L$，每孔内涂有一层干燥抗生素。

b. 鉴定试验：试条上有 32 孔，每孔内有不同的干燥底物，数据库根据标准的微型的同化试

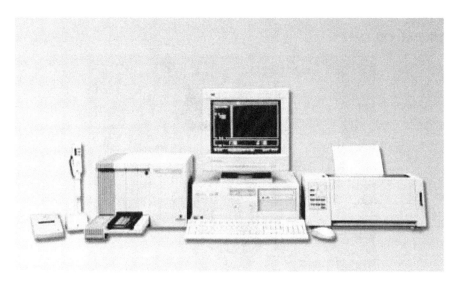

图 11-7 ATB 细菌鉴定系统

验及生化试验组成特殊的数据库与之对应。

（4）操作步骤

① 根据细菌种类选试条，将试条和培养基从冰箱取出，室温放置 15～20min。

② 校正比浊仪。

③ 使用新鲜的纯培养物进行检测（菌龄：18～24h），悬浮液为 0.85％NaCl 或去离子水。

④ 培养基：ATB 培养基和（或）其他专用培养基。

⑤ 调制相应的鉴定菌悬液浓度，使用比浊仪校正浓度。

⑥ 配制相应的药敏菌悬液浓度，转移适当体积至 ATB 培养基。

⑦ 使用电子连续加样枪分配适量体积至检测试条各孔。

⑧ 对于鉴定试条，在需要的测试孔滴加石蜡油 2 滴。

⑨ 盖上试条盖，把试条放入湿盒，35℃/29℃±2℃孵育。

⑩ 针对不同的试条，其具体的操作参阅"ATB 试条操作简表"。

⑪ 上机检测。

（5）ATB 细菌鉴定系统的优点

该系统可以鉴定棒状杆菌、弯曲菌、李斯特菌、奈瑟菌、嗜血杆菌、革兰氏阳性芽孢杆菌及乳酸杆菌等，读数器可自动阅读并进行细菌鉴定和药敏试验。此外，系统还设置了比较完善的"专家系统"，对测试结果进行分析审核和解释。对药敏结果出现的"异常表型"、药物选择和报告中的不合理现象，以及检验者如何正确操作、临床医师用药时要注意的问题等给予提示。

4. HK-MID 鉴定系统

（1）原理

利用细菌条目（模式株）、鉴定试验、概率组成的矩阵为数据源，计算鉴定分值（ID）、模式频率 T 值和 R 值，并将细菌条目 ID 值按降序排列，参照鉴定信度评价标准来选择最为可能的鉴定结果。

（2）用途

可鉴定革兰氏阴性杆菌、葡萄球菌、李斯特菌、芽孢杆菌等。

（3）试剂的组成（以李斯特菌为例，图 11-8）

① 鉴定条：包括 11 份干燥反应底物和一个空杯，反应底物主要用来检验培养物对糖类的利用，空杯则用于溶血试验。

② 添加试剂。

③ 反应编码本。

④ 检索软件。

（4）操作步骤（图 11-9）

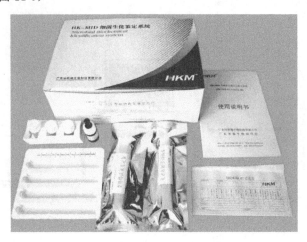

图 11-8　HK-MID 李斯特菌鉴定系统

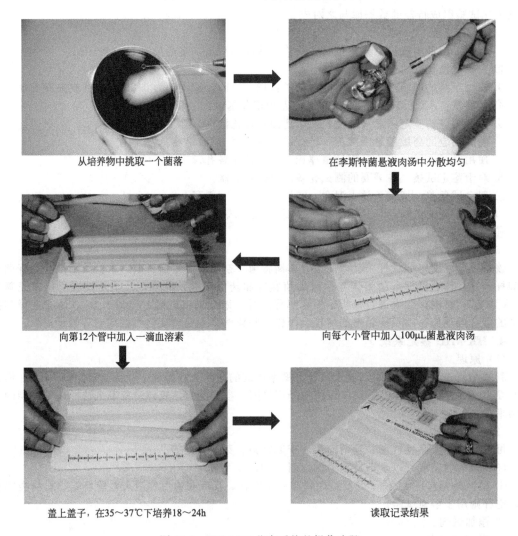

从培养物中挑取一个菌落

在李斯特菌悬液肉汤中分散均匀

向第12个管中加入一滴血溶素

向每个小管中加入100μL菌悬液肉汤

盖上盖子，在35～37℃下培养18～24h

读取记录结果

图 11-9　HK-MID 鉴定系统的操作步骤

（5）HK-MID 鉴定系统的优点

操作简便，不需纯培养，不需仪器即可完成实验，进行数值分类鉴定，免费提供庞大的鉴定数据库，具有简易化、微量化、系统化、标准化的特点及良好的鉴定效果。

（6）HK-MID 鉴定系统使用的注意事项

① 使用过的材料必须高压灭菌、焚化或用消毒剂浸泡，然后才能丢弃。

② 鉴定条的封口膜不能彻底密封小管，因此在培养时不能将鉴定条置于二氧化碳培养箱（可导致错误的 pH 值影响）或有风扇的培养箱（可导致蒸发过量）。

③ 使用血溶素试剂时，应避免试剂污染。避免添加血溶素的滴管与鉴定条或任何其他表面接触，用后立刻将滴管盖子盖上。若溶血试验的结果不明显，应将培养物接种到羊血琼脂平板上，在 35～37℃条件下培养 18～24h，然后检查溶血结果。

第四节　食品微生物自动化仪器检测技术

一、基本原理

微生物鉴定的自动化技术近十几年得到了快速的发展，集数学、计算机、信息和自动化分析为一体，采用商品化和标准化的配套鉴定试剂盒或药敏试验卡等可以快速准确地对实验室常见的数百种细菌进行自动分析和药敏试验。大部分自动化检测仪器都具有自己的一个庞大的数据库，这个数据库是根据细菌的特性和独特的检验方法加以大量的试验验证得来的，而这些数据库会随着发现细菌种类的增多而进行更新。微生物自动化检测仪器也是根据常见的微生物的鉴定方法进行检测的，只不过是将过程进行集约化、自动化。

常见的微生物自动化检测根据细菌生化鉴定的原理，分为以下几种。

（1）在培养基中加入某种底物与指示剂，接种细菌，培养后，观察培养基的颜色变化，即 pH 的变化。

（2）在培养物中加入试剂，观察它们同细菌代谢产物所生成的颜色反应。

（3）根据酶作用的反应特性，测定微生物细胞中某种酶的存在。

（4）根据细菌对理化条件和药品的敏感性，观察细菌的生长情况。

而全自动的仪器就是将以上几种方法综合到一起，运用先进的计算机技术，结合强大的数据库，进而对实验结果进行一个可信度的判定。任何仪器的本质都只是一个工具，它的作用就是验证检验结果的准确性，不要过分地依赖仪器，要根据试验的客观现象，检验人员的知识、经验，客观公正地看待检验结果。

二、常见微生物自动化检测仪器

1. 全自动微生物鉴定仪

（1）鉴定原理

碳源是为微生物提供碳素来源的物质，用于合成菌体，碳源物质在细胞内经过一系列复杂的化学变化后成为微生物自身的物质（如糖类、脂质、蛋白质等）。碳可占一般细菌细胞干重的一半。全自动微生物鉴定仪就是利用微生物对不同碳源代谢率的差异，针对每一类微生物筛选 95 种不同的碳源，配合显色物质（如 TTC、TV），固定于 96 孔板上，结合阴性对照，接种菌悬液后培养一定时间，通过检测微生物细胞利用不同碳源进行新陈代谢过程中产生的氧化还原酶与显色物质发生反应而导致的颜色变化（吸光度）以及由于微生物生长造成的浊度差异（浊度），与标准菌株数据库进行比对，即可得出最终鉴定结果（图 11-10）。

（2）主要特点

① 鉴定板由读数仪自动读取吸光度，软件将该吸光度与数据库对比，就可在瞬时给出鉴定

结果。试验结果可由系统进行自动分析、记录和打印。

图 11-10 全自动微生物鉴定仪

② Biolog 微生物鉴定数据库可鉴定包括细菌、酵母和丝状真菌在内总计 1973 种微生物，几乎涵盖了所有的人类、动物、植物病原菌以及食品和环境微生物。

③ 以碳源利用率为基础，用于鉴定的反应数量多达 95 种，鉴定结果的特异性强、分离度大；软件能够对颜色及浊度进行自动补偿，可排除由视觉判断引起的主观差异；边界值可调，可排除干扰反应。细菌鉴定结果判断采用专利的动态数据库（progressive database），与传统的终点数据库（end-point database）相比，其获得正确结果的可能性更大、抗干扰能力更强。用户可生成自定义数据库，特别适合微生物基础和研究领域使用；操作简单，鉴定板分类简单，仅 5 种鉴定板，对操作人员的专业水平要求不高。鉴定过程简单，对菌株的预分析简单，只需做一些最常规的工作即可，如细菌只需做革兰氏染色、氧化酶试验和三糖铁琼脂试验，其他的微生物不需做任何前期预分析，鉴定霉菌不需任何真菌鉴定经验。

④ 具有微生物群落分析和生态研究功能。96 孔鉴定板可用来分析微生物对碳源的利用情况，从而可以定性地研究微生物的代谢特征，如果再结合 SOFTmax 分析软件就可以进行 ELISA 和动力学分析研究。

（3）鉴定步骤

① 用 Biolog 专用培养基将纯种扩大培养。

② 配制一定浊度（细胞浓度）的菌悬液。

③ 将菌悬液接种至微孔鉴定板（microplate），培养一定时间。

④ 将培养后的鉴定板放入读数仪中读数，软件自动给出鉴定结果。

（4）优点

从鉴定板的培养开始所有的步骤都可由全自动系统完成，同时可鉴定 50 个样品，大大提高了检验效率。鉴定板分类简单，只有 4 种鉴定板，操作简单，对操作人员的专业水平要求不高。鉴定板有独特的颜色反应载色体，非常容易判断检验结果的阳阴性，仪器易维护，不需大量的维护费用。

2. 全自动微生物检测计数仪

（1）鉴定原理

全自动微生物检测计数仪（Bactometer）是利用电阻抗法进行计数的。电阻抗法操作时将一个接种过的生长培养基置于一个装有一对不锈钢电极的容器内，当细菌生产繁殖时，将蛋白质、糖类等大分子物质分解成氨基酸、有机酸等带电荷的小分子物质，改变培养液的导电度，这样，测量电阻和导电度的变化，就可推算出样品原来的含菌数。样本在 BPU 电子分析器/培养箱中恒温培养，仪器每 6min 对每个样本进行检测，监测其微生物生长情况，最后以彩色终端机用不同色彩显示试验结果及曲线图表（图 11-11，图 11-12）。

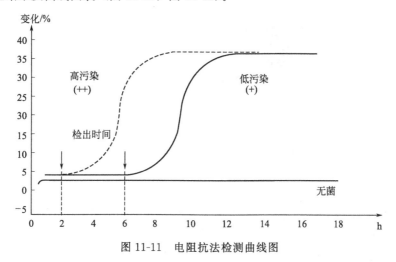

图 11-11　电阻抗法检测曲线图

图 11-12　全自动微生物检测计数仪

例如微生物生长时可将培养基中的一些大分子营养物质（蛋白质、糖类等），经代谢转变为较小但更为活跃的分子（氨基酸、乳酸等）。利用电阻抗法可测试微弱的变化，从而比传统平板方法更快速地监测微生物的存在及计算数量。

（2）主要特点

检测结果可在数小时内报告，大大缩短了检验周期；样本预处理简单，仪器会根据预设的污染上限，将试验结果以不同色彩显示在终端机上；样本颜色及光学特性不影响读数，污染度低于 $10^6 \sim 10^7$ CFU/mL 的样本不用稀释；反应试验盒可随时放进 BPU 内，Bactometer 可扩增容量至 512 个样本。

（3）鉴定步骤

① 将 MPCA 琼脂加入试验盒小池内。

② 待琼脂凝固后，加入 0.1mL 的样品（如为固体，则进行稀释后取稀释液）。

③ 放入 BPU（培养箱）内，35℃，18h。

④ 从计算机屏幕上读取检验结果。

（4）优点

Bactometer 是利用电阻抗、电容抗或总阻抗等三种参数的自动微生物监测系统，它能快速测定样品中细菌的污染程度，从而快速提供品质控制的信息。另外，该仪器能通过测定代谢物产生的速度将菌体的数量与其活动相结合，使检验结果达到预测保藏质量和卫生安全的作用。

3. 全自动大肠杆菌快速测定仪

图 11-13　全自动大肠杆菌快速测定仪

（1）鉴定原理

全自动大肠杆菌快速测定仪是利用固定底物酶底物法（defined substrate technology，DST，简称 DST-酶底物法），采用大肠菌群能产生 β-半乳糖苷酶（β-D-galactosidase）分解 ONPG 使培养液呈黄色，以及大肠埃希氏菌产生 β-葡萄糖醛酸酶（β-glucuronidase）分解 MUG（4-methyl-umbeliferyl-β-D-glucuronide）使培养液在 366nm 波长下产生荧光的原理，来判断水样中是否含有大肠菌群、粪大肠菌群（耐热大肠菌群）及大肠埃希氏菌（图 11-13）。

适用于地表水、地下水、污水或饮用水中的总大肠杆菌、大肠埃希氏菌或粪大肠杆菌的快速定量检测。能满足 USEPA 6/10/92 和 GB/T 5750.12—2006 等标准，采用固定底物技术（DST）酶底物法进行检测。检测方法简单，可在一般实验室或室外应急使用，不需要在无菌室内使用。可同时检测总大肠杆菌和大肠埃希氏菌的个数。仪器方法准确度高，误差小。

（2）主要特点

DST-酶底物法可以采用成品的培养基及试剂，操作方便，不需要确认试验；DST-酶底物法检测时间短，18～24h 即可同时判断水样中粪大肠菌群（耐热大肠菌群）的 MPN 值。在美国、欧洲及大部分亚洲国家广泛应用于水中总大肠杆菌、粪大肠菌群（耐热大肠菌群）及大肠埃希氏菌的检测，并通过美国 EPA《水与废水标准检测方法》。在中国，商品化的固定底物技术酶底物法被列入国家标准《生活饮用水标准检验方法》。

（3）检验步骤

① 定性测试

a. 在 100mL 水样中加入配套试剂，混匀，（36±1）℃培养 24h。

b. 判读结果。无色为阴性，黄色为总大肠菌群阳性，黄色带荧光的为大肠埃希氏菌阳性，耐热大肠菌群（粪大肠菌群）需 44.5℃培养 24h 后，观察黄色为阳性。

② 定量检测

a. 在 100mL 水样中加入配套试剂，混匀。

b. 倒入定量盘中。

c. 程控定量封口机对定量盘进行封装，（36±1）℃培养 24h。

d. 定量盘结果判读。无色为阴性，黄色格子为总大肠菌群，黄色带荧光为大肠埃希氏菌，对照 MPN 表计算结果。耐热大肠菌群（粪大肠菌群）需 44.5℃培养 24h 后，观察有黄色为阳性结果，对照 MPN 表。

（4）优点

精确检出 100mL 水样中单个的活性总大肠菌群和大肠埃希氏菌，以及粪大肠菌群，假阴性率低。每个单位试剂可抑制 200 万个异养细菌，假阳性率低。检测总大肠菌群和大肠埃希氏菌的时间不超过 24h，2 个指标一次完成，不需要确认试验。操作简单，手工操作少于 1min。不需要玻璃器皿清洗和菌落计数。

4. 全自动酶联荧光免疫分析系统

图 11-14　全自动酶联荧光免疫分析系统

（1）原理

全自动酶联荧光免疫分析系统（VIDAS）是利用免疫酶技术进行细菌鉴定的仪器（图 11-14）。免疫酶技术是将抗原、抗体特异性反应和酶的高效催化作用原理有机结合的一种新颖、实用的免疫学分析技术。它通过共价结合将酶与抗原或抗体结合，形成酶标抗原或抗体，或通过免疫方法使酶与抗酶抗体结合，形成酶-抗体复合物。这些酶标抗体（抗原）或酶-抗体复合物仍保持免疫学活性和酶活性，可以与相应的抗原（抗体）结合，形成酶标记的抗原-抗体复合物。在遇到相应的底物时，这些酶可催化底物反应，从而生成可溶或不溶的有色产物或发光产物，可用仪器进行定性或定量。常用的酶技术分为固相免疫酶测定技术、免疫酶定位技术、免疫酶沉淀技术。固相免疫酶测定技术分为限量抗原底物酶法、酶联免疫吸附试验（ELISA）。酶联免疫吸附试验又分为间接法、竞争法、双抗体夹心法、酶-抗酶复合物法、生物素-亲和素系统。在病原菌和真菌毒素检测中，应用较多是竞争法、双抗体夹心法。

（2）主要特点

① 所有样品的洗涤、结合、基质读数及报告说明等都是全自动操作。

② 检测速度快，从样品进入仪器计算，只需 1~2.5h 即可出结果。

③ 可同时测定 30 个标本，mini-VIDAS 全自动免疫分析仪具有三个独立的试验仓，每个仓有 6 个通道，可同时进行不同的试验，将增菌的样品液经水浴处理后直接注入仪器的一次性试条中，仪器将在 50min 内显示结果。该仪器现在能检测沙门氏菌、大肠杆菌等 6 种常见的致病菌，适用于检验机构对样品的初筛。

（3）操作步骤

① 根据所要鉴定的某类菌，准备该菌的样本，一般为该菌的增菌液。

② 在电脑上选择所需鉴定菌的鉴定程序。

③ 把试条放入预设的位置，加入样品。

④ 放 SPR® 到 SPR® 的舱内，其位置应与试剂条直接对应。

⑤ 关上装有 SPR® 的舱门。

⑥ 放下装有试剂盒区段的盒子。

⑦ 开始检测，检测结束后打印检验结果。

⑧ 实验结束后，从仪器里取走试剂条和 SPR®。

（4）优点

检测中无试管，无针头，试验中停留时间短，能有效地避免样品和试剂之间的交叉污染。可单样本测试，不浪费试剂。双向连接使检验结果具有很强的可追溯性。使用荧光标定的 ELISA 方法使检验结果具有很高的灵敏度和特异性。日常维护简单，可 7×24h 工作，预防性维护费用降低。

5. 全自动微生物分析系统——VITEK

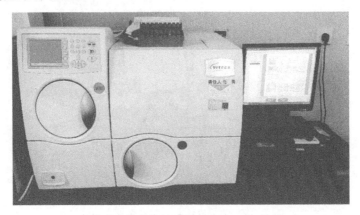

图 11-15 全自动微生物分析系统——VITEK

微生物的检测鉴定技术已逐步由手工检测走向仪器化和电脑化，并力求简便、快速、准确。由生物梅里埃公司出品的全自动微生物鉴定/药敏分析系统（VITEK）是目前世界上最先进、自动化程度最高的细菌鉴定仪器之一（图 11-15）。VITEK 已被许多国家定为细菌最终鉴定设备，并获美国药品食品管理局（FDA）认可。该系统有高度的特异性、敏感性和重复性，还具有操作简便、检测速度快的特点，绝大多数细菌的鉴定在 2~18h 内可得出结果。

（1）原理

VITEK 对细菌的鉴定是以每种细菌的微量生化反应为基础，不同的 VITEK 试卡（检测卡）含有多种生化反应孔，可达 30 多种。将手工分离的待检菌的纯菌制成符合一定浊度要求的菌悬液，经充填机将菌悬液注入试卡内，封口后放入读数器/恒温培养箱中，根据试卡各生化反应孔中的生长变化情况，由读数器按光学扫描原理，定时测定各种生化介质中指示剂的显色（或浊度反应），然后把读出信息输入电脑并进行分析，再和预定的阈值进行比较，判定反应，再通过数值编码技术与数据库中的反应文件进行比较，最后鉴定报告将在显示器上自动显示，并在打印机上自动打印。

（2）VITEK 系统的结构组成

① 检测卡：目前 VITEK 系统的检测卡有 14 种，微生物鉴定常用的有 7 种，即革兰氏阳性菌鉴定卡（GPI）、革兰氏阴性菌鉴定卡（GNI）、非发酵菌鉴定卡（NFC）、酵母菌鉴定卡（YBC）、厌氧菌鉴定卡（ANI）、芽孢杆菌鉴定卡（BAC）、奈瑟菌嗜血杆菌鉴定卡（NHI），以及药敏检测卡等。每张检测卡对应接种 1 份标本，检测卡为一次性消耗品。

② 充填机：将待测菌的菌悬液注入试卡内。

③ 读数器/恒温箱：可在培养过程中定时读出细菌在试卡内培养基中的生长变化值。

④ 电脑主机/显示器/键盘/打印机：用于储存和分析资料、系统的操作和结果分析鉴定，实验结果的自动显示报告和打印。

⑤ 电源稳压器和 UPS：在外围断电的情况下提供电脑主机约 10min 的持续电源。

（3）操作步骤

① 根据所做的鉴定选择相应的鉴定卡：GN——革兰氏阴性杆菌鉴定卡；GP——革兰氏阳性菌鉴定卡；NH——苛养菌鉴定卡；YST——酵母菌鉴定卡；ANC——厌氧菌鉴定卡；AST-GN——革兰氏阴性杆菌药敏卡；AST-GP——革兰氏阳性球菌药敏卡；AST-YST——真菌药敏卡。

② 根据所选鉴定卡配制相应浓度的菌悬液：

鉴定卡

GN：0.5~0.63 麦氏单位；

GP：0.5~0.63 麦氏单位；

NH：2.7～3.3麦氏单位；

YST：1.8～2.2麦氏单位；

ANC：2.7～3.3麦氏单位。

药敏卡

AST-GN：3.0mL盐水＋145μL 0.5～0.63麦氏单位菌悬液；

AST-GP：3.0mL盐水＋280μL 0.5～0.63麦氏单位菌悬液；

AST-YST：3.0mL盐水＋280μL 1.8～2.2麦氏单位菌悬液。

③ 将调好浓度的菌悬液取3mL，放入一次性塑料试管中，将试管放入载卡架上。

④ 将相应的卡片按顺序放在载卡架上，将卡片的输样管插入到菌液管中。药敏卡应放在配对鉴定卡的后面。

⑤ 进入VITEK2COMPACT应用软件主界面。扫描载卡架条码或直接选取卡架号。扫描试卡条码，将鉴定试卡与药敏试卡链接，并输入标本信息。

⑥ 将载卡架放入仪器的填充仓，按"充入"，70s左右填充完毕。

填充完毕后，仪器的蓝色指示灯闪亮。将载卡架取出并放入装载仓。仪器自动扫描条码，审核所有输入的卡片信息是否正确，确认无误后自动进行封口和上卡。操作完成后，仪器口的蓝色箭头闪亮提示。如下所示。

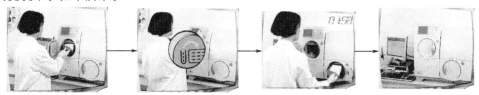

⑦ 仪器每隔15min自动阅读孵育仓内所有卡片，并将数据传入英文工作电脑，电脑分析所有数据并给予结果，确认无误结果可传至中文电脑，由操作者认可并发放临床报告。

⑧ 已完成的卡片由仪器自动卸载入废卡箱。

（4）优点

鉴定的菌类达到400多种，而且随着新的发现还在不断地增加；可以对澄清液体中的微生物进行计数，并且能检测细菌的生长曲线；药敏试验上有70多种药物约50多种药物组合的药敏卡检测卡。食品检验上可以用VITEK来对检验结果进行再确认或对突发应急食品安全保障活动进行一个前期的筛选。

参 考 文 献

[1] 封莉，黄继超，刘欣，等. 食源性致病菌快速检测技术研究进展[J]. 食品科学，2012（21）：332-339.

[2] 宋丽萍，姜洁，李玮，等. 食源性致病菌快速检测技术研究进展[J]. 食品安全质量检测学报，2015（9）：3441-3446.

[3] 赵春艳. 影响食品安全的食源性致病菌快速检测技术研究进展[J]. 西藏科技，2010（7）：36-38.

[4] 陈燕，刘杰，李玉兰，等. 食源性致病菌快速检测技术研究进展[J]. 安徽农业科学，2013，41（5）：2252-2253.

[5] 程晓艳. 几种食源性致病菌快速检测技术的建立[D]. 青岛：中国海洋大学，2012.

[6] 王素英，申江. 食品冰温贮藏中微生物污染及食源性致病菌的快速检测技术[J]. 食品研究与开发，2008，29（6）：161-163.

[7] 党亚丽，周亭屹，么春艳，等. 食源性致病菌液相芯片高通量快速检测技术的应用进展[J]. 食品研究与开发，2017，38（8）：192-195.

[8] 鄢雷娜，罗跃华，刘绪平，等. 乳制品中常见食源性致病菌检测技术的研究进展[J]. 食品安全质量检测学报，2017，8（1）：137-141.

[9] 章沙沙. 实时荧光定量PCR检测食品中常见食源性致病菌[J]. 食品与发酵科技，2016，52（4）：87-89.

[10] 胡瑞丽，任方方，吴洋洋，等. 基于多重PCR的主要食源性致病菌的快速检测[J]. 上海农业学报，2015（4）：34-39.

[11] 胡雨欣，何早，陈力力，等. 噬菌体展示技术在食源性致病菌检测中的应用[J]. 食品科学，2015，36（11）：236-239.

[12] 李茂军. 食品中食源性致病菌污染状况分析[J]. 科技创新导报，2015（10）：20-21.

[13] 吴清平，李玉冬，张菊梅. 常见食源性致病菌代谢组学研究进展 [J]. 微生物学通报，2016，43（3）：609-618.

[14] 李玉冬，吴清平，张菊梅，等. 常见食源性致病菌胞外代谢轮廓分析 [J]. 现代食品科技，2016（1）：37-43.

[15] 景建洲，李红利，孙新城，等. 食源性致病菌分子生物学检测技术研究进展 [J]. 郑州轻工业学院学报：自然科学版，2015（Z2）：27-32.

[16] 刘军. 食源性致病菌定量检测技术研究近况 [J]. 中国卫生检验杂志，2016（2）：302-304.

[17] 胡金强，雷俊婷，景建洲，等. 食源性致病菌PCR检测技术研究进展 [J]. 轻工学报，2016，31（3）：49-56.

[18] 王大勇，方振东，谢朝新，等. 食源性致病菌快速检测技术研究进展 [J]. 微生物学杂志，2009，29（5）：67-72.

[19] 吴林洪. 食源性致病菌快速检测技术研究进展 [J]. 医药前沿，2012（22）：336-337.

[20] 王君，胡序建，王俊. 食源性致病菌的快速检测技术研究进展 [J]. 江苏农业科学，2012，40（4）：300-304.

[21] 姜侃，张慧，汪新，等. 多重LAMP—熔解曲线法检测食品中两种食源性致病菌 [J]. 食品与机械，2015（2）：87-92.